深水重力流沉积与油气成藏

李相博　刘化清　杨　田
杨仁超　李树同　庞玉茂　编著

石油工业出版社

内容提要

本书论述了深水沉积物重力流沉积研究最新进展，着重分析了浊流与块体搬运沉积两大深水沉积体系对油气成藏的控制作用，并介绍了典型的国内外深水重力流沉积油气藏特征，对我国深水沉积油气勘探有重要借鉴意义。

本书可供从事油气勘探与开发研究的地质人员及石油与地质院校相关专业师生参考。

图书在版编目（CIP）数据

深水重力流沉积与油气成藏／李相博等编著．—北京：石油工业出版社，2022.1

ISBN 978-7-5183-5097-1

Ⅰ.①深…　Ⅱ.①李…　Ⅲ.①重力流沉积-油气藏形成-研究　Ⅳ.①P512.2 ②P618.130.2

中国版本图书馆CIP数据核字（2021）第266735号

审图号：GS（2022）445号

出版发行：石油工业出版社

（北京安定门外安华里2区1号　100011）

网　址：www.petropub.com

编辑部：（010）64253017

图书营销中心：（010）64523633

经　　销：全国新华书店

印　　刷：北京中石油彩色印刷有限责任公司

2022年1月第1版　2022年1月第1次印刷

787×1092毫米　开本：1/16　印张：12.5

字数：300千字

定价：150.00元

（如发现印装质量问题，我社图书营销中心负责调换）

序

自20世纪50年代以来，深水（深海、深湖）重力流沉积受到沉积学界及石油勘探部门的普遍关注，尤其是80年代以后，随着油气勘探技术的进步，国内外针对深水重力流勘探取得了许多重大发现。据统计，全球目前已知发现的与深水（海）盆地重力沉积体系有关的油气藏超过1200个，并且在墨西哥湾、巴西坎波斯盆地、西非大西洋沿岸、东南亚等深水海域的勘探中取得了重要进展，发现了许多受深水沉积体系控制的大型油气田。目前，对深水（海）油气资源的勘探开发及其形成机制的研究已经成为石油地质领域新的重要议题。随着近些年油气勘探开发进程的加快，深水油气田已成为石油工业可持续发展的重要领域，而深水重力流沉积的研究也已成为当今沉积学领域关注的热点。随着全球深水沉积新成果的不断涌现，国际深水沉积研究进入了一个新的创新发展阶段。

中国地质历史复杂，盆地类型多样，既有辽阔的近海海域盆地，也有不同规模的内陆湖盆，重力流沉积在海盆、湖盆中均有发育，深水重力流沉积油气勘探前景十分广阔。目前在鄂尔多斯盆地、松辽盆地、渤海湾盆地以及中国南海等地区也发现了众多与深水沉积体系有关的油气藏。进入21世纪，中国油气勘探的战略方向调整之一就是东部陆架深水区沉积和陆相盆地的深水沉积。随着中国油气勘探技术的进步，湖盆深水重力流沉积研究工作呈现出勃勃生机，在深水重力流沉积（深海或深湖）的搬运—沉积过程、沉积作用、沉积模式、地震响应及技术方法等方面涌现出大量令世人瞩目的成果，标志着中国对深水重力流研究进入了一个新的创新发展阶段。但是，中国深水重力流沉积研究整体上具有起步晚、系统性不够、技术手段相对落后等特点，制约着中国深水重力流沉积油气的勘探与开发。因此，亟需总结国内外深水沉积相关新成果和新理论，以此指导中国深水重力流沉积油气勘探和拓展油气勘探领域。

由李相博博士等编著的《深水重力流沉积与油气成藏》一书以独到的视角将重力流沉积的基础理论与实践应用相结合，对国内外深水沉积相关研究成果进行了系统性整理，分析并进行归纳总结，集中论述了深水沉积物重力流沉积研究最新进展，着重分析了浊流与块体搬运沉积两大深水沉积体系对油气成藏的控制作用，并介绍了几个典型的国内外深水重力流沉积油气藏特征，特别是对重力流中的砂质碎屑流进行了成因机理力学原理的绝妙的分析，给人以启示。该书梳理了目前深水重力流沉积油气勘探面临的主要问题与挑战，提出了未来深水重力流沉积油气研究的重点与发展方向。

该书的出版对中国深水重力流沉积体系油气勘探的深入研究和发展具有重要的启示，对促进中国油气勘探开发具有重要借鉴与指导意义。

李相博博士及合著者们是中国深水重力流沉积油气研究的继承者和开拓者，他们将重力流的基础理论与生产实践紧密结合，在生产实践应用中促进了理论的升华，为本专著的出版注入了大量的心血，他们的这种科研精神让人起敬，本专著的出版可喜可贺！《深水重力流沉积与油气成藏》一书将是从事油气地质勘探、研究人员及高等院校石油与地质相关专业师生进行科研与教学的重要参考书籍之一，值得一读。

顾家裕

2021 年 6 月于北京

前　言

中国是陆相生油理论的发源地，过去一直认为陆相盆地沉积模式为“环带状”，湖盆中央深水地区主要发育生油岩，缺少大规模砂岩。然而，近10年来，石油勘探部门在我国陆相大型坳陷湖盆——鄂尔多斯盆地中央部位的陇东等地区先后发现了储量规模达数亿吨的两个大型油田——华庆油田与庆城油田。现已基本查明，上述油田的石油富集层位主要为三叠系延长组中部的长6段—长7段，主要含油砂体为无明显常规沉积构造的厚层块状砂岩（厚度通常大于0.5m）或者薄层层状砂岩（厚度小于0.5m）。石油的平面分布则主要位于延长组大型坳陷湖盆中央的深湖—半深湖区域。这一发现似乎有些出人预料，那么，湖盆中央深水区的大规模砂体究竟是如何形成的？如何被搬运而来的？陆相湖盆究竟是怎样的沉积模式？这些问题直接影响了湖盆深水区含油砂体的进一步预测和勘探目标部署。

事实上，不论陆相湖盆还是海相盆地，深水油气资源均十分丰富，既是近年来全球油气勘探与研究的热点，也是增储上产的主力领域。据统计，全球目前已知发现的与油气相关的深水（海）体系盆地超过1200个，并且在墨西哥湾、巴西坎波斯盆地、西非大西洋沿岸、东南亚等海域的勘探中取得了重要进展，已发现了许多受深水沉积体系控制的大型油气田。进入21世纪，我国油气勘探的战略方向也正在经历着许多重大调整，其中一个重要方向就是大陆东部陆架深水沉积和陆相盆地的深水沉积。除上述鄂尔多斯盆地延长组外，目前在松辽盆地、渤海湾盆地等地区也发现了众多与深水沉积体系有关的油气藏。与此同时，围绕深水沉积（深海或深湖）领域研究也取得了一系列重要认识。尤其近10年来，随着油气勘探技术的进步，国际沉积学界在水下沉积物重力流搬运过程、搬运机理、沉积作用、沉积模式、地震响应及深水沉积体系技术方法等方面涌现出了大量令世人瞩目的成果认识，标志着深水沉积研究进入了一个新的创新发展阶段。

我国地质历史复杂，盆地类型多样，既有辽阔的近海海域盆地，也有不同规模的内陆湖盆，重力流沉积在海盆、湖盆中均有发育，油气勘探前景十分广阔。因此，正确应用国际上在深水砂岩研究中取得的新成果和新理论，对提高我国深水沉积油气勘探成功率和拓展勘探领域具有重要意义。正是基于这一考虑，笔者不惧浅薄，以国家自然科学基金面上项目“鄂尔多斯盆地延长组深水块状砂岩形成机理及沉积模式研究”（41772099）、“富有机黏土复合体湖盆深水细粒重力流沉积机制研究——以鄂尔多斯盆地三叠系延长组为例”（42072126）和“陆相湖盆水下滑坡体的形成机制、识别标志及其石油地质意义”（41872116）为依托，试图在大量文献资料调研和油气勘探研究实践的基础上，对近年来国内外深水沉积勘探与研究成果进行总结提升，对国内外典型深水重力流油气藏特征进行审视分析，对海相、陆相不同类型重力流沉积油气藏的研究方法与沉积—成藏模式进行归纳总结，目的在于抛砖引玉，引起国内地学界同仁对湖盆深水沉积的重视，共同推动我国陆相盆地深水沉积油气勘探事业的发展。

本书共分为六章，第一章在对国内外深水沉积油气勘探概况、研究历史进行回顾与概述的基础上，着重对前人所建立的各种沉积物重力流分类方案与优缺点进行了简要评述，对半个世纪以来在深水沉积研究方面的主要成果进行了归纳总结，由中国石油勘探开发研究院西北分院李相博博士与中国科学院西北生态环境资源研究院李树同博士编写；第二章概述了深水浊流理论与鲍马序列的概念及发展由来，重点综述了深水浊流沉积体系发育的地质背景、构成单元及其与油气成藏的关系，由中国石油勘探开发研究院西北分院刘化清博士与成都理工大学杨田博士编写；第三章概述了深水块体搬运体系的概念、搬运过程与机制、主要沉积特征及其地震响应，并分析了块体搬运体系对油气成藏的控制作用，由成都理工大学杨田博士编写；第四章与第五章分别在国外与国内选择了几个典型的重力流沉积砂体油气藏，对它们形成的地质背景、油气藏特征、沉积—成藏模式及成藏主控因素进行了详细解剖，由山东科技大学杨仁超博士、庞玉茂博士编写；第六章针对深水沉积系统的复杂性及当前油气勘探形势，分析了目前深水沉积油气勘探面临的主要问题与挑战，提出了未来的研究重点与发展方向，由成都理工大学杨田博士编写；全书由李相博、刘化清与杨田统稿、定稿。

10 年来，我们的研究工作得到了许多领导、专家学者的大力支持，正是他们严谨的治学态度、务实的学术风范与敏锐的超前思维，促使了地质认识的不断深入和本书的出版。这些领导、专家分别是：中国石油天然气股份有限公司杜金虎、何海清、范土芝等，中国石油长庆油田公司付锁堂、付金华、席胜利、刘显阳、邓秀芹、惠潇、李士祥、袁效奇、贺静等，中国石油勘探开发研究院赵文智、邹才能、杨杰、顾家裕、郭彦如、魏国齐、卫平生、袁剑英及陈启林等，中国石油大学（北京）朱筱敏，长江大学张昌民等。

先后参加过本书研究工作的还有中国石油勘探开发研究院西北分院完颜容、廖建波、李智勇、魏立花、王宏波、黄军平、王菁、龙礼文、郝彬、王雅婷、房世平等。特别是中国石油勘探开发研究院顾家裕教授对本书写作提纲和内容提出了宝贵意见，在百忙之中抽出时间为本书撰写了序言，在此一并向他们表示衷心的感谢！

目　　录

第一章　深水沉积油气勘探与研究现状

第一节　深水沉积油气勘探概况

一、全球海洋深水沉积勘探概况

海洋深水沉积体系主要分布在环大西洋、东非陆缘海域、西太平洋、环北极和新特提斯五大区域的被动大陆边缘深水盆地中。勘探面积高达 $820\times10^4km^2$，油气资源占全球总资源的 10%～15%（张功成等，2019）。自 21 世纪以来，全球深水盆地（区）油气勘探取得了一系列震惊世界的重大突破。据统计，2006—2015 年全球共获得 4050 个油气发现，油气储量共 2470×10^8bbl（$3392\times10^8m^3$）油当量，其中海域内占同期储量发现的 75%，尤其以深水被动陆缘盆地最为重要，2006—2015 年的前 10 大发现中有 6 个分布在深水被动大陆边缘盆地（朱伟林等，2017）。以位于东非海域的鲁伍马盆地和坦桑尼亚盆地为例，近 5 年来，该区域发现了一系列大气田，目前可采储量达 $3.8\times10^{12}m^3$（张功成等，2019）。实际上，截至 2017 年，全球深水区油气储量占油气发现总储量的 50%（朱伟林等，2017）。由此可见，海洋深水区已成为全球油气勘探开发的重要领域。

从储层形成机制看，全球海洋深水大油气区的碎屑岩储层大多属于重力流沉积成因，与大江、大河体系相关（张功成等，2019）。上述鲁伍马盆地和坦桑尼亚盆地是深水重力流沉积砂体油气藏的典型代表，其主力成藏组合均与浊流沉积有关。其中，鲁伍马盆地油藏主要分布在渐新统—上新统与古新统—始新统的浊积砂岩中，坦桑尼亚盆地油藏主要与渐新统和上白垩统水道砂岩有关（朱伟林等，2017）。再如，近年来在西北非塞内加尔海域、南美东北部圭亚那深水海域等众多盆地新发现的油气藏大多数也都与水道砂体或浊积砂岩有关，如加纳的 Jubilee 油田群、圭亚那的 Liza 油田、塞内加尔的 Fan 油田等（朱伟林等，2017）。

二、我国陆相盆地深水区勘探概况

陆相盆地深水区指深湖—半深湖区，主要发育深水重力流沉积砂体。与海相重力流沉积一样，湖盆重力流沉积中同样拥有丰富的油气资源，尤其近 10 年来，随着地震勘探技术的进步，我国湖盆深水重力流沉积勘探进入快速发展阶段，先后在鄂尔多斯盆地（邹才能等，2009；付锁堂等，2010；付金华等，2013）、松辽盆地（潘树新等，2013，2017）和渤海湾盆地东营凹陷（董冬，1999）、南堡凹陷（鲜本忠等，2012，2014）及歧口凹陷（蒲秀刚等，2014；刘化清等，2014）等众多地区取得重要突破，仅鄂尔多斯盆地，近年来在位于盆地中央部位（陇东地区）的深湖—半深湖区就发现了储量规模超过数十亿吨级的两个大型油田——华庆油田与庆城油田。

上述勘探情况表明，不论在海洋深水区还是陆相盆地，其深水环境中存在大量的陆源粗碎屑沉积物，油气资源极为丰富，其中重力流沉积是深水油气勘探的主要对象。在全球深水沉积油气勘探快速发展的今天，对深水沉积体系研究现状进行总结分析，对于继续深化我国近海海域及湖盆深水沉积地质认识、加快深水油气勘探步伐具有重要意义。

第二节 深水沉积研究现状

一、研究历史回顾

深水沉积体系的研究始于对浊流的认识和相关突破，其中 Kuenen 和 Migliorini（1950）联名发表的《Turbidity Currents as a Cause of Graded Bedding》（浊流是递变层理的形成原因）一文具有划时代意义，标志着浊流理论的正式建立，从此揭开了深水沉积学研究的新篇章。而在此之前，地质学家普遍认为深海平原是一个宁静世界，仅仅接受远洋悬浮沉积（Shanmugam，2000）。

从浊流理论建立至今的 70 余年时间里，深水沉积学研究取得了极大的丰富和发展：一是在 20 世纪 60 年代初，Bouma（1962）根据野外观察，对浊流沉积的垂向结构进行了系统分析和总结，建立了著名的鲍马序列；二是在鲍马序列研究基础上，建立了多个深水沉积的扇模式，如 Normark（1970，1978）的现代扇模式、Mutti 等（1972，1977）的古代扇模式、Walker（1978）的综合扇模式以及 Vail 等（1991）的层序地层低位扇模式等，其中以 Walker 的综合扇模式最为经典，被广泛使用。这些扇模式的建立将浊流与浊积岩研究推向了高潮，可以说在 20 世纪 70 至 80 年代，鲍马序列及各种扇模式是深水沉积中最有影响的研究工具，在深水（海）油气勘探实践中发挥了积极作用（Shanmugam，2000），许多沉积学家对浊积扇或海底扇模式都深信不疑。

然而，随着人们对深水沉积过程的深入研究，鲍马序列的多解性显得越来越明显（张兴阳等，2001）。其实，从 20 世纪 60 年代中期开始，对浊流的定义和理解就产生了分歧和争论（Sanders，1965），到了 20 世纪 80 年代，关于鲍马序列、扇模式和浊积岩相模式的一些基础性问题被提出（Shanmugam，1990），而且在首届扇学术会议（COMFAN）上，鲍马（1983）就指出现代和古代扇系统比预想的要复杂得多。尽管存在这些问题，扇模式还是一直支配深水沉积学的发展，并推动着深水油气勘探。到 20 世纪 90 年代，人们开始反思、质疑直至否定扇模式，提出质疑的也正是一些曾经支持浊流理论的学者，如 Shanmugam（1996）、Normark（1991）、Walker（1992a，1992b）等。进入 21 世纪前后，一些沉积学家（Shanmugam，1996，2002；Talling 等，2012）陆续否定了这一传统认识，提出在海相深水区发育大规模块体搬运沉积及砂质碎屑流沉积的新认识。其实，我国学者王德坪（1991）很早就注意到在东营渐新世断陷湖盆中存在这类沉积，只是没有引起人们的重视而已。国内外学者的这些新观点、新认识都源于他们的实验（Marr 等，1997；Rafael Manica 等，2010）、剖面的详细描述和对沉积作用过程的精细研究（Shanmugam，2000）。

需要说明的是，Shanmugam 在提出砂质碎屑流新认识的同时，对浊流理论的基础鲍马序列提出了批评，并在其发表的《Ten Turbidite Myths》（浊积岩十大神话）论文中（Shanmugam，2002）彻底否定了鲍马序列是浊流成因的论断。但从我国陆相盆地深水沉积研究历史看，有关浊积岩与鲍马序列的典型范例非常多（李继亮等，1978；李文厚等，1997；雷怀玉等，1999；陈全红等，2006；郑荣才等，2006；夏青松等，2007；孟庆任等，2007；傅强等，2008；李相博等，2009，2011；杨仁超等，2015，2017），笔者认为“鲍马序列”的客观存在是不容置疑的，只不过其成因可能存在多解性，既可以由浊流作用在一次事件中产生，也可以像 Shanmugam 认为的由碎屑流与底流共同作用而产生（Shanmugam，2000）。

此外，2000 年以来，异重流沉积（Mulder 等，2003；Zavala 和 Arcuri，2016）、超临界流沉积（Fildani 等，2006，2013；Talling 等，2015；操应长等，2017a）及混合事件层等（Felix 和 Peakall，2006；Haughton 等，2009；操应长等，2017b）深水重力流沉积也受到人们的高度关注。

综上，从 20 世纪 50 年代初期开始认识浊流，到 60 至 80 年代鲍马序列和相关扇模式的建立与广泛使用，再到 90 年代对鲍马序列与相关的扇模式的质疑与否定，最后到 21 世纪砂质碎屑流、异重流、混合事件层、超临界流等概念的提出，深水沉积研究经历了一个认识上的螺旋式上升过程。

Shanmugam（2000）与鲜本忠等（2014）对上述重力流沉积研究历史进行了系统总结，将其划分为随机观察（1950 年以前）、概念体系建立（20 世纪 50 至 60 年代）、沉积模式建立（20 世纪 70 年代）、工业应用与质疑（1980—1995 年）及碎屑流研究（1996 年后）5 个阶段（图 1-1），同时，又概括为随机观察（random observation）、第一范式（first paradigm）、批判（crisis）和革新（revolution）4 个研究进程，认为 1996 年以来深水重力流的深入研究突破了原有理论与认识，正处于革新的阶段之中（鲜本忠等，2014）。

二、深水重力流类型划分

对研究对象进行科学合理的分类是地学研究的重要内容之一，过去 70 多年来，沉积学家在不同阶段从各自不同角度出发，建立了各种不同的深水重力流分类方案。

1. 早期流变学或支撑机制分类

Dott（1963）最早按照流体的流动机制将深水重力流划分为塑性流（碎屑流）和黏性流体流（浊流）两大类。随后，Middleton 和 Hampton（1973）将颗粒的支撑机制作为划分依据引入沉积物重力流的分类中，将深水重力流划分为四种类型，即泥石流（或碎屑流）、颗粒流、液化沉积物流和浊流。由于这些分类仅考虑了单一因素，后人在其基础上进行了修改。

2. 流变学与支撑机制的综合分类

Lowe（1979，1982）综合了 Dott（1963）与 Middleton 和 Hampton（1973）的分类优点，他首先依据流体的流动状态将深水重力流划分为流体态流和碎屑流两大类，然后再根据不同的颗粒支撑机制，细分为浊流、流体化流、液化流、颗粒流和粘结性碎屑流等五类（表 1-1）。Lowe（1979）区分了通常当作同义词使用的液化流（liquefied flow）和流体化流（fluidized flow），在液化流中，颗粒仅受到向上逃逸流体的部分支撑（流体阻力），而在流体化流中，颗粒受到向上逃逸流体的完全支撑。上述 Middleton 和 Hampton（1973）以及 Lowe（1979，1982）的分类具有一定实用性，曾被广泛应用（李林等，2011）。然而，这些分类本身存在着如下无法克服的问题：（1）通常只考虑了单一支撑机制的情况，而在

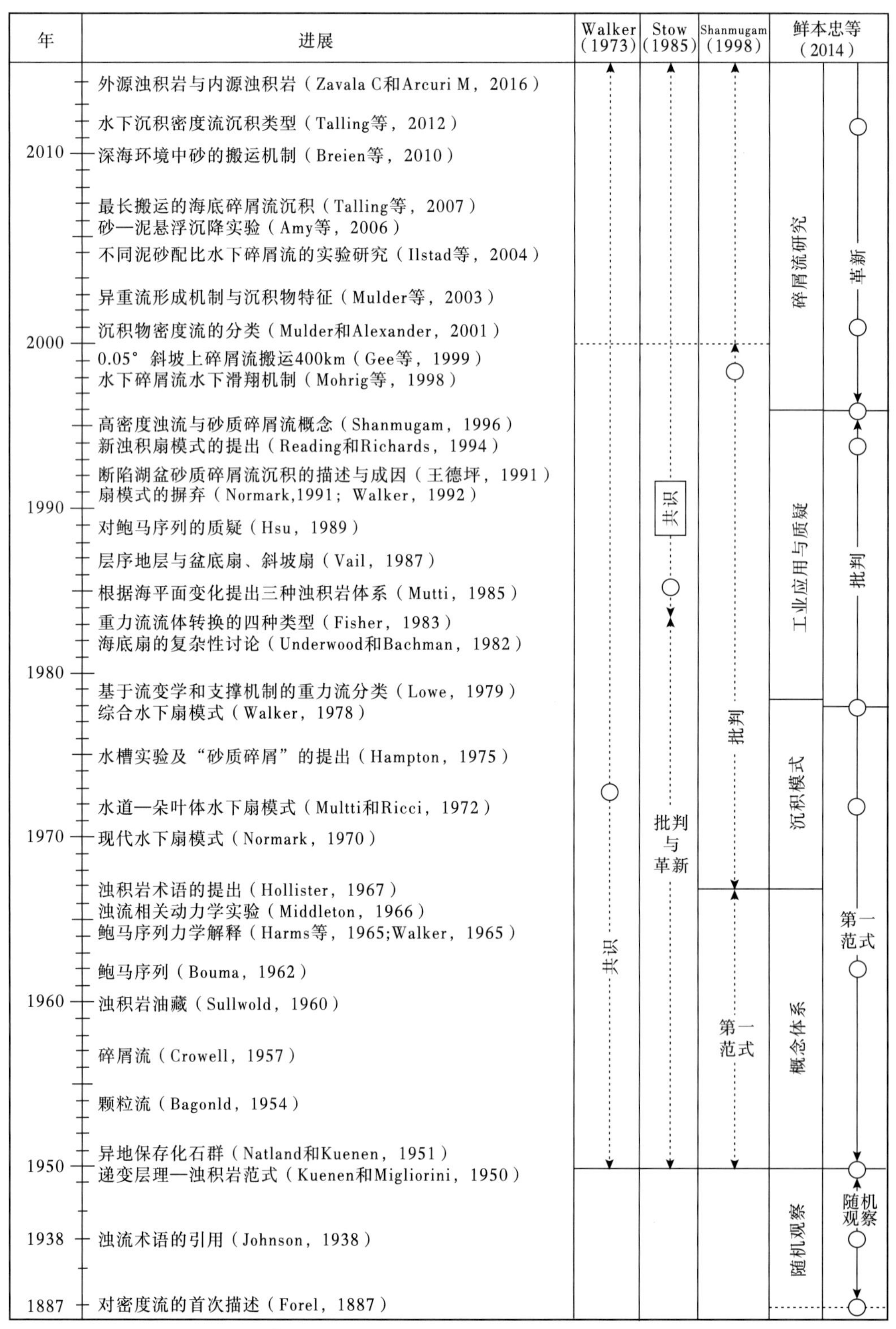

图1-1　重力流沉积研究重要进展与阶段划分（据鲜本忠等，2014，有修改）

自然界中，流体涉及的支撑机制绝对不止一个；（2）仅考虑的是沉积物在搬运过程中的支撑机制，而研究人员面对的沉积物反映的却是在沉积阶段的支撑机制；（3）如何根据沉积记录确定搬运机制是一个问题（Shanmugam，2000），目前人们可以利用沉积特征推断在沉积作用的最后阶段占优势的作用，但是这些特征不一定与整个搬运过程有关，还没有一个公认的标准从沉积物中确定搬运机制。

表 1-1 Lowe 的深水重力流分类表（据 Lowe，1982）

<table>
<tr><th>流体性质</th><th colspan="3">流体类型</th><th>沉积物搬运机制</th></tr>
<tr><td rowspan="3">液态</td><td rowspan="3">流体态流</td><td rowspan="2">浊流</td><td>低密度浊流</td><td rowspan="2">流体湍动</td></tr>
<tr><td>高密度浊流</td></tr>
<tr><td colspan="2">流体化流</td><td>逃逸孔隙流体（完全支撑）</td></tr>
<tr><td rowspan="3">塑性
（宾汉）</td><td rowspan="3">碎屑流</td><td colspan="2">液化流</td><td>逃逸孔隙流体（部分支撑）</td></tr>
<tr><td colspan="2">颗粒流</td><td rowspan="2">分散压力
基质</td></tr>
<tr><td colspan="2">泥流或粘结性碎屑流</td></tr>
</table>

3. Mulder 沉积物搬运过程分类

21 世纪初期，Mulder 和 Alexander（2001）根据流体的物理性质和颗粒搬运机制，提出了一种新的沉积物重力流分类方案，该方案首先根据沉积物颗粒是否具有粘结性，将沉积物重力流分为粘结流（cohesive flow）和摩擦流（frictional flow）两大类；再根据流体中沉积物颗粒的含量和主要的颗粒支撑机制将摩擦流细分为超高密度流（hyperconcentrated density flow）、高密度流（concentrated density flow）和浊流三类（图 1-2）。

Mulder 的分类基本遵循了 Kuenen 和 Migliorini（1950）及鲍马（1962）等对浊流的原始定义，将浊流限定在牛顿流体范围内，指出正粒序是鉴定浊流沉积最重要的依据，这无疑是正确的。然而在该分类中，碎屑流沉积被认为是由基质支撑的一种流体，并不包括基质中粘结性泥质含量较少的砂质碎屑流。而在超高密度流等摩擦流中，Mulder 认为其沉积颗粒是分散的，颗粒之间不具有粘结性（Mulder 和 Alexander，2001）。显然，按照这一分类思想，近年来人们在鄂尔多斯盆地延长组中发现的黏塑性且多数具颗粒支撑结构的块状砂岩不能归入以上任何一类，笔者对此问题曾进行过专门论述（李相博等，2009，2011，2013），而且，Shanmugam（2013）也不赞成 Mulder 和 Alexander 的分类，因此该分类方案值得商榷。

4. Talling 搬运与沉积过程综合分类

Talling 等（2012）根据水下沉积物的类型、沉积过程、流体流变学及沉积物支撑机理等要素提出了一种基于沉积物物质组成和床沙形态的新分类方案，首先按照沉积物总的百分含量以及泥质（黏土）和砂质百分含量变化将重力流划分为浊流与碎屑流 2 大类 13 小类（图 1-3）。其中碎屑流包括粘结性碎屑流（cohesive debris flow）、弱粘结性碎屑流（poorly cohesive debris flow）和非粘结性碎屑流（non-cohesive debris flow）三个亚类，粘结性碎屑流又细分为低强度、中等强度和高强度粘结性碎屑流。其沉积产物分别为低强度（D_{M-1}）和高强度泥质碎屑流（D_{M-2}）沉积，前者泥质含量低、漂浮碎屑含量也低，砂质杂基支撑为主；后者泥质含量增加、漂浮碎屑含量提高，碎屑粒径和流体密度都增大。弱粘结性碎屑流中粘结强度不足以支撑砂质颗粒，产出洁净砂质碎屑流沉积（D_{CS}）。非粘结性

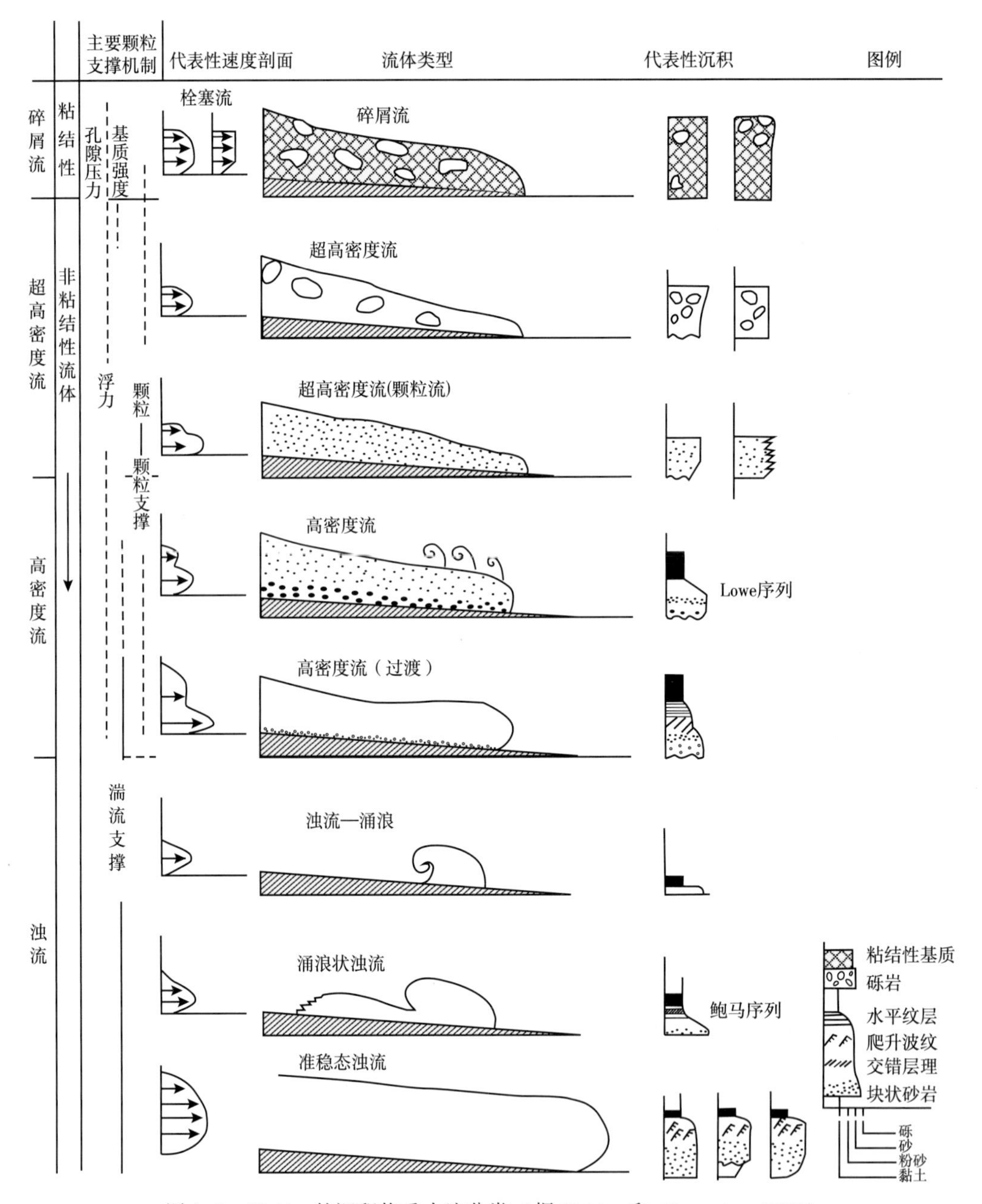

图 1-2 Mulder 的沉积物重力流分类（据 Mulder 和 Alexander，2001）

碎屑流中不含粘结性泥，孔隙压力快速递减，搬运距离短，可产出非常洁净的砂质碎屑流沉积（D_{VCS}）。

浊流包括高密度（砂质）浊流［high-density（sandy）turbidity current］、低密度（砂质）浊流［low-density（sandy）turbidity current］和泥质密度流（mud density flow）三个亚类。在高密度浊流中，紊流受到了抑制，尤其是在接近底床位置沉积物浓度高，为受阻沉积环境（hindered settling），沉积物由流体紊流、颗粒碰撞以及颗粒与周围流体之间的有限

流体类型术语		沉积物支撑机制
岩屑崩落	岩屑崩落沉积	颗粒碰撞，基质强度
滑塌或滑动	滑塌或滑动沉积	基质强度，超孔隙压力
颗粒崩落	颗粒流沉积	颗粒碰撞

水下沉积物密度流	水下沉积物密度流沉积	碎屑流	非粘结性	非粘结性碎屑流（非常洁净砂质碎屑流沉积）	碎屑流沉积	整体固结（及块状冻结）	D_{VCS}	超孔隙压力导致流体全部或部分液化。无粘结强度，但当孔隙压力耗散时流体边缘可能发生冻结	层状（或近层状）
			弱粘结性	弱粘结性碎屑流（洁净砂质碎屑流沉积）			D_{CS}	粘结强度允许砂粒部分或全部沉淀出来（有时非常缓慢）。超孔隙压力、浮力和颗粒间相互作用有助于支撑砂粒	
			粘结性碎屑流	高强度（高强度泥质碎屑流沉积） 中等强度（中等强度泥质碎屑流沉积） 低强度（低强度泥质碎屑流沉积）			D_{M-2} D_{M-1}	基质粘结强度足以阻止砂粒沉降，但超孔隙压力、浮力（碎屑与基质密度差）和颗粒间相互作用也可支撑颗粒	
		浊流		高密度（砂质）浊流（高密度浊积岩）	浊积岩	粒度分异沉降—逐层沉积	T_{B-3} T_A T_{B-2}	受阻紊动和颗粒沉降受阻。颗粒由湍流阻力、颗粒间的相互作用和较低程度超孔隙压力混合支撑。颗粒可以在靠近底床牵引毯附近的高密度层中再改造	受阻紊动
				低密度（砂质）浊流（低密度浊积岩）			T_{B-1} T_C T_D	流体紊动（颗粒被改造为底床载荷）	紊动
				泥质密度流（密度流沉积泥）			T_{E-1} T_{E-2}	流体紊动	
							T_{E-3}	基质（胶化）强度（超孔隙压力）	

碎屑流　　整体固结（快速冻结）　　层状（或近层状）

（a）水下密度流分类的相关术语

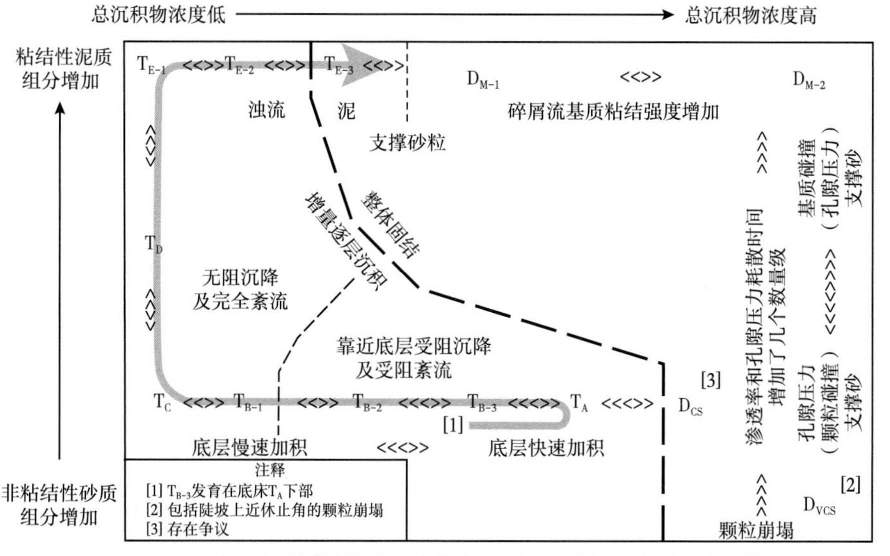

（b）水下密度流类型、沉积物浓度及砂泥相对含量三者之间的相互关系

图 1-3　Talling 水下密度流分类（据 Talling 等，2012）

密度差联合控制，通常形成具有平行层理的砂岩，包括纹层厚度小于 1mm 的粉细砂岩（T_{B-2}）和纹层厚度较大、相对粗粒且具叠覆平行层理（stepped or spaced planar lamination）的砂岩（T_{B-3}）两种类型。此外，高密度（砂质）浊流也能形成具块状层理的砂岩（T_A）。需要说明的是，由于 T_{B-3} 与 T_{B-2} 段与近底床牵引毯作用有关，它们常发育在块状砂岩段（T_A）的下部。

低密度浊流主要是一种呈紊流状态的流体，流体没有明显的屈服强度，为非受阻沉积环境，沉积物颗粒主要受紊流或湍流支撑，通常形成平行层理砂岩（T_{B-1}）、沙纹交错层理砂岩（T_C）及具细小平行层理的粉细砂岩或水平层理粉砂质泥岩（T_D）。需要说明的是，由于 T_{B-1} 和 T_C 及 T_D 均与稀释流体（dilute flow）有关，所以它们常发育在块状砂岩段（T_A）的上部，其中 T_D 发育在 T_C 之上，且粒度较细，厚度通常只有几厘米或者缺失，与位于 T_C 之下粒度较粗的 T_B 段有明显差别。

泥质密度流中沉积物主要由黏土与粉砂构成，其一般被紊流所支撑，但对于密度较高的泥质密度流，其沉积物颗粒可以聚集形成具有一定强度的胶体，因而具有强烈的非牛顿流变学特性，常常表现为层流。因此，与该流体有关的岩石类型有含水平层理泥岩（laminated mud）（T_{E-1}）、块状与粒序层理泥岩（massive and graded mud）以及块状与无粒序层理泥岩（massive ungraded mud）（T_{E-3}）三种类型，其中前两者由颗粒的絮凝作用（flocs of grain）一层一层沉积而成，属于浊流成因；后者为整体固结（consolidate en masse）而成，属于碎屑流成因，可远距离搬运至盆地低洼处形成巨厚泥岩。

Talling 等（2012）将上述浊流与碎屑流统称为水下沉积物密度流（subaqueous sediment density flow），并认为上述各类型之间并不是截然分开的，而是构成了一种连续的沉积谱系，这一点与 Shanmugam（2000）的认识基本一致。此外，Talling 所说的弱粘结性碎屑流与 Shanmugam 定义的“砂质碎屑流”其实是同一类沉积物，它们的共同特征是粘结性泥岩含量低，以整体凝结方式（en masse freezing）沉积。但 Talling 认为这种碎屑流其粘结强度很低，不能支撑砂粒（cohesive strength does not support sand），这又与 Shanmugam 定义的“砂质碎屑流”特征相矛盾，也无法解释鄂尔多斯盆地延长组中含有“泥包砾”结构的块状砂岩（Li 等，2016，2018），相关研究有待于进一步深入。

5. Carlos“源汇”系统分类

Zavala 和 Arcuri（2016）根据沉积物来源将水下沉积物重力流分为内源浊积岩和外源浊积岩两种（图 1-4），其中前者与经典浊积岩概念相同，指水下环境中二次搬运形成的重力流沉积物，后者即异重流。

异重流并不是一个新概念。早在 1953 年，Bates 就根据河流密度（ρ_r）与湖或海水密度（ρ_w）之间的关系，将进入沉积盆地的流体分为 3 种，分别称为异重流、等密度流和异轻流（图 1-5）。

当河流的水体密度小于汇水体的密度（$\rho_r<\rho_w$）时形成异轻流。河流在河口处流速迅速降低并且失去河流堤岸的束缚而发生粗粒碎屑的卸载和沉积。河水中悬浮的细粒碎屑和植物碎片则形成上浮羽流，在搬运一定距离后，这些细粒物质沉降形成前三角洲沉积。

当河流密度与汇水体密度相近（$\rho_r=\rho_w$）时形成等密度流。此时，河流携带的所有碎屑物质（包括粗粒底载荷）在河口一带迅速沉降，形成陡坡三角洲（吉尔伯特型三角洲），该类三角洲经常发生前积层碎屑的滚落（或者崩塌）。另外必须指出的是，无底床

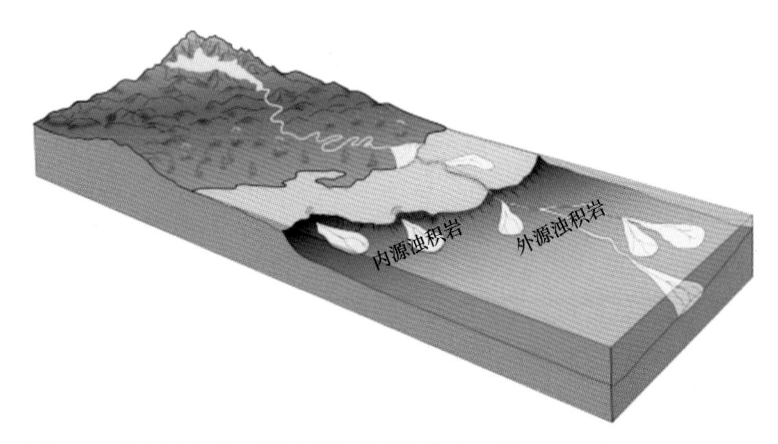

图 1-4　内源浊积岩和外源浊积岩形成模式（据 Zavala 和 Arcuri，2016）

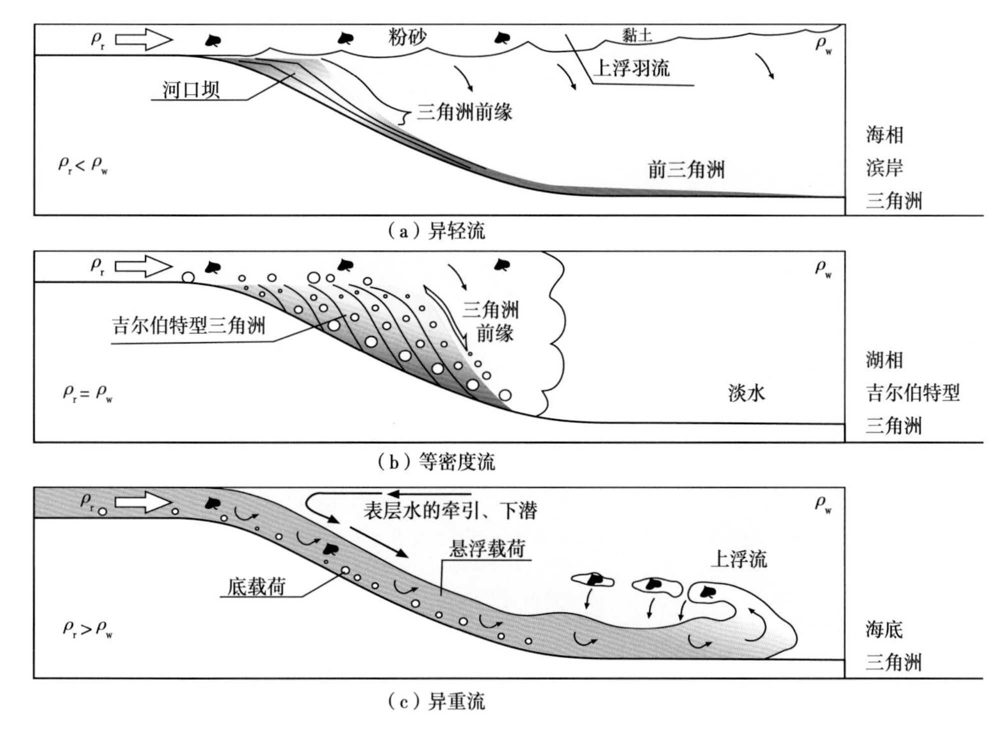

图 1-5　异重流、异轻流及等密度流相互比较（据 Zavala 和潘树新，2018）

载荷搬运的河流不可能成为等密度流。

当河水密度大于汇水体密度（$\rho_r>\rho_w$）时，河流入汇水盆地后，在岸线处产生密度差，则形成异重流。异重流在自然界普遍发育，并能在深水区携带陆源碎屑长距离向深水区运移。在海相环境下，河流悬浮沉积物密度要达到 35~45kg/m^3，才能克服海水的阻滞力形成异重流。在淡水湖盆中，河流密度只需达到 1kg/m^3 就可形成异重流（Zavala 和潘树新，2018）。

异重流的成因与三角洲前缘沉积物由于重力失稳而导致的二次搬运作用无关，也不需要地震、火山、风暴、海啸等正常浊流所需要的触发机制，它是由洪水期河流直接注入盆地内部水下环境而形成。因此，异重流本质上是一种持续型高密度浊流。

异重流主要受地形、气候、密度差等因素控制，海洋和湖泊均有发生（朱筱敏等，2016），相对而言，水体密度小、近物源、地形高差大、中—小河流发育、构造活动强烈的陆相淡水湖泊更利于异重流的产生。事实上，早在20世纪80年代，我国学者在我国陆相断陷湖盆所发现的洪水型湖底扇（赵澄林，1999；赵国连等，2005）的概念，与异重流沉积的特征十分类似。

由异重流形成的沉积岩被称作异重岩（hyperpycnite），是由盆内物质与盆外物质多重相互作用形成的复杂沉积体，具有特殊的岩相特征。目前国内外对异重岩特征的认识还不统一，国内学者认为其以发育由洪水增强—减弱所产生的逆粒序—正粒序组合为主要特征，层内可发育微侵蚀面或富含陆源有机质，从而区别于传统内源浊积岩（杨田等，2021；杨仁超等，2015）。

国外学者 Carlos Zavala 认为异重流常具3种碎屑搬运方式，即底载搬运、悬浮搬运和漂浮搬运，相应地形成了3种主要的岩相系列，分别为底载成因的B类岩相、悬载成因的S类岩相和漂浮成因的L类岩相（图1-6）。

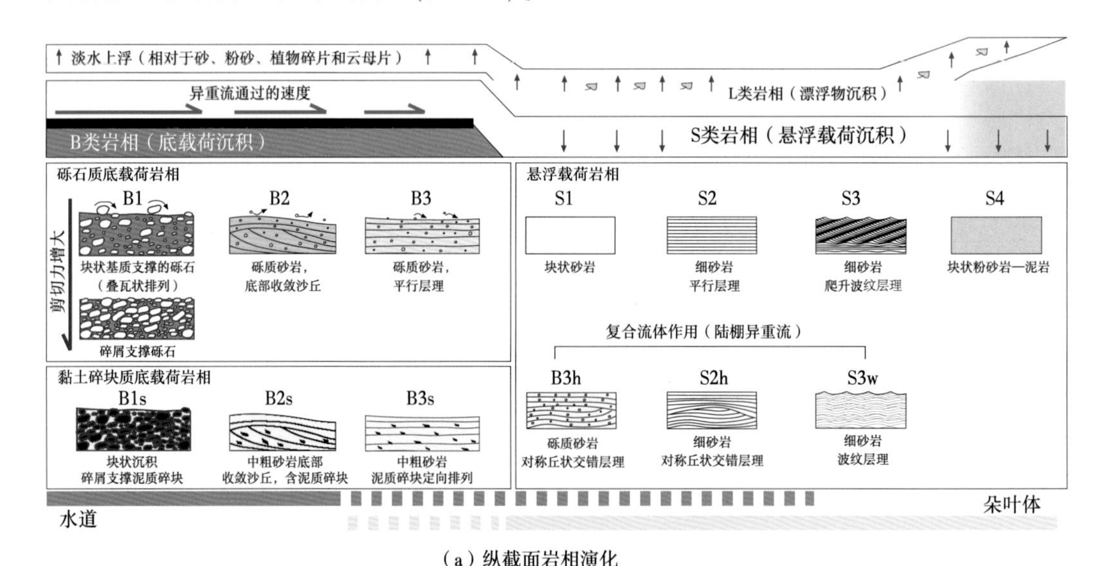

（a）纵截面岩相演化

（b）横截面岩相演化

图1-6 异重岩的岩相类型及空间演化模式（据 Zavala 和潘树新，2018）

B 类岩相：其粒径变化较大，既有粗碎屑，又有细粒沉积物，以杂基支撑为主。通常具有双峰结构，反映了底床载荷与悬浮载荷共存的沉积作用。其中，粗碎屑以滑动和滚动方式进行搬运，而作为基质的细粒沉积物，由于底床附近沉积物浓度相对较高，以低速悬浮搬运为主。

S 类岩相：当异重流能量较弱时，悬浮载荷颗粒会发生重力沉降并形成 S 类岩相系列。岩石类型主要为细粒沉积（包括细砂和粉砂），可发育块状或牵引流成因的构造。

L 类岩相：由粉砂岩与极细砂岩组成，单层厚度仅几毫米到 1cm，但平面上呈席状大面积展布，界面常有大量植物碎片和云母片，从而构成了该类岩相特有的漂浮物沉积韵律（lofting）。Zavala 和 Arcuri（2016）认为漂浮物沉积韵律是陆上河流体系与海/湖体系之间存在直接联系的证据，是异重岩特征性鉴别标志，其形成过程是，来自陆地上的淡水、碳质和植物碎片等均属于漂浮组分或者轻组分，而砂岩、粉砂和黏土等属于负载组分或者重组分，在一定的速度条件下，湍流将这些组分以不同比例进行混合，如果密度大于海水，流体就会潜入海底流动，在此过程中，如果高密度流体在运动过程中部分负载组分（如砂或粉砂）发生沉降，密度降低后的流体会在浮力作用下形成上浮羽流，这些上升流体将携带细粒沉积物、植物碎片和云母片向上运动，最终沉降后形成漂浮物及其相关岩相（图 1-7）。

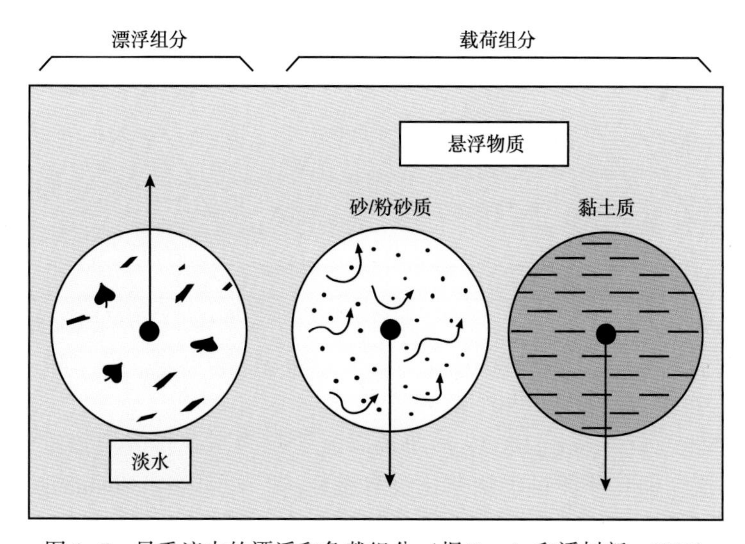

图 1-7　异重流中的漂浮和负载组分（据 Zavala 和潘树新，2018）

由上述可以看出，Zavala 所说的异重流（hyperpycnal flow）含义极其广泛，不仅包括细粒沉积，还包括粗粒沉积（Zavala，2019），不仅包括牛顿流体，还包括了非牛顿流体，实际上包含了深水重力流所有的流变学特性（Shanmugam，2019）。正因为 Zavala 和 Arcuri（2016）的异重流概念有些包罗万象，近年来受到一些质疑。例如 Shanmugam（2018，2019）认为该模型忽略了外部因素，例如潮汐和洋流，这些外部因素阻止了从河口到深海的高密度沉积物的输送。此外，异重流的流变学特性、流体状态以及沉积物浓度等也不是很明确。Talling（2014）认为，由于大量高密度洪水产生的弱稀释流很可能卸载薄层（毫米级至 10cm）细粒沉积物层，它们不会在深水环境中形成米级厚度的砂层。笔者认为异重流是客观存在的，但它的发育需要具备一定的条件，在河流入海（湖）处，地形坡度较大、陆架较窄，水下存在下切谷（陆坡峡谷）且与河口近距离沟通的地方，在洪水到来之际有可能形成异重流沉积。

6. Shanmugam 新流变学分类

Shanmugam（2000）将沉积物重力流划分为牛顿流体（newtonian flow）和塑性流体（plastic flow），强调了流变学（rheology）在重力流分类中的重要性，提出了基于流体流变学特性的三端元分类方案（图1-8），主要包括浊流、颗粒流、砂质碎屑流与泥质碎屑流4个类型。

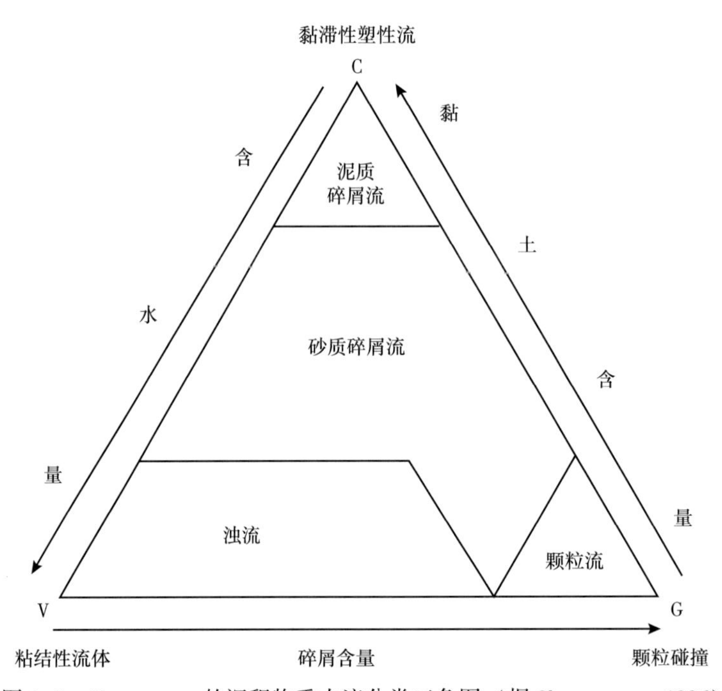

图1-8 Shanmugam 的沉积物重力流分类三角图（据 Shanmugam，1996）

需要说明的是，虽然 Dott（1963）最早也以流变学为基础将沉积物重力流划分为塑性流和粘结性流体流，但其分类过于简单化没有被后人广泛认可。Shanmugam（1996）也不认可 Lowe（1982）将浊流分为高密度浊流与低密度浊流的观点，因此他在修改 Shultz（1984）分类的基础上，增加了砂质碎屑流和泥质碎屑流（图1-8），认为浊流只有低密度而无高密度，所谓的高密度浊流实际上是砂质碎屑流成因，与低密度浊流本身沉积机理完全不同。

Shanmugam 的“砂质碎屑流”术语不是一个简单岩石名称，而是代表了一个在岩石组分、结构以及强度等方面的沉积系列（sedimentary continuum），而且在这个沉积序列中有一个共同特性，即塑性流变特征。Shanmugam（2013）进一步认为在深水环境中，沉积物重力在搬运和沉积的过程中有很大作用，主要的沉积物重力搬运过程包括滑坡、崩塌、砂质碎屑流和浊流等。

由于砂质碎屑流是多种沉积物支撑机制，其形成既不要求像颗粒流所需的陡坡环境，也不要求像粘结性碎屑流所需的高基质含量（Shanmugam，2000），这样一个含义广泛的概念可能更符合现今条件下对深水沉积的理解；同时，由于砂质碎屑流概念较好解释了深水沉积中无沉积构造的块状砂岩（structureless massive sandstone），目前已被我国学者广泛接受并运用（Zou 等，2012；邹才能等，2009；孙龙德等，2010；付锁堂等，2010；邓秀芹等，2010；鲜本忠等，2013；付金华等，2013；廖纪佳等，2013；刘芬等，2015）。

笔者认为，Shanmugam 基于流变学和沉积物搬运机制的重力流分类优点与缺点并存。优点在于：（1）明确指出颗粒流与粘结性碎屑流（泥石流）仅仅代表自然界碎屑流沉积系列的两个端元，端元中间部分很少有人关注。从流变学角度看，他认为整个水下沉积物重力流是一个连续的沉积系列（谱系）（这一点与 Talling 的认识基本一致），各类型之间及内部并不存在一个明确界限，这一认识可能更符合地质实际。（2）明确指出水下沉积物重力流只包括浊流、颗粒流、砂质碎屑流和泥质碎屑流 4 个类型，其他液化流、流体化流、高密度浊流、低密度浊流、高浓度流、超高浓度流、变密度颗粒流、非粘结性碎屑流、牵引毯、滑塌浊流等术语或者不是独立流体（Mulder 和 Alexander，2001），或者由于本身含义不明已涵盖在砂质碎屑流概念中（Shanmugam，2000），这样就减少了术语泛滥和人们的理解混乱现象。其缺点在于：他将砂质碎屑流概念扩大化，尤其是把高密度浊流从浊流中剥离出来归入砂质碎屑流的观点值得商榷。

7. Parker 等流态学分类

在传统沉积学认识中，根据弗劳德数（Froude number，简写为 F_r）将明渠水流（一种无压流，其表面与大气相接触，例如河流、湖、海中的水流）划分超临界流（$F_r>1$）、临界流（$F_r=1$）和亚临界流（$F_r<1$）三种流态，其中亚临界流为缓流，属于低流态，超临界流为急流，属于高流态，常代表水浅流急的流动特点。Parker 等（1987）认为水下沉积物重力流与明渠水流一样，其流动强度可以用弗劳德数（F_r）来判别。于是，他对水下重力流弗劳德数作了如下定义，见式（1-1）：

$$F_{r_d}=U/(gRCh)^{1/2} \tag{1-1}$$

式中，$R=\rho_s/\rho-1$；U 为流体速度；g 为重力加速度；h 为流体的厚度；C 为悬浮沉积物的体积浓度；R 为重力流与环境水体的密度差；ρ_s 为重力流密度；ρ 为环境水体密度。

Parker 等（1987）根据上述弗劳德数将沉积物重力流分为三种类型，即：超临界重力流（supercritical gravity flow）（$F_{r_d}>1$）、临界重力流（critical gravity flow）（$F_{r_d}=1$）和亚临界重力流（subcritical gravity flow）（$F_{r_d}<1$）。由于弗劳德数为 1 的临界状态很难保持，自然界以超临界和亚临界浊流最为常见，并且在流动过程中，超临界和亚临界重力流之间存在着频繁的流态转化（Postma 和 Cartigny，2014）。

目前研究表明（操应长等，2017a），浊流由超临界向亚临界的转化通过水力跳跃（hydraulic jump，简称水跃）来实现。水跃是指当高流速的超临界浊流进入（转变为）低流速的亚临界浊流中时，由于流体的速度突然变慢，流体部分的动能被紊流消散，部分动能则转换为势能，造成流体液面明显变高的现象。浊流的水跃强度可以由流出的亚临界流厚度（h_2）与流入的超临界流厚度（h_1）的比值来定义，同时与能量的丢失程度（ΔH）呈正比，主要受流入的超临界流弗劳德数（F_{r1}）大小的控制（Cartigny 等，2014）（图 1-9a）。当流入的超临界流 F_{r1} 在 1~1.7 之间时，能量丢失较少，以波状水跃为主（图 1-9b）；随着流入流体

F_{r1}(1.7~2)的增加，水跃形成的波浪开始破碎，循环的水流滚动在自由界面开始形成（图1-9c）；当流入流体F_{r1}在2~4之间时，水跃变得极不稳定，流入流体从底部向上快速混入，形成振荡性的射流以及强烈的水流滚动（图1-9d）；流入流体F_{r1}的进一步增加会形成稳定形态的水跃，造成流体的强烈湍动和能量的丢失（图1-9e、f）。Postma等（2009）关于水下重力流水跃现象的水槽模拟实验进一步证实在深水环境中发育超临界重力流，水跃作用也广泛存在，特别是分层密度流强烈的水跃作用为解释深水粗碎屑重力流沉积提供了合理的理论依据（图1-9g、h）。

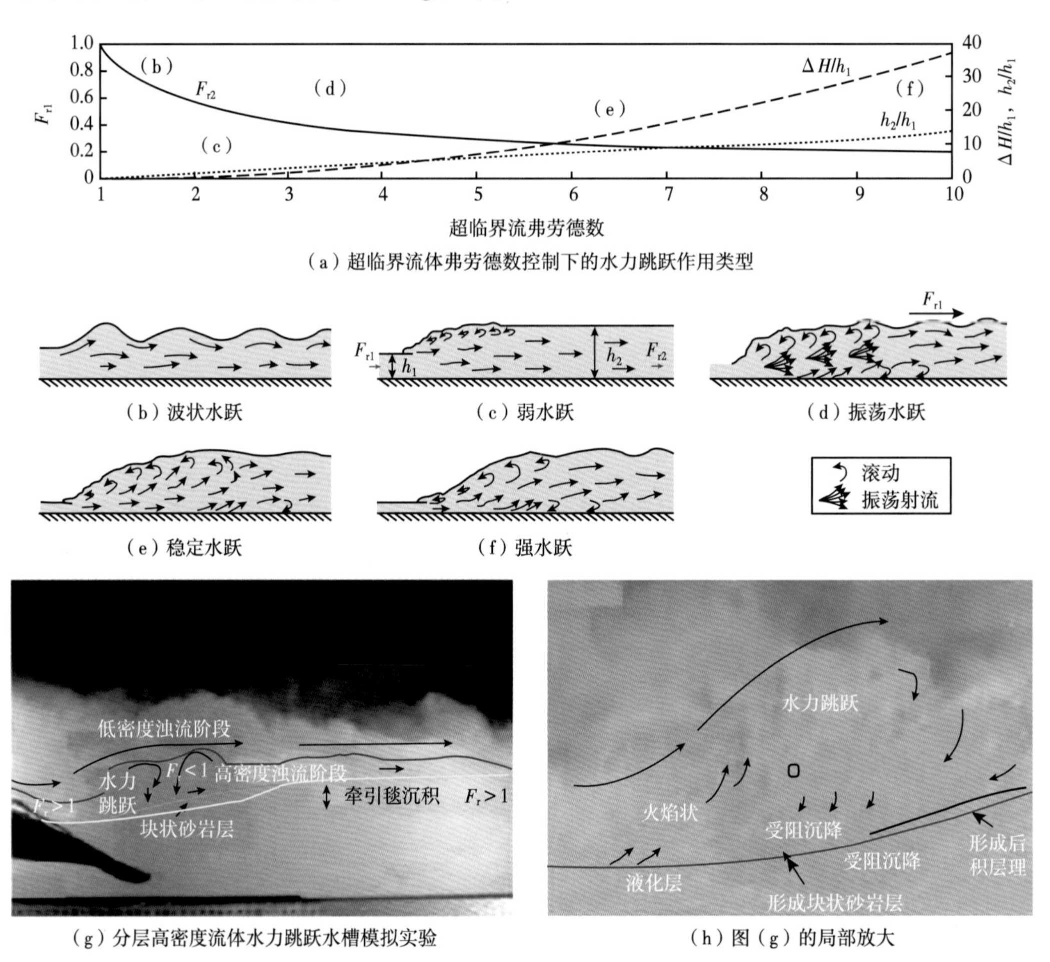

图1-9　超临界流水力跳跃作用类型及水槽模拟实验（据操应长等，2017a）

由水跃控制的浊流流态转化在水下环境中形成了一系列向上游迁移的台阶状底形。通常把这种台阶状底形称作旋回阶坎（cyclic step），它们往往成串分布在海底的峡谷、水道和水道—朵叶体过渡带等结构单元中（图1-10）。

实验已经证实了这些旋回阶坎由超临界浊流形成（Parker，1996），每一个台阶代表了一个超临界流区域，并在之后发生水跃。旋回阶坎一般表现为长波状（波长/波高≫1），波长范围较广（几十米至几千米），剖面具向上游迁移特征，阶坎之间以水跃为界，水跃发生在阶坎背流面和迎流面的坡折位置（图1-11）。浊流在旋回阶坎的陡坡位置加速成为

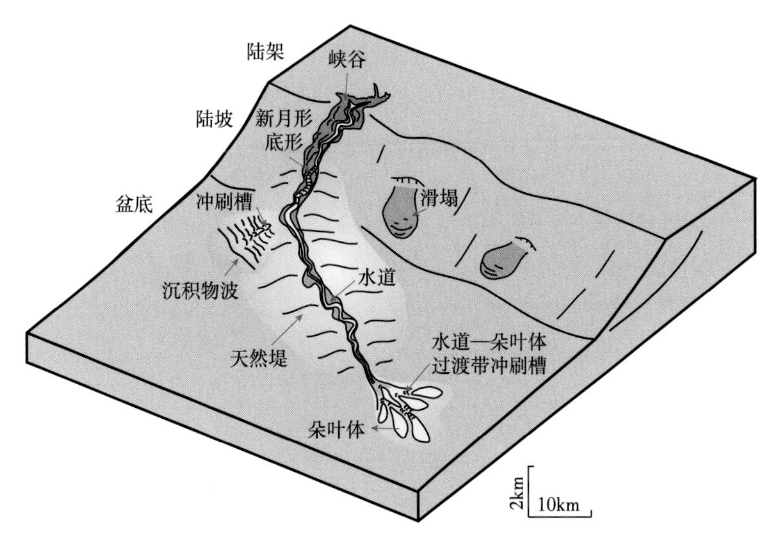

图 1-10　大陆边缘深水沉积体系结构单元的一般模式（据许小勇等，2018）

超临界浊流，使陆坡遭受侵蚀，形成侵蚀型旋回坎，随后在坡折位置发生水跃，流速减缓形成亚临界浊流，并在缓坡处接受沉积，形成沉积型旋回坎。

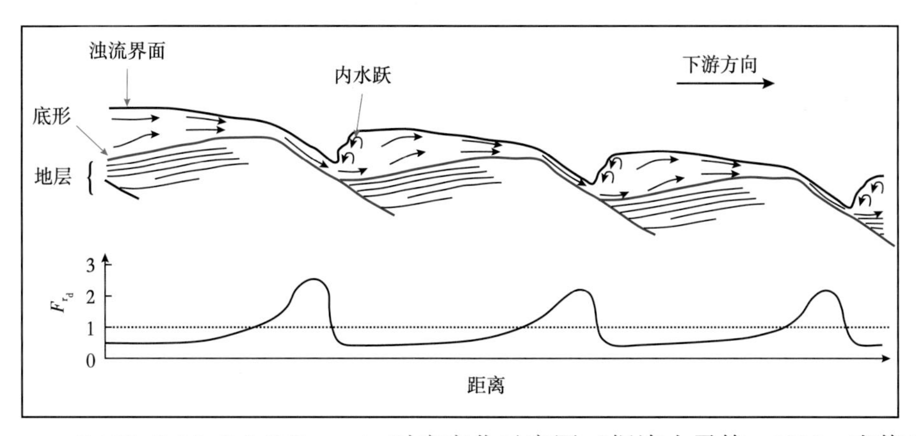

图 1-11　旋回坎形成与弗劳德数（F_{r_d}）对应变化示意图（据许小勇等，2018，有修改）

需说明的是，深水环境中的旋回阶坎底形曾被称为沉积物波（sediment wave）或冲刷槽（scour）。沉积物波主要指广泛发育于海底的大型（高数米，长几十米到数千米）波状沉积底形（Wynn 等，2000）。其通常发育在海底环境中，包括水道、天然堤等位置，在活动峡谷中也可见新月形沉积物波。Wynn 等按沉积物波形成的流体机制细分出三类（Wynn 和 Stow，2002）：底流成因、浊流成因和其他流体成因，并进一步根据沉积物的粒度将前两者再分别细分出细粒和粗粒两类。（1）细粒底流沉积物波，波长可达 10km，波高可达 150m；（2）粗粒底流沉积物波，波长较小，一般小于 200m，波高几米；（3）细粒浊流沉积物波，波长可达 7km，波高可达 80m；（4）粗粒浊流沉积物波，波长通常达 1km，波高达 10m。Symons 等（2016）也将陆坡侵蚀而缓坡沉积的混合波状底形和以沉积为主的波状底形统称为沉积物波。冲刷槽是一种侵蚀型底形，切入海底，呈新月形—近圆形的凹槽，通常形成在天然堤和水道—朵叶体过渡带，表现为孤立凹槽。冲刷槽在现今海底，特征较为明显，但在地层记录中却很难保存下来（许小勇等，2018）。

由于超临界重力流的流速快、侵蚀能力强，其具有较强的粗碎屑搬运能力（Cartigny，2012；Postma 和 Cartigny，2014）。其搬运和沉降过程主要受其弗劳德数大小的控制。随着弗劳德数不断增大，不同强度水跃控制下的沉积底形发生从稳定逆行沙丘、不稳定逆行沙丘、流槽—凹坑到旋回阶坎的有序变化（图 1-12）。在稳定和不稳定逆行沙丘的形成中，超临界重力流对沉积物的搬运和沉降起主要控制作用；在流槽—凹坑和旋回阶坎的形成中，超临界重力流主要起侵蚀和搬运作用，亚临界重力流进一步控制沉积物的搬运和沉降（Cartigny 等，2014）。

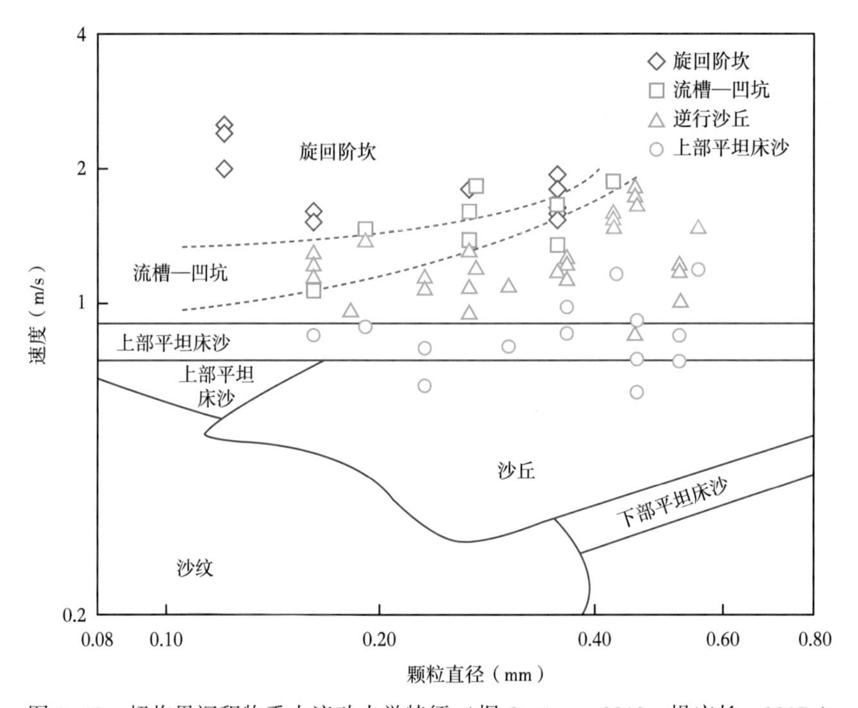

图 1-12　超临界沉积物重力流动力学特征（据 Cartigny，2012；操应长，2017a）

目前认为，超临界重力流沉积物的识别标志主要包括：分层构造、层理构造、侵蚀构造等局部识别标志和旋回阶坎综合识别标志等多个方面（操应长等，2017a）。其中旋回阶坎沉积（常由不同沉积构造组合形成）是识别超临界重力流沉积的最可靠标志。单一旋回阶坎主要由水跃区、亚临界流加速区、超临界流加速区组成，沉积物主要在水跃区和亚临界流加速区发生沉积，且沉积物组成和沉积构造在区域内呈有序分布（图 1-13）。

水跃区以侵蚀充填为典型特征，大量发育的冲刷槽被厚层块状或粗尾正粒序粗碎屑沉积充填，沉积物底部火焰状构造发育，内部可含部分侵蚀成因的泥质碎屑，主要显示超临界重力流在水跃作用下形成的高浓度亚临界流的快速沉积作用（图 1-13）。跨过水跃区，高浓度的亚临界流在不断加速的过程中，底部沉积物主要以牵引毯的形式搬运沉降。紧邻水跃区，由于沉积物浓度大，主要以摩擦牵引毯的形式搬运和沉降，沉降速率较快，以块状粗碎屑沉积为主，内部可含少量漂砾（图 1-13）。随着搬运加速过程中沉积物的卸载，沉积物的浓度不断降低，底部沉积物以碰撞牵引毯的形式搬运，形成具有牵引毯作用下的分层结构沉积物。流体的搬运速率和沉积速率控制了沉积相序的分层结构，随着搬运距离的增加沉积速率逐渐降低，搬运和侵蚀速率逐渐增大，分层结构从粗略分层向规则分层逐渐变化。

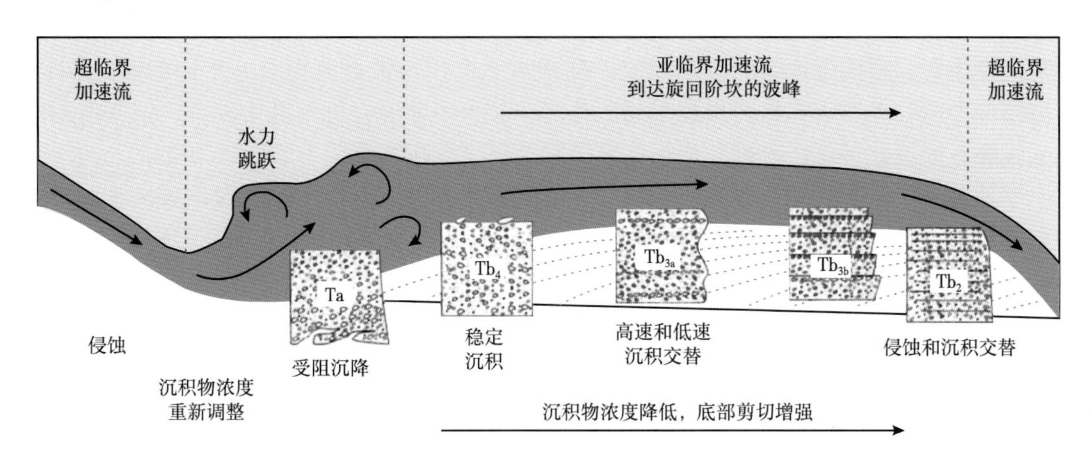

图 1-13　超临界重力流形成的旋回阶坎沉积组合与岩相分布（据操应长等，2017a）

Ta—鲍马序列 a 段；Tb—鲍马序列 b 段；Tb_4—似块状构造；Tb_{3a}—弱分层构造；Tb_{3b}—分层构造；Tb_2—平行层理（层理间隔小于 0.5cm）

超临界重力流的发现及相关研究为深海（深湖）环境中波状底形及一系列复杂沉积现象的合理解释提供了新视角，因而受到了人们的普遍关注。但是由于对其研究起步相对较晚，现阶段关于超临界重力流的流体动力学特征、形成条件及识别标志等一系列问题都还存在诸多争议（Postma 和 Cartigny，2014；Postma 等，2014；操应长等，2017a），尤其超临界重力流与异重流、高密度浊流、砂质碎屑流都能形成无常规沉积构造的块状砂岩（朱筱敏等，2019；杨田等，2021），并且超临界重力流与异重流形成的粗碎屑沉积物特征十分相近（Zavala 和 Arcuri，2016；Postma 等，2014），这些流体之间的关系以及如何从沉积物记录中对其进行区分等都是值得进一步研究的问题。

综上所述，虽然如此多的沉积学家都对深水重力流进行过分类研究，但问题依然较多。实际上，就海（湖）底地形、沉积过程、几何形态及堆积样式而言，深水沉积系统是非常复杂的，正如 Shanmugam（2000）所言：我们对于深水环境下沉积作用和砂体分布的理解仍不成熟。欣喜的是，与 70 年前相比，目前在深水地质资料（地震与岩心资料）及理论思考方面已经取得了长足进步，相信随着科学技术不断发展，人们能够完全掌握深水环境下的地质奥秘，建立起科学合理的重力流分类体系方案。

三、深水沉积研究进展

通过半个多世纪的发展，目前在深水重力流类型、搬运与沉积机理、沉积模式及研究技术方法等方面均取得了令世人瞩目的成果，归纳起来，主要有以下 7 个方面。

1. 深水环境砂体类型复杂多样

深水环境至少存在浊流、高密度浊流、异重流、砂质碎屑流及超临界重力流等多种重力流沉积物，流体类型复杂多样，重力流与牵引流、牛顿流体与非牛顿流体共存。从沉积物来源看，既有盆地内部三角洲前缘沉积物由于重力失稳而导致的二次搬运形成的沉积物，也有来自陆上由洪水期河流直接供源形成的异重流沉积物；从重力流搬运过程看，不仅包括滑动（slide）、滑塌（slump）等代表触发机制的非独立流体，还包括由一定触发机制产生的碎屑流（debris flow）和浊流（turbidity current）等独立流体；从流变学特征看，既有流体流（如浊流、高密度浊流、异重流），也有块体流（如滑坡、砂质碎屑流）；从流体流态性质看，如同近地表的明渠水流一样，水下沉积物重力流也具有不同的弗劳德数，可以划分为超临界和亚临界两种重力流。总之，深水环境动力机制极为复杂，这些机制或孤立发育，或彼此转化，或相互作用，导致深水环境沉积物类型、成因极为复杂。

李相博等（2018）以大型坳陷湖盆——鄂尔多斯盆地延长组为例，对湖盆深水区常见的砂岩类型、特征及分布模式进行了总结，见表1-2、图1-14。同时，基于各种重力流砂体成因与搬运机理研究，建立了延长组深水砂岩从开始启动到搬运，再到沉积的三种过程模式，分别是粒粒模式、层层模式及块块模式。其中粒粒模式以浊流为代表，层层模式以高密度浊流或异重流为代表，块块模式以砂质块体搬运沉积为代表。它们的流变学特征、流体剖面速度及沉积学特征不尽相同（表1-3）。

表1-2　陆相盆地深水砂岩沉积特征对比表（以鄂尔多斯盆地延长组为例）

岩石类型/流体类型	岩石结构	沉积构造	单岩层厚度	顶底接触关系	流变学特征	空间分布	
						平面	剖面
浊积岩/浊流	砂级—粉砂级—泥级，概率曲线为单段式，斜率小，C-M图平行于C=M基线	粒序递变层理或含有粒序层理的鲍马序列	小于0.5m	底面常见槽模等侵蚀冲刷现象，顶面为渐变界面	牛顿流体，紊流（流体搬运）	有水道扇体，横向上分布相对稳定	薄层席状（扇中）或透镜体（扇根）
碎屑流沉积/砂质碎屑流	砂级—粉砂级，概率曲线与三角洲前缘水下分流河道及河口坝砂体类似	厚层、块状层理，砂岩内部偶见呈悬浮状零散分布泥砾，且有拖长变形现象	一般大于0.5m，最大可达几十米	顶、底面均突变接触，其中底面平坦，顶面为不规则状	宾汉塑性体，层流（块体搬运）	孤立或连续不规则舌状，横向变化快	孤立或叠加透镜体
异重岩/异重流	砂级—粉砂级—泥级，概率曲线为单段式，斜率小，C-M图平行于C=M基线	正粒序递变层理与反粒序递变层理成对出现	单层小于20cm	单层之间常见微冲刷	牛顿流体，紊流（流体搬运）	有水道扇体，横向上分布相对稳定	薄层席状（扇中）或透镜体（扇根）
滑动、滑塌沉积	砂—泥级	强烈揉皱变形层理，发育压力脊，滑坡壁，压力缝等	厚度变化较大	顶、底面均突变接触	弹性或塑性（块体搬运）	舌状	孤立或叠加透镜体
底流改造沉积	粉砂级为主，结构成熟度较好	见低角度平行层理，交错纹层	常小于15cm	顶、底面均突变接触	牵引流（流体搬运）	横向上分布稳定	薄层席状

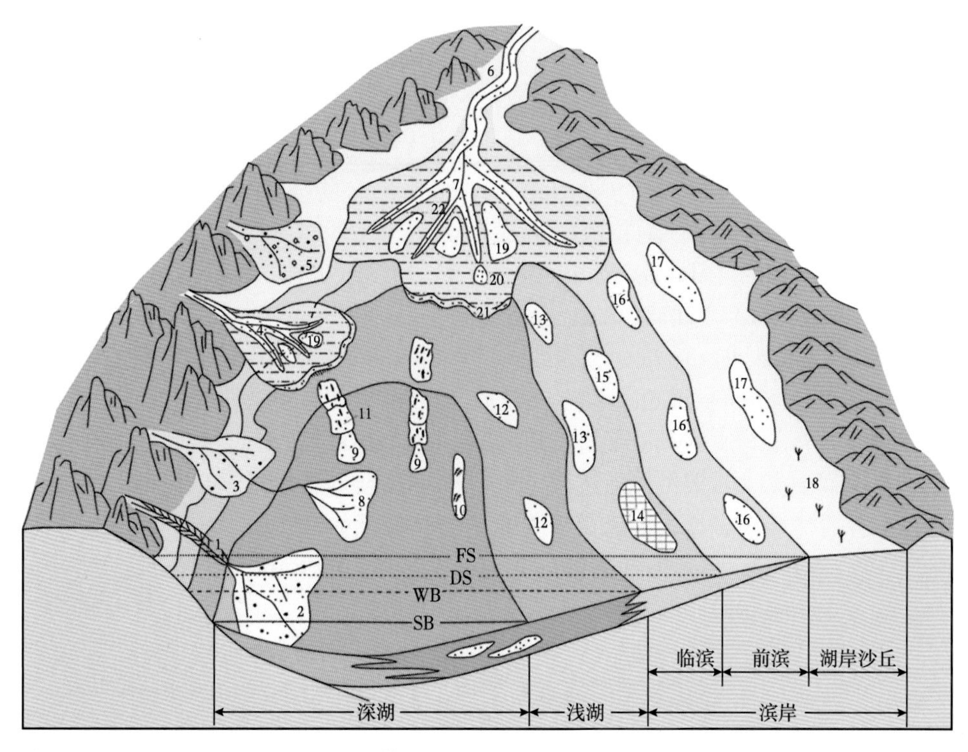

图 1-14　陆相盆地砂体分布模式（据姜在兴等，2017，有修改）

1—湖缘峡谷；2—近岸水下扇；3—扇三角洲；4—辫状河三角洲；5—冲积扇；6—曲流河；7—曲流河三角洲；8—异重流；9—浊流；10—底流；11—砂质碎屑流；12—风暴岩；13—远岸沙坝；14—碳酸盐岩滩坝；15—近岸沙坝；16—沿岸沙坝；17—风成沙丘；18—沼泽；19—河口坝；20—远沙坝；21—席状砂；22—三角洲分流间湾；FS—洪水面；DS—枯水面；WB—正常浪基面；SB—风暴浪基面

表 1-3　沉积物重力流搬运—沉积过程模型（以鄂尔多斯盆地延长组为例）

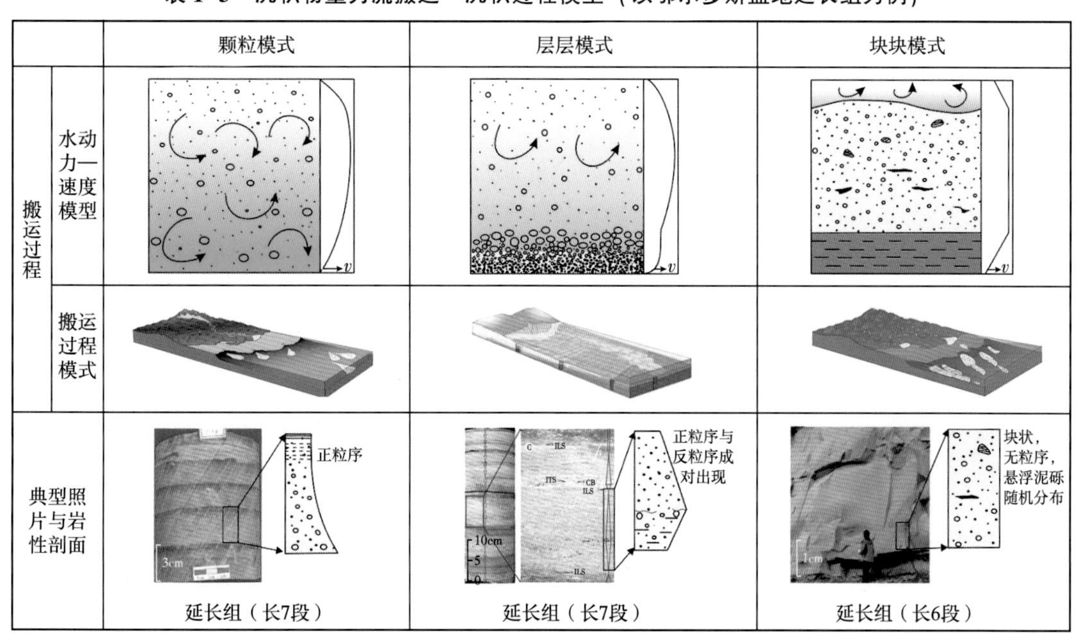

		颗粒模式	层层模式	块块模式
搬运过程	水动力—速度模型			
	搬运过程模式			
典型照片与岩性剖面		正粒序 延长组（长7段）	正粒序与反粒序成对出现 延长组（长7段）	块状，无粒序，悬浮泥砾随机分布 延长组（长6段）

2. 深水块状砂岩成因判识与搬运机理新认识

深水块状砂岩（DWM）被认为是一种与深水沉积物相伴生的、不具有任何沉积构造的砂体（Stow 和 Johansson，2000），由于具有重要油气勘探价值而成为目前沉积学家普遍关注的热点。笔者通过大量文献调研发现，近 60 年来，人们对深水块状砂岩的成因至少有如下 8 种解释：（1）低密度浊流（low-density turbidity current）（鲍马，1962）；（2）底负载（bed load）（Sanders，1965）；（3）颗粒流（grain flow）（Stauffer，1967）；（4）类塑性快速层（pseudoplastic quick bed）（Middleton，1967）；（5）高密度浊流（high-density turbidity current）（Lowe，1982）；（6）砂质碎屑流（sandy debris flow）（Shanmugam，1996）；（7）超高密度流（hyperconcentrated density flow）（Mulder 和 Alexander，2001）；（8）弱粘结性碎屑流（poorly cohesive debris flow）（Talling 等，2012）。但目前大多数学者认为主要有两种可能性：砂质碎屑流和高密度浊流，尤其对经过长距离搬运的深水块状砂岩而言，砂质碎屑流和高密度浊流被认为是两种最为重要的搬运过程（Stow 和 Johansson，2000；Talling 等，2012）。

1）砂质碎屑流和高密度浊流概念区别及其沉积物特征

高密度浊流（high-density turbidity current）这一术语最早是 Kuenen 和 Migliorini（1950）以及 Kuenen（1951）提出的。后来，Lowe（1982）与 Postma 等（1988）对高密度浊流的垂向流体结构特征进行了研究，认为其可以分为上下两层流体，上部流体沉积物颗粒的含量较低，其内沉积物颗粒由流体的紊流支撑，下部流体沉积物中颗粒的含量较高，流体的紊流活动受到抑制，其内沉积物主要由基质强度、分散压力和浮力支撑。Lowe（1982）进一步将高密度浊流细分为砂质高密度浊流与砾质高密度浊流，认为深水块状砂岩的成因主要与砂质高密度浊流有关，并由此建立了砂质高密度浊流的理想结构序列：按照沉积的先后顺序分别是 S1（牵引层）、S2（毯状牵引层）以及 S3（悬浮层），在这三个层段中，仅有 S3 段沉积于浊流的紊流悬浮作用，为致密的非粘结性颗粒沉积层，其沉积物以无沉积构造为特征，相当于本书所说的块状砂岩。此外，S3 段有时显示泄水构造，或具碟状构造（Lowe，1982），有时显示微弱层理（需要借助薄片分析才能发现）。目前的学者认为，S3 段是在一种受阻环境中沉积的，其沉积过程是：受高密度浊流的上部流体所驱动，首先在流体下部近底床附近形成一层薄层状的砂质沉积层，这时，如果上部沉积物供给速度非常高，近底床的地层加积作用就非常快，以至于在砂层中来不及发育层理而直接形成了厚层的块状构造。显然，这是一种通过逐步加积形成的块状砂岩（Kneller 和 Branney，1995），Talling 等（2012）称 S3 段为依靠层层叠置模式形成的高密度浊流，并将其命名为 Ta。Mulder 和 Alexander（2001）称其为浓密度流，实际上也就是 Lowe（1982）与 Talling 等（2012）所说的高密度浊流。

如前所述，Shanmugam（1996）反对“高密度浊流”这一术语，建议将高密度浊流的上下两部分拆开，上部为浊流，而下部为砂质碎屑流。由于这两部分并不相互独立，上部不但给下部提供沉积物质，而且产生额外的剪切力来牵引下部流体；同时，因为其沉积方式遵循层层模式，与碎屑流的整块固结模式沉积方式有本质差异（Li 等，2016），所以笔者建议保留“高密度浊流”这一术语。

砂质碎屑流概念最早由 Hampton（1972，1975）提出，Hampton（1975）通过实验表明，在海底砂质沉积物中黏土含量在 2%甚至更低的情况下，仍然可能快速流动形成碎屑流沉积。由于其黏土含量低、砂质颗粒含量高而被称为砂质碎屑流。后来，Shanmugam（1996）重新建立了砂质碎屑流的概念内涵，其包括以下几个要点：（1）塑性流变（plastic rheology）；（2）多种沉积物支撑机制（内聚强度、摩擦强度及浮力）；（3）块体搬运方式；（4）砂和砾大于25%，甚至30%；（5）25%~95%沉积物（碎石、砂和泥）体积分数；（6）可变的黏土含量（质量分数低到0.5%）。Shanmugam（2000）进一步指出砂质碎屑流是介于传统（泥质）碎屑流和颗粒流的过渡类型，代表了粘结性和非粘结性碎屑流之间的连续作用过程，沉积物颗粒或团块呈一个完整的集合体，在海底呈层状或块状流动，最终以整块固结（en masse freezing）方式沉积（Shanmugam，2013）。由于砂质碎屑流中粘结性基质泥含量可以很少，砂质颗粒含量较高，Shanmugam（2013）称其为砂质块体搬运沉积（SMTD）。客观地说，砂质碎屑流或砂质块体搬运概念如同前面叙述的高密度浊流概念一样，也较好解释了深水沉积中无沉积构造的块状砂岩成因。

综上所述，高密度浊流是通过一种层层模式（layer-by-layer mode）来形成块状砂岩的，而砂质碎屑流则是通过一种整块固结模式（en masse freezing）来形成块状砂岩的（Talling 等，2012）。由此看来，深水块状砂岩（DWM）既可以由 Shanmugam 提出的砂质碎屑流沉积形成，也可以由前人所说的高密度浊流沉积产生，这是当前国际沉积学界对深水块状砂岩（DWM）成因的主流观点。随之而来的科学问题是，如何从块状砂岩沉积物记录中判断其搬运机制，即如何区分由砂质碎屑流与高密度浊流形成的块状砂岩。在以往的沉积学研究中，人们通常都习惯于从沉积物记录中利用其沉积特征（如沉积物类型、碎屑组分组成、变形构造、层理构造、层面构造、韵律性与旋回性、杂基成分与含量以及颗粒支撑特性等）推断在沉积作用的最后阶段占优势的作用，但是这些特征仅反映沉积物的沉积方式，不反映搬运过程（Shanmugam，2000）。Lowe（1982）与 Stow 和 Johansson（2000）仔细研究过块状砂岩中各种各样的逃逸构造（碟状、柱状等），然而这些逃逸构造既可以在碎屑流中产生，也可以在高密度浊流中产生，甚至还可能形成于沉积期后，所以逃逸构造不是搬运作用与沉积作用的可靠标志。一些沉积学家（Shanmugam，2000；Talling 等，2012）提出，可以根据砂岩侧向厚度变化（突变或渐变）或者砂岩中是否存在漂浮碎屑（floating clast）等特征来识别碎屑流成因的块状砂岩，然而这些现象也不一定与沉积物的整个搬运过程有关，只能说是反映了沉积物在沉积阶段的沉积方式。最近，Talling 等（2012）描述了一种涡旋状补丁构造［a patchy grain-size distribution（swirly fabric）］，认为是碎屑流成因的标志性特征，然而正像他本人所说，这种构造也可能与沉积后期的改造作用有关，由此看来，这种补丁构造也可能与沉积物的搬运过程或搬运历史没有关系。所以如何从沉积特征中识别流体性质与搬运机理的确是一个问题，正像 Shanmugam（2000）所说，目前还没有一个公认的标准从沉积物记录中确定其搬运机制。

2）砂质块体搬运沉积（SMTD）判别标识

近年来，李相博等（2014）通过对鄂尔多斯盆地上三叠统延长组露头剖面及钻井岩心的观察研究，首次在延长组深水厚层块状砂岩中发现了一种新沉积现象——泥包砾结构（mud-coated intraclast）（图1-15），沉积学家 Shanmugam 认为该研究为深水砂质块体搬运沉积（SMTD）研究提供了关键性判识标志。

泥包砾结构通常由内核和泥质外壳两部分组成，内核一般为泥质团块或砂质团块构成，外壳一般由薄层泥页岩或富含泥质的细粒沉积物构成，外壳通常呈近似同心环状包裹着内核漂浮在深水块状砂岩中（图1-15）。下面对泥包砾结构的形成机理与过程作简要分

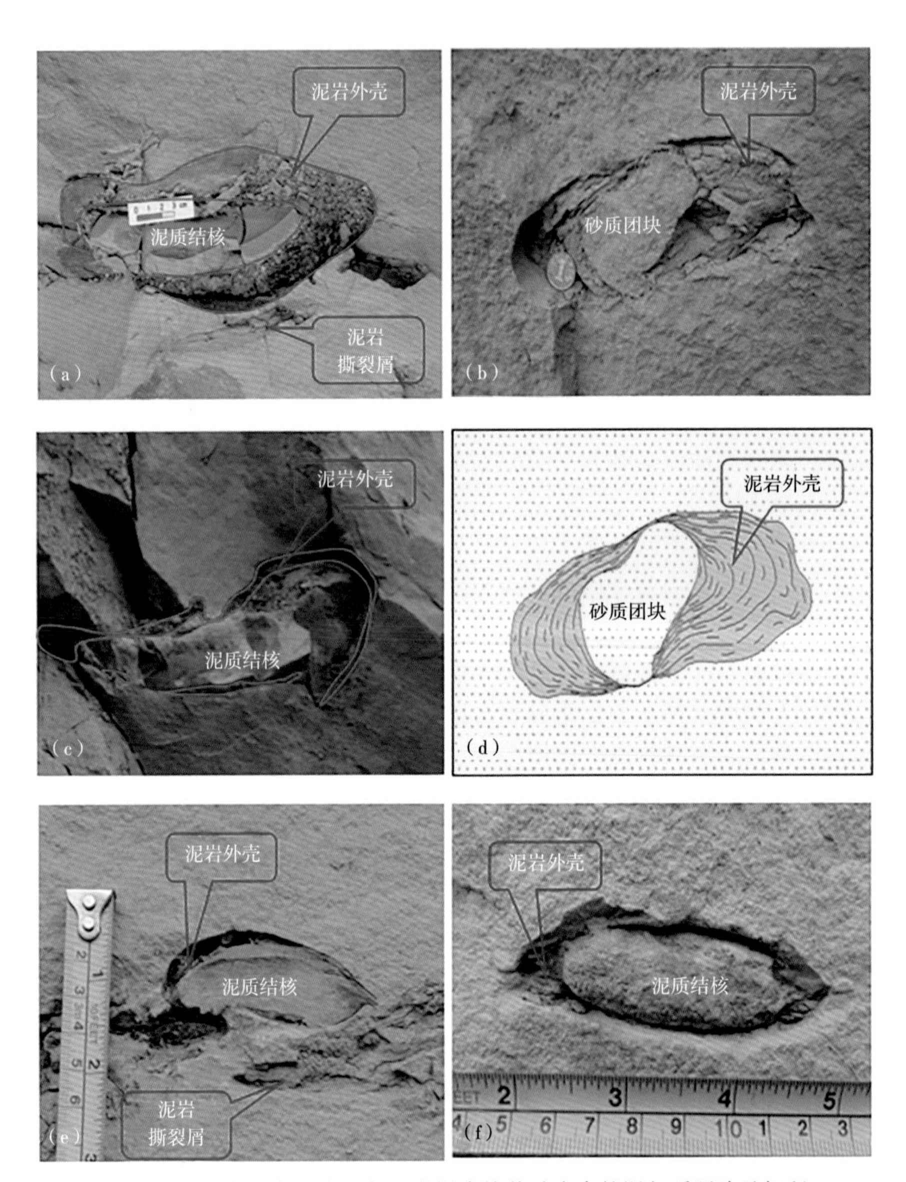

图 1-15 延长组长 6 段—长 7 段深水块状砂岩中的泥包砾照片及解释

本次发现的泥包砾结构均由内核和泥质外壳两部分组成。内核一般为泥质结核或砂质团块，通常被薄层黑色泥页岩组成的外壳呈近似同心环状包裹而成泥包砾现象，与泥岩撕裂屑一起漂浮在厚层块状粉细砂岩中。(a) 纺锤形泥包砾结构，尺寸为 12cm×6cm，内核为泥质结核（暗黄色部分），外壳为黑色泥岩，照片中的红色线条指示了泥质包壳的分布范围，其与围岩（砂岩）接触形态呈浑圆状弧形，显示该泥包砾结构在其中发生过旋转或滚动作用，也显示围岩（砂岩）处于塑性状态，铜川瑶曲剖面，长 6 段油层组；(b) 椭圆形泥包砾结构，尺寸为 8cm×6cm，内核为砂岩团块，外壳为黑色泥岩，其与围岩（砂岩）接触形态与（a）相似，同样揭示该泥包砾结构发生过旋转或滚动作用，旬邑山水河剖面，长 7 段油层组；(c) 圆锥形泥包砾结构，尺寸为 30cm×12cm，内核为泥质结核（暗黄色部分），外壳为薄层状（厚度为 5mm 左右）黑色泥岩，照片中的红色线条指示了泥质包壳的分布范围，铜川瑶曲剖面，长 6 段油层组；(d)(b) 的地质解释；(e) 似泥包砾现象，纺锤形，尺寸为 6cm×2cm，表现为灰绿色泥岩（厚度为 1~5mm）呈圆弧形包裹在褐红色泥质团块的外侧，形成半个泥包砾，旬邑山水河剖面，长 7 段油层组；(f) 纺锤形泥包砾结构，尺寸为 6cm×2. 5cm，浅灰色泥岩围绕褐红色泥质结核形成包壳，由于风化作用，呈包壳状存在的泥岩部分已经脱落，从而在泥质团块周围形成了宽度为 1~5mm 的明显缝隙，旬邑山水河剖面，长 7 段油层组

析，主要包括泥质或砂质团块/结核、泥质外壳的来源及泥质是如何黏附包裹在团块/结核上的过程等。

（1）泥质或砂质团块/结核的来源。

由于黏土矿物的胶体性质，在三角洲前缘或滨湖与浅湖环境的泥岩中，往往会发育一些与黏土矿物有关的泥质结核，或含有灰质或铁质的泥质结核，这在陆相湖盆中实际上是一种普遍沉积现象（王昌勇等，2010）。通过对图 1-15a 和 c 中泥质结核的 X 射线衍射分析（图 1-16），其中黏土矿物重量的百分比高达 49%，由此推断，该地区泥质结核的发育可能与黏土矿物的相对富集有关。此外，受生物活动影响（王昌勇等，2010），在滨湖与浅湖环境的泥岩中还可能出现一些灰质或铁质结核。

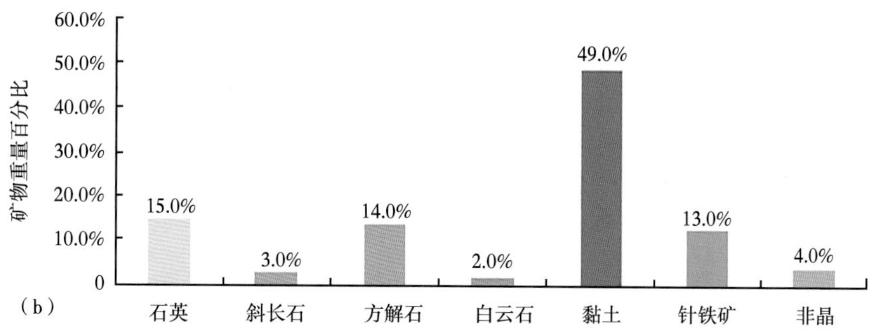

图 1-16 泥质结核的单偏光照片（a）及其 X 射线衍射分析结果（b）

（a）泥质结核的岩石薄片，显示由大量细粉砂和泥质组成，细粉砂主要由石英、石灰岩岩屑及云母片等陆源碎屑所组成；（b）泥质结核的全岩 X 衍射分析数据，可以看出，粒径小于 0.03mm 的陆源碎屑黏土矿物为岩石主要组成部分

对于湖相泥岩中的砂质团块来源，乔秀夫等（2009，2012）作过详细研究，认为与古地震作用有关。在砂泥岩互层地区，由于砂岩密度较泥岩大，上覆较粗砂岩层会下陷至下伏较细砂层或泥岩中形成负载构造，当遇到地震振动摇晃作用时，负载体会脱离母岩完全落入下伏层形成球体或椭球体，即球—枕构造。郑荣才等（2006）曾在鄂尔多斯盆地白豹地区的钻井岩心中发现过这种特殊构造，一些砂岩球状体呈坠入状产出在长 6 段深湖相泥岩中；李元昊等（2008）也对延长组长 6 段—长 7 段中的砂球构造、球—枕构造以及液化砂岩脉进行过仔细描述。由此看来，延长组沉积记录中的确存在大量砂球或砂质团块构造。

乔秀夫等（2012）在龙门山地区须家河组中发现了丰富的古地震记录，反映与鄂尔多斯盆地相毗邻的川西乃至青藏高原东北部地区晚三叠世曾有过强烈与频繁的地震构造活动。事实上，在鄂尔多斯盆地延长组长 6 段—长 7 段中，存在多套薄层状凝灰岩，它们厚度不大，但分布广泛，岩性及电性特征明显，长期以来一直被作为区域地层等时对比的可靠标志。目前认为这些凝灰岩可能是盆地周缘地区晚三叠世火山与地震活动的产物（李相博等，2012）。因此，从区域地质背景看，延长组中也具有发育砂球或球—枕构造的动力学条件。

（2）泥包砾结构的形成过程。

前期研究表明（李相博等，2014），延长组砂质碎屑流起源于三角洲前缘沉积物的再搬运。三角洲前缘沉积以砂泥岩互层为典型特征，受如上所述的诸多因素影响，在其中的泥岩中可能会发育砂质或泥质团块或结核。从以下分析可以看出，正是三角洲前缘特殊的地层结构与特殊的“碎屑流”成因机理最终形成了赋存于砂岩中的泥包砾结构。

三角洲前缘的碎屑流与陆上碎屑流（泥石流）在成因机理方面有很大不同，后者是陆上就近形成的风化产物与水混合在一起的块体搬运形式，通常表现为较大的颗粒被黏土—水基质强度所支撑，Middleton 等（1973）称其为“真正的碎屑流”；前者则是风化产物被水流搬运和机械分异后，首先在三角洲前缘形成砂泥岩互层结构，再由于重力滑塌或液化作用导致整体性运动，进而转化为碎屑流。因为三角洲前缘沉积物经历过流水分选作用，所以与“真正的碎屑流”不同，通常形成不同粒级的砂质碎屑流、粉砂质碎屑流或泥质碎屑流等。由于泥质与砂质的抗剪强度有显著不同，三角洲前缘的砂质碎屑流和泥质碎屑流的形成有一定次序性。有人做过研究（王德坪，1991），在 50m 深的水下，砂质沉积物的抗剪强度至少为 245kN/m^2，是其中泥质沉积物的 6～12 倍。由于抗剪强度的这种显著差别，在由重力引起的沿坡面的剪应力还远小于砂质沉积物的抗剪强度时，其下伏的泥质沉积物开始液化和剪切变形，继而产生撕裂和碎屑流化，而此时上覆的砂质沉积物尚没有开始变形。也就是说，在三角洲前缘沉积物的再搬运初期，被搬运的沉积物可分为上、下两部分，下部为首先液化变形并以碎屑流方式运动的泥质沉积物，上部为砂质沉积物，颗粒之间具有相对固定的关系，如同一个固体，附着于下部的泥质沉积物之上滑动前进。这个过程与陆上碎屑流沉积一般具有的上、下两层韵律结构相类似（Johnson，1970），即下部已剪切变形的泥质沉积物相当于层流段（laminar flow），上部的砂质沉积物相当于刚性筏流段（rigid raft）。

根据 Middleton 和 Hampton（1973）的分析，水下碎屑流（块体流）在流动过程中，其内部任何层段上都存在着剪应力。随着下伏泥质沉积物的碎屑流化，若其中含有泥质结核或砂球构造与球—枕构造，由于其强度比作为介质的泥质浆体高，在浆体的流动中，往往会表现出刚体性质。这种具有刚体性质的结核或砂球构造，在顶、底受到介质不同大小的剪切力作用时，必然会产生旋转或滚动，在这个过程中，黏稠状的泥质浆体必然会不断黏附于内核之上，从而形成如同陆上泥石流中常看到的泥包砾结构。随着流动的继续发展（搬运距离增大、水体加深），沉积层将进一步混合，下伏的泥岩层连同其中的泥包砾结构会陆续卷入上覆砂质沉积物中。由于泥岩层与泥包砾结构本身的强度与作为介质的砂岩存在差异，在后期的继续搬运中二者的命运大不一样：泥岩抗剪强度比砂岩弱，被砂岩介质撕裂成长条状泥质撕裂块或体积更小的撕裂屑、撕裂片，彼此平行零散分布于块状砂岩中；而泥包砾结构因其强度与作为介质的砂质相近，会继续表现出刚体性质，并且在顶、底受到介质的剪切力作用时会继续产生滚动与旋转，所以，与介质砂岩的接触面多呈浑圆形态，这就是如图 1-15a 和 b 中所看到的现象。

有关粘结性碎屑流中相对较刚性泥砾在受到剪切应力作用时产生旋转的现象在世界各地都有发现，前人也进行过相关实验模拟验证（Hooyer 和 Iverson，2000；Hölzel 等，2006）。

从上述分析可以看出，由于泥包砾结构不同于普通的泥质撕裂屑，它具有硬而厚的内核和软而薄的外壳，其形成与牵引流或浊流作用绝对无关，否则，一定会被流水冲洗干净而只剩下内核部分。泥包砾结构之所以能够经受长距离的搬运而仍然保持完好状态（具有两层结构），充分说明搬运它的介质在整个搬运过程中（不仅在沉积阶段）自始至终都保持了这种塑性状态。因此，完全可以把泥包砾结构作为块体搬运过程和砂质碎屑流沉积物识别的标志性证据。

上述泥包砾结构（mud-coated intraclast）似乎与过去在粘结性碎屑流（泥石流）或冰川沉积中发现的泥砾结构（boulder clay）很相似（Lowe，1982；李四光，1964；贺明静等，2005），但二者之间存在本质差异。首先泥包砾结构中的内核并非砾石或鹅卵石，而是成分与围岩相近的砂岩岩块或者含泥质团块；其次，泥包砾结构并非赋存于富含泥质的细粒沉积中，而是赋存于黏土杂基含量很少的纯净砂岩当中（Li 等，2016）。此外，泥包砾与陆上碎屑流或水道峡谷中的硬皮泥球（armored mudstone ball）（Bell，1940；Shanmugam，2000）也不同：硬皮泥球通常是由体积较大的黏土泥球（其形状为球形或近似球形）被相对较硬、粒度较粗、数量上或多或少的砂或砾（常见有石英颗粒等）所包裹而形成，而泥包砾结构与其相反，是泥质团块或砂质团块被薄层泥页岩所包裹，其内核相对较硬，外壳相对较软（Li 等，2016）。由此看来，泥包砾结构与上述通常被作为粘结性碎屑流（泥石流）鉴别标志的泥砾结构（boulder clay）、硬皮泥球（armored mudstone ball）在结构组成与成因方面均不相同，是一个适用于砂质碎屑流的新鉴别标志。

泥包砾（mud-coated intraclasts）应该是深水砂质块体搬运沉积（SMTD）中的常见沉积现象，只是过去未引起人们注意而已。近年来，类似泥包砾的沉积现象在国内外都有发现，例如，Hüneke 和 Mulder（2011）在地中海深海重力流块状砂岩中发现过一种具有桃形内核（peach core）的泥砾，与泥包砾非常相似，但他们没有给出合理解释。此外，国内其他研究者也在湖盆深水沉积物中陆续发现了一些泥包砾现象，并认为是砂质碎屑流的标志性沉积（宋博等，2016；孙宁亮等，2017；陈广坡等，2018）。

（3）砂质块体搬运沉积（SMTD）形成过程。

在上述泥包砾结构特征及形成过程研究基础上，李相博等（2014）建立了延长组深水砂岩（包括薄层状浊积岩和块状砂岩）从开始启动到搬运、再到沉积的过程与模式，大致可以划分为以下 5 个阶段（图 1-17）：

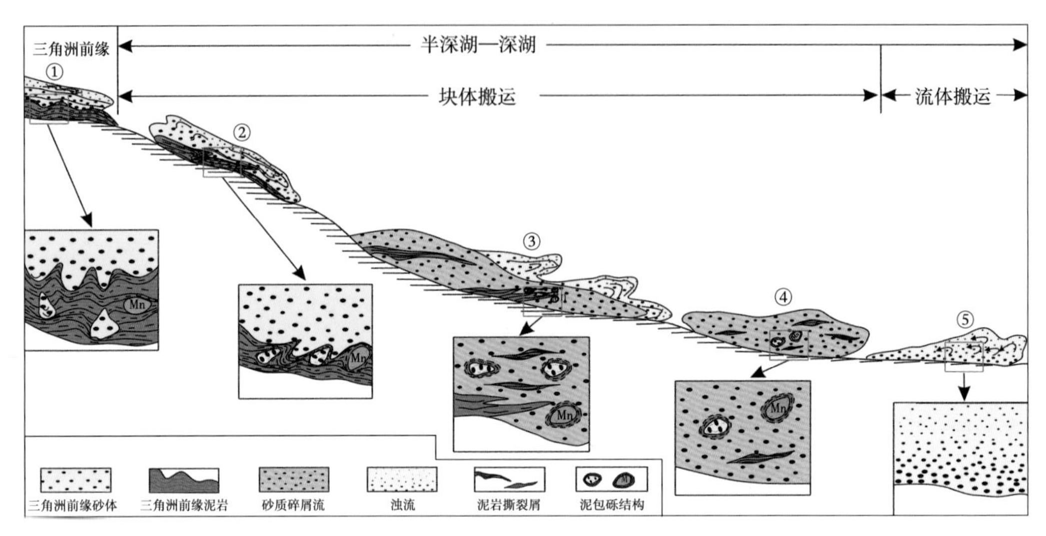

图 1-17　延长组深水砂岩的搬运与沉积过程示意图

①三角洲前缘砂泥岩互层形成阶段：来自母岩区的风化产物经流水搬运和机械分异后，在三角洲前缘堆积而形成砂泥岩互层结构。在该阶段，由于砂岩密度较泥岩大，上覆砂岩层下陷至下伏泥岩中形成负载构造，当遇到地震振动摇晃作用时，负载体会脱离母岩，落入下伏泥岩层中而形成球体或椭球体；同时，由于黏土矿物的富集或生物作用，在泥岩中可发育泥质结核、灰质结核或铁质结核等。

②泥质碎屑流形成阶段：在重力及古地震等外力诱因作用下，泥岩首先发生剪切变形，形成泥质碎屑流；在剪切作用影响下，赋存在泥岩中的砂球与泥质结核发生滚动，形成特有的泥包砾结构。

③砂质碎屑流形成阶段：随着流动的继续发展，上覆砂岩逐步液化产生砂质碎屑流；下伏泥岩进一步强烈变形，形成的泥质撕裂屑连同其中的泥包砾结构陆续卷入上覆砂质沉积物中。

④砂质碎屑流沉积阶段：在深湖平原或坡角处，碎屑流冻结停止（Shanmugam，2002），内部保留碎屑流搬运过程中形成的泥包砾及泥岩撕裂屑等特殊现象。

⑤浊流沉积阶段：据 Shanmugam 等（1994）研究，水下碎屑流在搬运过程中，有时遭遇湖水稀释，并在其头部形成紊流团（浊流），最终与砂质碎屑流分离，在深湖平原处形成浊积岩。

（4）砂质块体搬运沉积（SMTD）搬运机理。

水下砂质块体搬运的机理研究历来是人们关注的热点，并不是一个新课题。Nardin 等（1979）很早就指出，沉积物的块体搬运过程受控于其塑性行为。Pierson 与 Costa（1987）进一步研究指出，沉积物的流变学特性主要受控于沉积物的浓度，与沉积物颗粒大小及其物理化学性质关系不大。Shanmugam（2000）基于上述认识，编制了沉积物浓度与各种流体模式及流变学特性之间的相关关系图谱（图 1-18）。该图谱清楚地表明，牛顿流体与塑性流体体积浓度界限在20%~25%之间。显然，该浓度界限也是流体搬运与块体搬运的界限，充分说明水下块体搬运过程主要受沉积物浓度控制。同时，有关水下块体搬运的模拟实验研究也已经持续了半个多世纪（Breien 等，2010）。

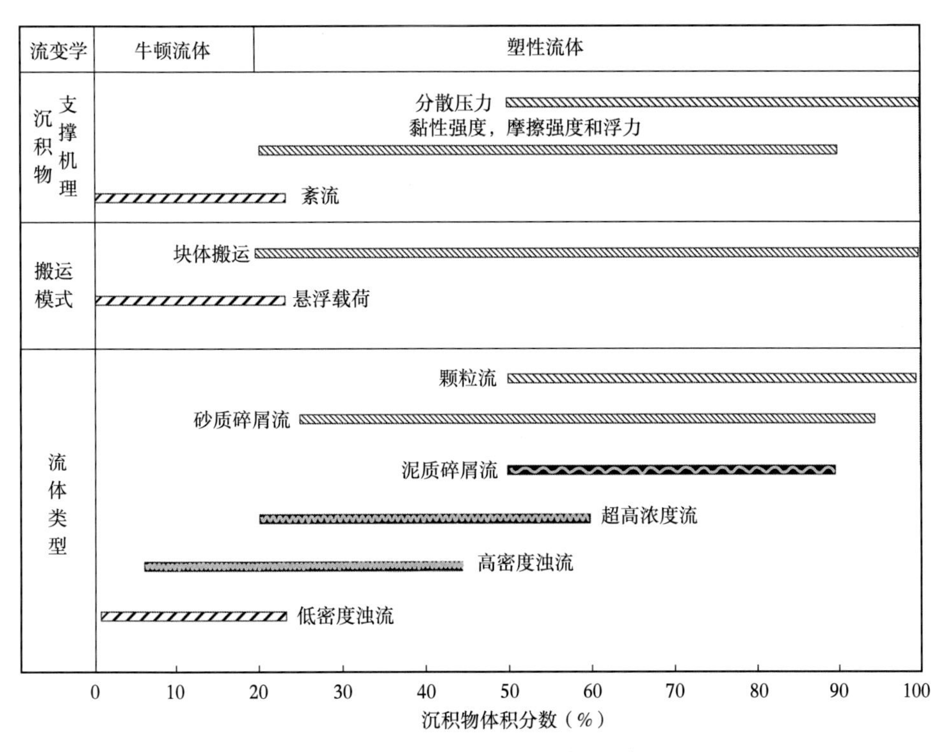

图 1-18　沉积物流变学特性与沉积物浓度的关系（据 Shanmugam，2000）

然而，到目前为止，如何对这种内聚性泥岩含量很少的砂质块体搬运沉积的成因机理进行解释还是一个有争议的命题，正如 Talling 等（2012）所说“目前，人们对这种弱内聚性碎屑流成因机理与搬运过程还不是很清楚”。

众所周知，含有内聚性泥岩较多的“真正碎屑流”（Lowe ，1982）或内聚性碎屑流（Talling 等，2012）之所以能呈块体状态搬运，主要是依靠沉积物的基质强度（黏土—水基质的内聚强度）、分散压力（由颗粒碰撞产生的摩擦强度）及向上浮力（通常由水和细粒物质混合产生）支撑的（Middleton 等，1973；王德坪等，1991），尤其是沉积物中的黏土矿物和水的结合物使碎屑流体形成了基质支撑结构，使得悬浮于其中的较大颗粒在流动中被基质的内聚力（强度）所支撑，从而在沉积物自身重力作用下得以向前搬运。同时，由于极细颗粒及内聚性泥岩具有一定的凝聚力，可以阻止外部水体进入流体中，从而维持了流体在流动过程中的整体性（Mulder 和 Alexander，2001）。但是，弱内聚性碎屑流或砂质碎屑流中内聚性泥岩很少，与真正碎屑流或内聚性碎屑流很不一样，根本不可能形成如同陆上泥石流那样的基质支撑结构，但它们却同样能在水下环境（海底或湖底）以整体或块体方式进行长距离搬运而不能被它周围的流体扰动打散，其成因机理究竟是什么？目前还存在争议。最近，Talling 等（2012）在“Sedimentology”上撰文，认为“这种碎屑流之所以在水下能够呈现出一定强度而成块体状态搬运，可能与纯净砂岩中少量内聚性泥岩的局部富集、超孔隙压力、颗粒之间的相互作用以及浮力等因素有关”。

笔者通过对鄂尔多斯盆地延长组砂质块体搬运沉积的系统研究（Li Xiangbo 等，2018），对其搬运机理提出了与 Talling 等（2012）不同的认识，认为砂岩颗粒表面的等厚黏土薄膜充当了颗粒间黏附剂作用，可能是延长组弱内聚性碎屑流或砂质碎屑流在水下能呈块体搬运而没有被水体打散的根源。

下面首先对延长组砂质块体搬运沉积的微观组成进行解剖，然后再讨论其搬运过程的机理。

①延长组砂质块体搬运沉积（块状砂岩）微观组成。

通过对湖盆中心地区长 6 段—长 7 段近 800 块厚层块状砂岩样品的薄片鉴定，其岩石类型主要为长石砂岩或长石岩屑砂岩，支撑结构大多为颗粒支撑—孔隙式胶结（图 1-19a、d），而杂基支撑—基底式胶结较少。碎屑粒度以粉细粒为主，除偶见泥砾外，几乎没有大的碎屑颗粒。填隙物主要为泥质杂基及各种胶结物，其中充填粒间孔隙的泥质杂基主要为水云母（图 1-19d、e），少量为绿泥石及灰泥等。充填粒间的胶结物以环边绿泥石(膜）（图 1-19a、b、c）及方解石（图 1-19b、d）为主，少量为自生伊利石等（图 1-19f）。

总体来看，上述块状砂岩在微观成分上有两个明显特点：

一是砂岩杂基含量普遍较低，例如受控于东北物源体系的葫芦河剖面长 6 段杂基含量平均仅 4.8%；受控于东南物源体系的铜川瑶曲剖面长 6 段杂基含量也不超过 10%（图 1-20）。正是由于杂基含量较低，块状砂岩大多表现为颗粒支撑（图 1-19a、b）。这一沉积特征与 Talling 等（2012）所描述的弱内聚性碎屑流十分相似。

二是砂岩中普遍发育绿泥石黏土膜。以往人们认为绿泥石黏土膜是成岩阶段的产物，关注较多的是其在成岩阶段的变化以及对储层孔隙的影响（柳益群等，1996；黄思静等，2004），而忽略了其沉积成因研究。后者正是本节要重点讨论的内容，因为这种绿泥石黏土膜也可能最初是由沉积作用形成的（不排除部分由成岩作用形成），并且它可能与水下碎屑流的搬运过程有关。

鉴于此，有必要对延长组绿泥石黏土膜产状特征及形成机理进行仔细分析。

a. 绿泥石黏土膜赋存特征。

通过铸体薄片、X 射线衍射和扫描电镜等鉴定分析，对研究区块状砂岩绿泥石黏土膜赋存状态进行了研究，主要有以下 5 个特点：

Ⅰ. 绿泥石黏土膜通常发育在深湖—半深湖环境的块状砂岩及三角洲前缘水下分流河道砂岩中；

Ⅱ. 碎屑颗粒表面的绿泥石黏土膜通常呈近于等厚状态分布（图 1-19c、d）；

Ⅲ. 绿泥石黏土膜通常具有双层结构，紧挨颗粒边缘的里层环边状胶结物致密，自形程度较低，基本没有结晶；而靠近孔隙边缘的外层绿泥石自形程度较高，晶形好，呈树叶状或针状垂直于环边层向孔隙中生长（图 1-19c、d）；

Ⅳ. 在碎屑颗粒相互接触处，绿泥石黏土膜减薄甚至缺失，颗粒与颗粒之间往往直接接触（图 1-19b）；

Ⅴ. 绿泥石黏土膜发育的砂岩，其压实强度通常较低，颗粒接触关系主要为点接触和线接触（图 1-19b）。

b. 环边绿泥石黏土膜的形成机理与模式。

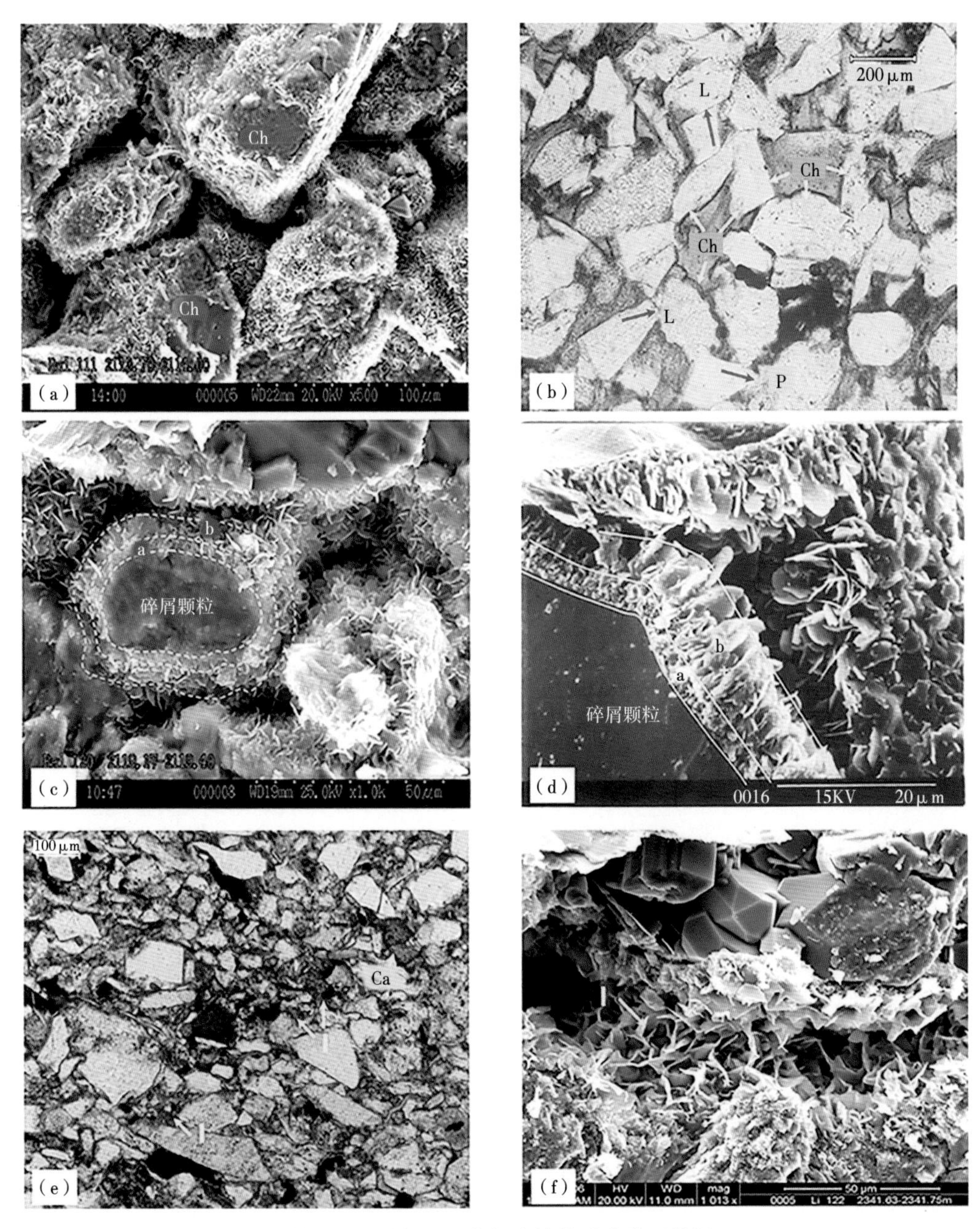

图 1-19　延长组 6 段深水块状砂岩微观特征

（a）颗粒支撑结构，颗粒表面包裹一层呈叶片状生长的绿泥石黏土膜，白 111 井，2114.0m，长 6 段；（b）颗粒支撑结构，绿泥石黏土膜呈环边状围绕颗粒分布。但在颗粒直接接触处，黏土膜减薄甚至缺失（红色箭头所示），与（a）为同一样品；（c）绿泥石黏土膜呈等厚环边状围绕颗粒分布，由里外两层组成，里层 a 靠近颗粒，晶形不好，外层 b 晶形较好，白 120 井，2119.17m，长 6 段；（d）绿泥石黏土膜发育，其特征同（c），ZJ78 井，1524.78m，长 6 段；（e）粉—细粒长石岩屑砂岩，总体为颗粒支撑，颗粒分选、磨圆均较差，填隙物杂基以水云母（伊利石）为主，瑶曲剖面，长 6_3 段；（f）粒间充填的叶片状伊利石，属于正杂基，里 122 井，2341.63m，长 6_3 段；图中 Ch 代表绿泥石，L 代表颗粒之间为线接触，P 代表颗粒之间为点接触，（b）和（e）是单偏光照片，其余都是扫描电镜照片

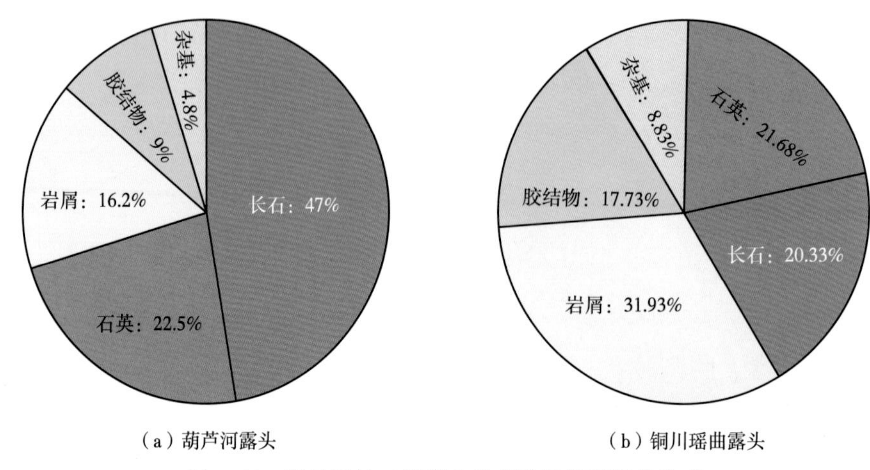

（a）葫芦河露头　　（b）铜川瑶曲露头

图 1-20　延长组长 6 段深水块状砂岩岩石组分构成

如上所述，陆源碎屑颗粒表面环边绿泥石黏土膜成因是个有争议的话题。过去多数研究者认为是成岩作用的产物，在 21 世纪前后，国外学者研究提出其成因与沉积作用有关，是强水动力的标志（Baker 等，2000;）。国内在四川盆地须家河组（Yu 等，2016）、新疆彩南侏罗系均有零星报道（张建良等，2009；刘金库等，2009）。在鄂尔多斯盆地延长组中，少数研究者也认为上述环边绿泥石胶结物的形成与原始沉积环境密切相关（黄思静等，2004；姚泾利等，2011），提出在三角洲前缘地区水动力条件最强的地方，极细的黏土颗粒无法沉淀下来，但可以吸附在颗粒表面，慢慢地形成一层薄薄的等厚薄膜层（如果水动力较弱时，黏土颗粒会直接沉淀下来，从而形成充填于砂岩孔隙中的黏土杂基），其形成机理与碳酸盐岩台地中颗粒鲕的形成相类似。此外，由于三角洲前缘带是河水和湖水介质交汇的地方，两种水介质中电解质、胶体性质和载荷物质组成往往存在差异，这也很容易使陆源黏土物质以化学方式吸附在颗粒表面，从而形成初期的黏土质薄膜层（姚泾利等，2011）。

姚泾利等（2011）认为上述不同成因的黏土质（等厚）薄膜层是后来成岩作用期间形成的绿泥石黏土膜的基础，主要构成黏土膜的里层。由此，建立了延长组绿泥石黏土膜的演化模式。该模式主要分为 5 个阶段，下面就每个阶段给予图解及说明（图 1-21）。

第Ⅰ阶段为原始颗粒沉积阶段：在较强水动力条件下，沉积下来的砂质颗粒粒度较粗，分选和磨圆相对较好，杂基较少，粒间原始孔隙十分发育。

第Ⅱ阶段为原始颗粒表面黏土吸附成膜阶段：在水动力条件较强的沉积环境下，极细的黏土微粒无法沉淀下来，但可以在颗粒表面发生吸附，慢慢形成一层薄薄的等厚黏土膜层。由于压实作用较小，颗粒之间接触面积很小，颗粒表面绝大部分都形成了这样的等厚薄膜层。该薄膜层就是图 1-19c 和 d 中绿泥石黏土膜双层结构中的里层。

第Ⅲ阶段为颗粒初期压实阶段：该阶段粒间孔隙大幅减小。因为黏土矿物是塑性的，所以在成岩早期，由于上覆地层的压力，颗粒之间接触处受力会加大，使得颗粒之间受力处的黏土膜会发生流动，造成颗粒接触处没有黏土膜或不发育，从而形成了在图 1-19b 中所看到的现象。

绿泥石黏土膜形成阶段		模式图	模式解释
Ⅰ	原始颗粒沉积阶段	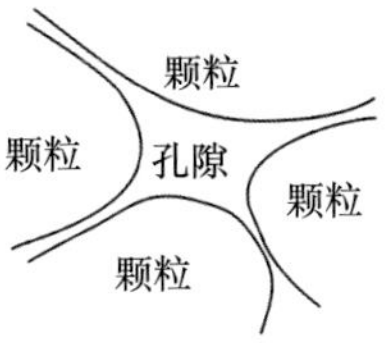 颗粒 颗粒 孔隙 颗粒 颗粒	在较强水动力条件下，沉积的砂体粒度较粗，分选和磨圆相对较好，杂基较少，粒间原始孔隙很发育
Ⅱ	原始颗粒表面黏土吸附成膜阶段	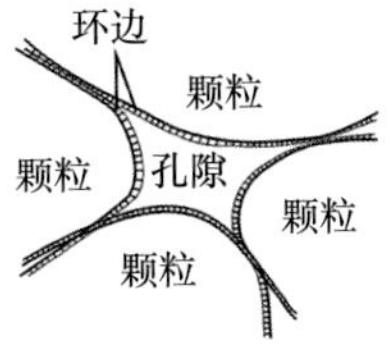 环边 颗粒 颗粒 孔隙 颗粒 颗粒	在水动力条件较强的沉积环境，极细的黏土粉尘无法沉淀下来，但可以在颗粒表面发生吸附，慢慢形成一层等厚环边层
Ⅲ	颗粒初期压实阶段	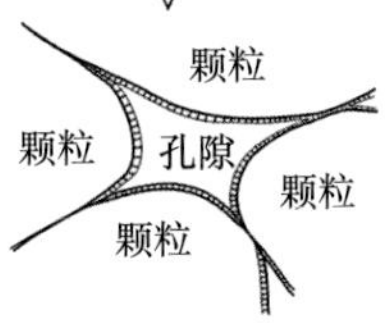 颗粒 颗粒 孔隙 颗粒 颗粒	在成岩早期，由于上覆地层的压力，颗粒之间接触受力会加大，使得颗粒之间受力处的黏土膜发生流动，造成颗粒接触处没有黏土膜或不发育了
Ⅳ	环边绿泥石化阶段	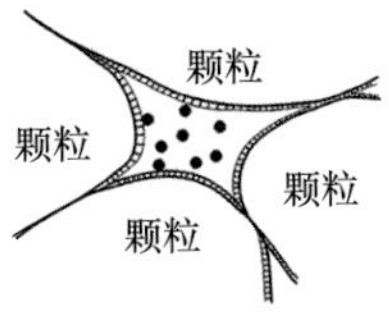 颗粒 颗粒 颗粒 颗粒	在后期富含铁离子的液体作用下，颗粒表面环边胶结物中黏土矿物会发生绿泥石化
Ⅴ	自生绿泥石形成阶段	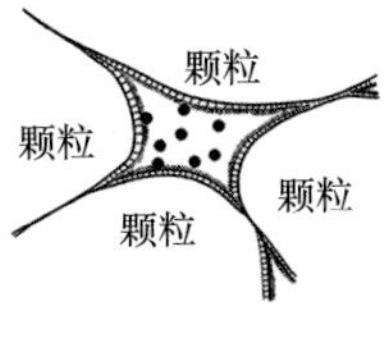 颗粒 颗粒 颗粒 颗粒	后期形成的自生绿石会在环边表面发生吸附，形成晶型粗大的竹叶状或针状绿泥石晶体

图1-21　延长组绿泥石黏土膜的演化模式（据姚泾利等，2011）

第Ⅳ阶段为环边绿泥石化阶段：在后期富含铁离子的粒间孔隙流体作用下，颗粒表面环边胶结物中的黏土矿物会发生绿泥石化。

第Ⅴ阶段为自生绿泥石形成阶段：后期形成的自生绿泥石会在环边表面发生吸附，形成晶粒粗大的针叶状绿泥石晶体。

该演化模式清楚地表明，延长组砂质块体搬运沉积（深水砂岩）中的环边绿泥石胶结物看似是一种成岩现象，实际上最初是由沉积作用形成的黏土膜转化而来的。由于块体搬运的时间通常为成岩作用发生之前的软沉积物变形阶段，上述绿泥石黏土膜形成的第Ⅰ阶段与第Ⅱ阶段应该是在其所赋存的沉积物搬运之前的三角洲前缘环境中完成的，其形成时间大致与三角洲前缘砂泥岩互层形成时期相对应；第Ⅲ阶段、第Ⅳ阶段及第Ⅴ阶段应该是在三角洲前缘沉积物再次搬运至湖盆中心地区沉积后进入成岩阶段时发生的。由此看来，三角洲前缘沉积物的砂岩颗粒表面在其以碎屑流形式搬运至湖盆中心地区之前就已经吸附了一层薄薄的等厚黏土薄膜层。从下面的讨论可以看出，正是砂岩颗粒表面附着的这层等厚黏土薄膜层连同流体中少量的黏土杂基—水基质一起在颗粒之间充当了黏附剂的角色，才使得颗粒相互之间存在着巨大吸引作用，从而为砂质碎屑流或弱内聚性碎屑流在水下呈块体状态搬运提供了最主要的强度支撑。

②延长组砂质块体沉积（块状砂岩）搬运过程机理。

所谓机理，主要指块状砂岩在水下呈块体状态搬运过程中获得强度支撑的机理。在对上述块状砂岩中黏土杂基含量分析及绿泥石黏土膜成因机理研究的基础上，对鄂尔多斯盆地延长组水下砂质碎屑流或砂质块体搬运过程及机理有了较为清晰的认识，主要有以下三个方面。

a. 碎屑颗粒表面等厚黏土膜或流体中少量的黏土—水基质作为一种黏附剂（adhesive），使得碎屑流具有了黏附强度（adhesion strength）。

据 Adamson（1976），黏附力（adhesion）指两相物体表面之间的引力，也称作表面黏附力，包括表面之间充分接近时的范德华引力作用和粗糙表面间借助黏附剂产生的毛细管力作用。两平行板间在液滴（黏附剂）的作用下，其间的拉力（毛细管力）为 $F=2\gamma_{L}V/x^{2}$（x 为两板间的距离，V 为两板间液滴的体积，γ_{L} 为液体的界面张力）。如两板间的液膜很薄（x 很小），则分开两板所需的力会很大。

对上述纯净砂岩碎屑流沉积的岩石学研究表明，沉积的原生黏土主要呈薄膜状吸附在颗粒表面，也有少量的黏土以杂基形式存在于颗粒之间或颗粒接触处的孔隙中，而颗粒之间的大部分孔隙是被流体占据的。由此可知，砂质碎屑流体在流动过程中，由于颗粒的表面及颗粒接触处存在黏土—水基质（凝胶），颗粒间必然存在毛细管力作用，这一点与上述两平行板间在液滴（黏附剂）作用下的原理相似，黏土—水基质（凝胶）成了颗粒间的一种黏附剂。由于碎屑流砂体是包含巨大颗粒表面积的黏附体系，少量的黏土—水基质在颗粒间呈薄膜状时，产生的黏附力将很大。同时，由于颗粒间存在黏附力，阻止了外部水分子进入流体中，从而维持了流体的整体性（Mulder 和 Alexander，2001），这就是砂质碎屑流之所以在海底或湖底流动中具有一定强度表现出整体性质，而不能被它周围的流体扰动成散砂的基础。

上述认识与王德坪（1991）在渤海湾盆地的研究结果大体上相一致。他通过对渤海湾盆地东营凹陷古近系沙河街组中碎屑流沉积的研究，对陆上碎屑流（泥石流）与水下砂质碎屑流的成因机理进行了比较，认为在陆上“真正的碎屑流”中，黏土—水基质起了结构意义上的基质作用，表现为内聚强度；而在黏土含量较少的砂质碎屑流中，沉积的原生黏土主要存在于颗粒接触处，黏土—水基质（凝胶）成了颗粒间的一种黏附剂，起了成分意义上的基质作用，表现为黏附强度。

b. 碎屑颗粒间的相互作用（包括摩擦阻力和嵌合作用），使得碎屑流体还具有摩擦强度。

据土力学研究可知（高金翎，2013），泥砂质沉积物的抗剪强度决定于颗粒间的内聚力和摩擦力，但是根据实验（王德坪，1991），对于水下纯泥质沉积物，不存在摩擦强度，其抗剪强度只由内聚力决定；而对于洁净的砂质沉积物，是无内聚力的，其抗剪强度取决于由颗粒间的摩擦阻力和嵌合作用决定的摩擦角和上覆物体重力形成的正应力，上覆水体和沉积物越厚，抗剪强度越大。对于含有上述绿泥石黏土膜的洁净砂岩而言，颗粒间黏附作用相当于增加了摩擦中的正压力，因而增加了摩擦强度。

c. 少量的黏土—水基质既可以在某些局部地方可能会集中分布，形成基质结构，以其内聚力形成基质强度支撑（王德坪，1991；Talling 等，2012）；又可以作为一种润滑剂分布在颗粒之间的孔隙当中，防止碎屑流的摩擦锁定。

实际上，Hampton（1975）很早就注意到，2%的黏土含量对砂质碎屑流所需要的强度已经足够了。Costa 和 Williams（1984）也介绍过一种贫泥的碎屑流（mud-poor debris flow），其泥质成分只占到了1%或2%或更少，他认为泥浆对碎屑颗粒起到了一定润滑作用。为了进一步验证低黏土含量的砂质碎屑流形成过程，美国明尼苏达大学的圣安东尼瀑布实验室曾经开展过水下砂质碎屑流模拟实验研究（Marr 等，1997），实验所用的沉积物泥浆由石英砂（120μm）、黏土（膨润土或高岭石）、煤渣和水组成，其中煤渣作为示踪材料。实验结果表明，砂质碎屑流确实不需要高的黏土含量。用质量分数为0.5%的膨润土或5%高岭石即可产生砂质碎屑流。若将石英砂改为300μm级尺寸的中砂进行实验，则所需要的膨润土或高岭石质量分数分别为1.5%与5%。实验同时表明，如果没有黏土含量，将不能形成碎屑流，砂与水的浆体或变为短命的颗粒流，或者很快形成了浊流（Marr 等，1997）。在我们的研究区，岩石学研究表明块状砂岩中杂基含量虽然较少，平均4.8%~10%，但同样能够起到润滑碎屑颗粒、防止摩擦锁定的作用。

此外，Talling 等（2012）认为超孔隙压力、浮力也能够支撑纯净砂岩碎屑流中的砂质碎屑颗粒。但笔者认为，就延长组而言它们的作用可能是有限的，以浮力作用为例，我们在多次露头考察中，并没有见到大碎屑集中于砂质碎屑流顶部的典型表现。

综上所述，就延长组而言，水下砂质碎屑流之所以具有一定屈服强度或抗剪强度主要取决于上述3种性质的作用。笔者认为可以借用土力学中的库仑公式来具体描述延长组砂质碎屑流的抗剪强度（高金翎，2013）：

$$\kappa = C + \sigma\tan\varphi \tag{1-2}$$

式中，κ 为沉积物抗剪强度；C 为内聚力，对延长组砂质碎屑流而言，笔者认为 C 应包括等厚黏土膜黏附强度以及黏土—水基质产生的局部内聚强度；σ 为沉积物所承受的正压力；φ 为内摩擦角；$\sigma\tan\varphi$ 为摩擦强度。

为了进一步揭示碎屑流的流动过程与行为，Johnson（1970）在库仑公式基础上，提出了如下库仑—黏性流变学模式：

$$\tau = C + \sigma\tan\varphi + \eta_b\varepsilon_s \tag{1-3}$$

式中，τ 为剪应力；$C+\sigma\tan\varphi$ 为库仑公式中的 κ，表示沉积物抗剪强度；η_b 为黏性系数；ε_s 为剪切率；$\eta_b\varepsilon_s$ 为牛顿流体的黏性阻力。

上面式（1-2）与式（1-3）表明，在延长组砂质碎屑流或弱内聚性碎屑流的形成与流动过程中，流体中可能存在着等厚黏土膜或黏土—水基质形成的黏附强度、黏土—水基质产生的局部基质强度以及沉积物摩擦强度等，其中由等厚黏土膜或黏土—水基质形成的黏附力在沉积物抗剪强度中占主导地位。

3. 流体转化与混合事件层（HED）

深水沉积物重力流从开始启动、搬运到形成沉积物的过程中，可能存在多个流体阶段，其中最常见的是由碎屑流与浊流之间相互转换而形成的混合重力流体及混合事件层（Felix 和 Peakall，2006；Haughton 等，2009）。所谓重力流混合事件层（hybrid event bed HED）主要是指同一重力流事件形成的包含碎屑流和浊流及其之间过渡流体的混合流沉积形成的沉积层。混合重力流（hybrid gravity flow）指同一重力流事件中由于流体转化形成的同时具有多种流变性质的流体。流体转化（flow transformation）指同一重力流事件中碎屑流和浊流之间相互转化的过程，流体转化方向主要与流体在流动过程中沉积物与颗粒含量百分比的变化有关（Felix 和 Peakall，2006）。深水重力流过渡流体（transitional flow）指流体从高雷诺数变为低雷诺数或者从低雷诺数变成高雷诺数时产生湍流构造的流体，包含浊流抑制过渡流体、低转化层流和高转化层流三种过渡流体类型（Baas 等，2009）。

重力流混合事件层（HED）是国外学者在海相盆地沉积物重力流研究方面的一个新发现。在这之前，人们普遍认为，在深水沉积物重力流的形成与流动过程中，由于周围环境水体的卷入导致沉积物浓度逐步被稀释，沿斜坡向下从塑性块体逐渐转化为碎屑流，然后再转化为浊流的演化过程，因而从盆地边缘到盆地中心依次分布塑性块体、碎屑流和浊流沉积，一般不存在垂向上流体混合的现象（Mutti 等，1999），也正是这种深水重力统沉积的有序分布规律长期以来主导着重力流砂体的分布预测（操应长等，2017b）。然而最新研究发现，重力流的分布并不一定都是简单的有序分布，除了沉积近端存在碎屑流和浊流沉积在垂向上的有序组合以外（Felix 和 Peakall，2006），在深水盆地中也广泛发育与浊积岩相伴生的泥质碎屑流沉积（Talling 等，2004；Haughton 等，2009）。这种与传统的重力流分布模式相悖的深水重力流混合事件层的发现，使国内外学者开始重新审视深水重力流流体转化与混合机制的多样性和重力流沉积分布模式的复杂性。以爱尔兰都柏林大学 Peter Haughton 教授和英国杜伦大学 Peter Talling 教授为代表的国外学者对此问题进行了细致研究，他们根据混合事件层组成特征及流体转化可能方式等，将深水沉积物混合事件层划分为下部砂质碎屑流—上部浊流混合事件层、下部浊流—上部泥质碎屑流混合事件层以及泥质碎屑流和浊流频繁互层混合事件层 3 种类型（Haughton 等，2009；Talling，2014；操应长等，2017b），这一认识代表了深水重力流混合事件层研究的最新进展。

需要说明的是，除上述流体转化外，流态转化同样是重力流沉积物搬运过程中的重要沉积动力学行为，现阶段相关研究主要集中在浊流的超临界态与亚临界态的转化（Postma 和 Cartigny，2014；Symons 等，2016），前面已作详细介绍，不再赘述。

4. 湖盆底流及底流改造沉积

底流（bottom current）也称作深水牵引流（Shanmugam，2012）。在海洋深水环境中除存在各种沉积物重力流外，还存在底流。重力流与底流之间存在交互作用，尤其是底流可以对早先形成的砂质重力流沉积物进行改造而形成底流改造砂（bottom current reworked sand）（吴嘉鹏等，2012）。现已查明，底流改造砂几乎遍布全球深海环境，是海相盆地重要的油气储层之一（潘树新等，2014）。目前的研究表明，深海环境中的底流包括温盐循环驱动的底流、风驱底流、顺峡谷上下运动的潮汐底流以及内波内潮汐底流等多种成因类型（Shanmugam，2012；王英民等，2007）。陆相湖盆由于面积相对较小，水体较浅，形成温盐差异底流、潮汐驱动底流及内波内潮汐底流的可能性较小（潘树新等，2014），但风驱作用（风动力场）对湖盆的沉积过程有重要控制作用，其中风生流是大型湖泊中常见的一种湖流，能引起全湖广泛的、大规模的水流流动，这种现象也被称为风驱水体（姜在兴等，2017）。最新的研究揭示（Nutz 等，2015），风生流有表流和底流之分，二者共同形成一种风生水流循环，对湖泊沉积物进行重新改造（图 1-22）。其中风生底流一般发生在浪基面之下，在风暴作用期间会携带沉积物向深水方向搬运，依次形成水下前积楔和沉积物牵引体。

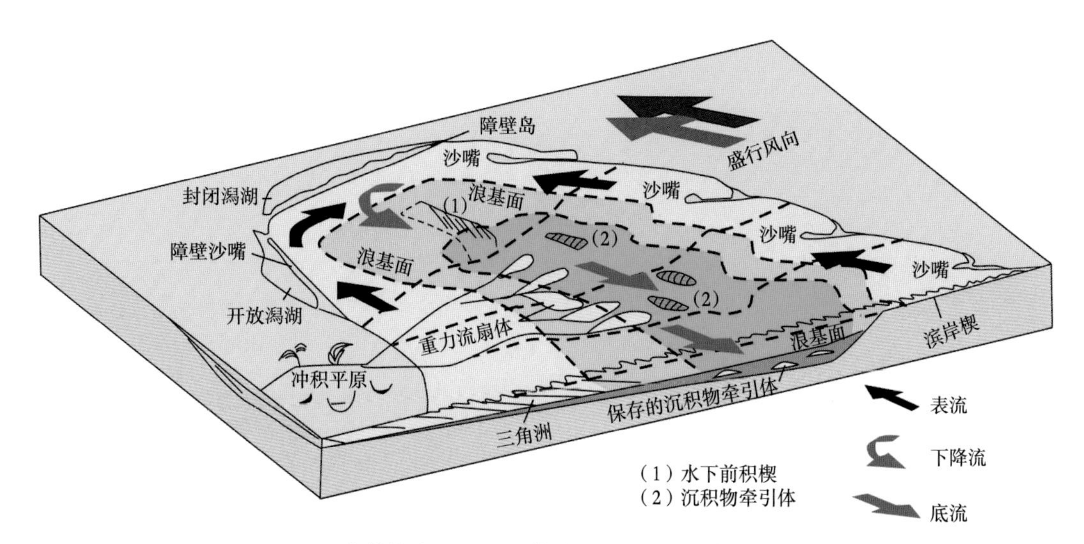

图 1-22　风驱水体控制下的沉积模式图（据 Nutz 等，2015，有修改）

浪基面以上，岸线附近的沉积物在风生表流作用下形成沙嘴、障壁沙坝等；在下风向岸线处形成补偿底流（下降流），在浪基面之下发生回流（底流），相应地形成水下前积楔和沉积物牵引体

5. 重力流水道形成演化新机制

深水水道是深水区常见的具有长条形负地形特征的地貌和沉积单元，它既是连接陆架、陆坡及深海盆地的重要纽带，也是深水重力流沉积物的搬运通道和主要沉积场所，控制着深水砂体的分布，因此一直是深水油气勘探与研究的热点（李华和何幼斌，2020）。前人研究表明（Normark，1970），深水重力流水道主要包括侵蚀型、沉积型及侵蚀/沉积复合型三种类型，其成因主要与水下流体的侵蚀与沉积作用有关。然而，对于形成重力流水道的流体性质、作用方式及形成机制却一直存在诸多争议，尤其对深水环境中高弯曲型水道的成因，Galloway（1998）等许多学者认为与浊流有关，其形成动力学机制与陆上河流相似，但 Shanmugam（2000）认为这是一个错误，由此看来，深水重力流水道的成因问题一直没有解决。

超临界重力流思路为合理解释重力流水道的形成和演化提供了理论依据。基于现代重力流水道地貌学和深水重力流监测研究资料，并结合物理与数值模拟分析，Fildani 等（2006）等对发育在加利福尼亚蒙特雷（Monterey）谢波德湾（Shepard Mender）外侧的冲刷槽和沉积物波进行了研究（图 1-23），认为谢波德湾外侧的冲刷槽和沉积物波实际是超临界浊流形成的旋回阶坎。进一步研究表明，谢波德湾周围的沉积物波被一列大型冲刷槽

（宽 3~5km，长 3~6km，深 80~200m）即蒙特雷东水道切断（图 1-23a、b）。蒙特雷东水道为侵蚀型旋回阶坎（图 1-23c、d），由主水道中漫溢出的浊流侵蚀谢波德湾周围较老的沉积物波所形成。其大致演化过程是：由于漫溢浊流（超临界状态）的侵蚀作用，首先形成线状排列的不连续冲刷槽（旋回阶坎），即新水道的初始阶段（图 1-24a），随着漫溢浊流的不断发展，冲刷槽或旋回阶坎规模不断扩大，逐渐演化为连续性顺直重力流水道（图 1-24b），水道内部在次生环流的作用下发生侧向的迁移和弯曲，并演化为成熟的弯曲水道（图 1-24c），同时，局部地方也可能发生重力流溢出甚至决口侵蚀而形成分支水道（Fildani 等，2006，2013；Talling 等，2015）（图 1-24d）。

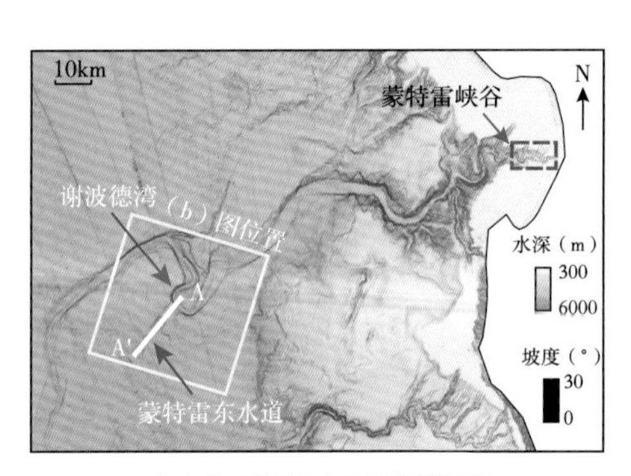

（a）加利福尼亚大陆边缘海底

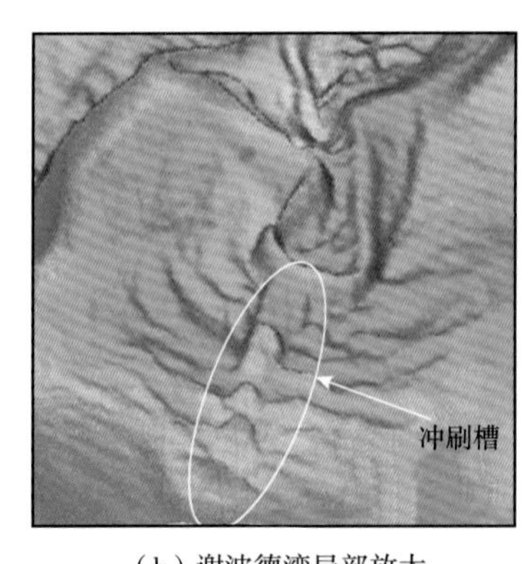

（b）谢波德湾局部放大

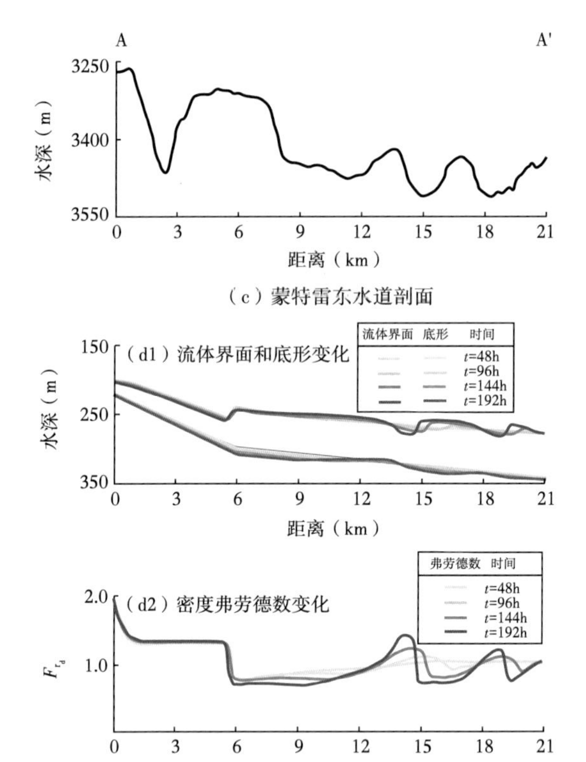

（d）浊流地貌演变动态模拟结果

图 1-23 美国蒙特雷东水道的旋回阶坎实例（据操应长等，2017；许小勇等，2018，有修改）

上述蒙特雷及其分支水道形成和演化过程清楚表明，在深水盆地边缘的局部低地势地区容易造成超临界重力流的汇聚，其强烈的侵蚀作用首先形成一系列线状排列的不连续冲刷槽；随着不同期次超临界流的持续作用及迁移演化，不连续的冲刷槽逐渐形成连续性水道。受如前所述的水跃现象控制，水道内部超临界流与亚临界流的频繁转化形成了一系列侵蚀或沉积型旋回阶坎，其中上游以侵蚀旋回阶坎为主，下游以沉积旋回阶坎为主。同时，水道内部在次生环流的作用下发生侧向的迁移和弯曲，较强的重力流作用使得部分超临界流体沿着局部弯曲部位溢出水道，并沿漫溢中的局部低部位汇聚、侵蚀形成不连续的冲刷槽。这些不连续冲刷槽为新分支水道的形成奠定了基础，通过重复上述演化过程会形成新的次一级的水道，以此类推，最终演化形成了复杂交错的水道系统。

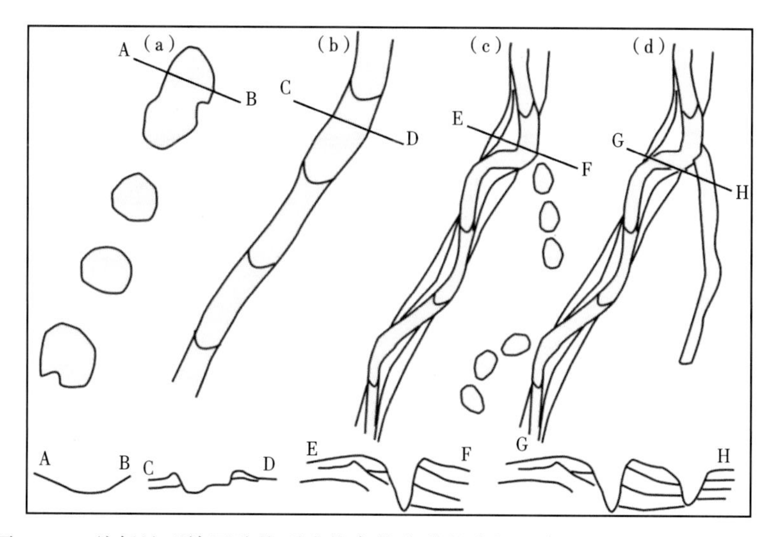

图 1-24 从侵蚀型旋回阶坎到成熟弯曲水道的演化示意图（据杨田等，2021）

（a）初始阶段侵蚀形成旋回阶坎；（b）持续侵蚀形成顺直水道；（c）水道弯曲并在曲率较大处溢出侵蚀形成次一级旋回阶坎；（d）次一级旋回阶坎持续侵蚀形成分支水道

由此看来，重力流水道的形成主要受超临界浊流的强烈侵蚀作用控制，水跃及侵蚀与沉积过程最终造就了深水盆地特征鲜明的水道系统。目前在北美和中国南海等地区的现代海底峡谷—水道内均发现了大量由超临界浊流主导形成的水道—堤岸—朵叶体沉积系统实例（Zhong 等，2015；操应长等，2017；许小勇等，2018），并且在水道结构特征、成因机理及实验观测与模拟等方面取得了许多新成果，代表了当前深水地区峡谷—水道沉积系统研究的新进展。

6. 碎屑流沉积主导的斜坡模式

沉积模式的作用在于预测。传统浊积岩理论及海底扇模式吸引人的地方就在于深水砂岩储层能被预测，在进入 21 世纪前，全世界应用该模式在 500m 以深的海域已经获得了约 580×10^8bbl 油当量的可采储量（庞雄等，2007），但人们总是希望在深水区能够发现更多的浊积岩。然而在 20 世纪 90 年代，传统浊积岩理论在指导深海油气勘探实践时未能发挥出预期的作用，这极大地动摇了曾广为流行的海底扇沉积模式（即具有浊积水道沉积与其前端的叶状体沉积）在深水砂岩解释中的地位，于是人们开始怀疑这一理论的正确性，对 Normark（1970）、Mutti 和 Ricci Lucchi（1972）及 Walker（1978）等早期建立起来的水下扇体系进行了反思，并引发了激烈的争论（Shanmugam，1990，1996），一些经典的理论几乎到了被放弃的地步（庞雄等，2007）。

与此同时，以 Shanmugam 等为代表的一批学者，通过对一些经典古代浊积岩露头和现代浊流沉积重新研究后，认为大部分并不是浊积岩而是砂质碎屑流和底流改造沉积（Shanmugam 等，1988；Shanmugam 和 Moiola，1995；Stow 和 Johansson，2000；Shanmugam，2015，2016a，2016b）。Shanmugam 进一步对全世界范围多个地区的岩心与露头进行了仔细观察与描述，历经十余年，终于在 2000 年前后提出了碎屑流主导的深水斜坡模式（图 1-25）。正像具有水道与叶状体的扇模式是专门为浊流沉积作用所设计的一样，斜坡模式是专门为滑塌与碎屑流等复杂沉积过程而设计的。Shanmugam 进一步将斜坡模式划分为非水道体系

(non-channelized) 和水道体系 (channelized) 两种类型，前者如现代北海深水储集砂体，后者如现代的密西西比外扇和尼日利亚海岸的 Edop 油田。

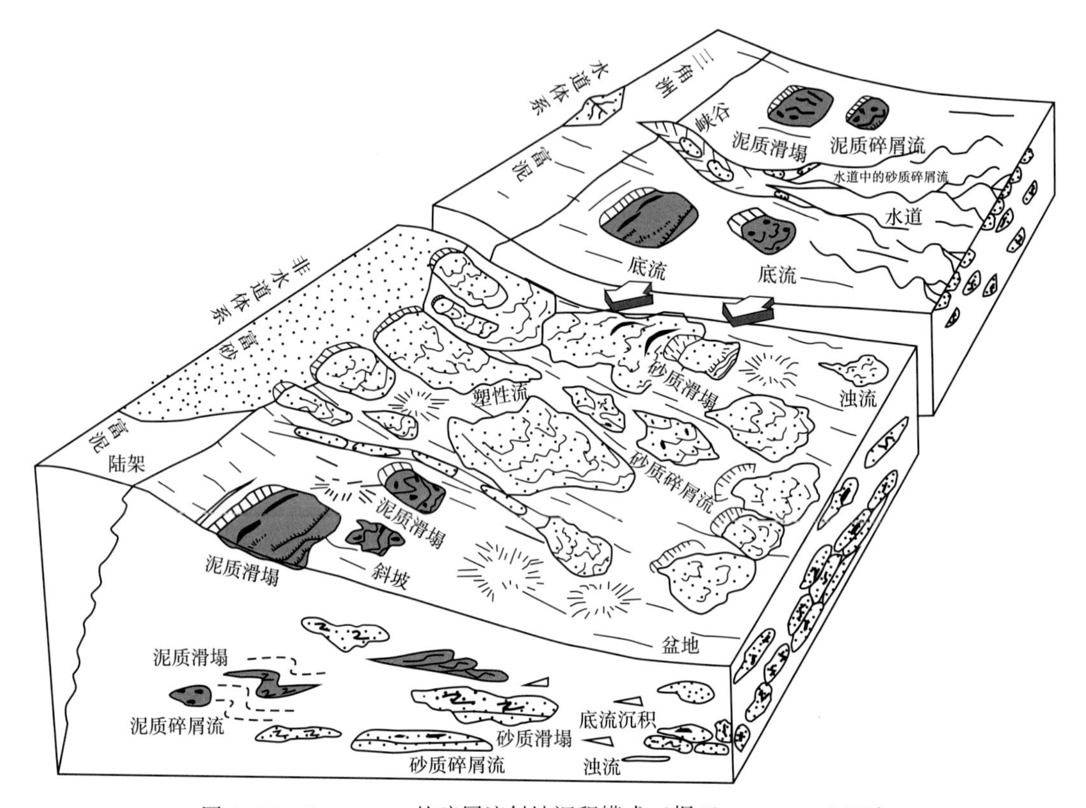

图 1-25　Shanmugam 的碎屑流斜坡沉积模式（据 Shanmugam，2000）

在碎屑流主导的斜坡模式中，陆架的性质（富泥与富砂）、海底地貌（光滑与复杂）、沉积过程（悬浮沉降或固结）控制着砂体的分布与几何形态。尤其频繁的流体活动有助于形成平面连续、席状展布的复合碎屑流沉积（amalgamated sandy debris flow）。与浊流形成的水道、朵叶体沉积不同，砂质碎屑流在平面上主要形成三种不规则舌状体：孤立舌状体、叠加舌状体和席状舌状体，相应在剖面上分别呈孤立的透镜状、叠加的透镜状和侧向连续的席状。

Shanmugam (2000) 认为，由于存在滑水机制 (hydroplaning)，水下碎屑流可以沿很缓的斜坡 (gentle slope) 搬运很远的距离，而陆上碎屑流却不能，一些富砂大陆架的下面发育的复合碎屑流沉积可能就是这种原因造成的。

虽然砂质碎屑流的沉积是复杂的，但是它们能在岩石记录中形成席状几何体。碎屑流沉积是不连续的、难以发现的观念是不正确的，因为多期叠置的复合碎屑流沉积物 (amalgamated deposit) 能够形成侧向连续的砂体。

碎屑流储层储集性能不好的传统观念也是不正确的，国外有这样的例子，滑塌与碎屑流成因的砂体，其孔隙度高达 27%～32%，渗透率高达 900～4000mD (Shanmugam 等，1995)。

由此看来，过去认为深水斜坡对沉积物而言总是过路不停 (bypassing) 的观念是不正确的，新模式与众多实例都指示斜坡地区有可能发育好的储集砂体，一些学者也指出斜坡是21世纪非常重要的勘探靶区（Shanmugam，2000；Stow 和 Mayall，2000）。

需要说明的是，由于深水沉积的复杂性以及不同历史时期认识受到限制，不论浊流主导的扇模式还是碎屑流主导的斜坡模式都不可避免地存在一些问题。就前者而言，虽然不少学者甚至放弃之前建立的扇模式，但由于浊流作用存在的客观性，扇模式对今后深水油气勘探研究仍有指导意义。同时，由于扇模式本身可能是多种流态形成，笔者赞同一些学者建议放弃浊积扇这一术语（李祥辉等，2009），笼统采用深水扇、湖底扇、海底扇较为合适。

就后者而言，虽然 Shanmugam 所建立的碎屑流主导斜坡模式是其针对某些区域实际工作的总结，是否具有普遍意义有待验证。但我们认为，仅就斜坡模式给人的思路与启发来说，它完全可以与当初的浊流理论相媲美。如果说浊流理论的诞生解决了深海平原的砂体成因分布问题（原来认为仅接受远洋悬浮沉积），砂质碎屑流概念及斜坡模式的提出则解决了斜坡区的砂体成因分布问题（原来认为“过路不停”无砂质沉积）。

7. 地震沉积学原理方法的成功应用

地震沉积学（seismic sedimentology）是一门现代地震技术与沉积学相结合的新兴交叉学科（包括地震岩性学与地震地貌学），其主要应用地震资料的平面属性特征来识别沉积单元三维几何形态、内部结构和沉积演化历史，弥补了以往资料纵向分辨率不足带来的研究限制，是目前薄层、薄互层砂体平面展布预测的重要方法之一（Hongliu Zeng，2003；曾洪流，2011；曾洪流等，2012；于兴河和李胜利，2009）。

中国陆相盆地各种成因类型的薄层或薄互层砂体十分发育（砂体厚度小于10m，甚至为1~2m），尤其深水环境中的重力流薄互层砂体中拥有丰富的油气资源，采用常规地质学理论和方法难以对它们进行识别。近年来，中国学者（林承焰和张宪国，2006；朱筱敏等，2013，2016；黄艳茜等，2015；刘化清等，2014）采用地震沉积学原理与方法技术（技术关键为相位调整、分频处理、地层切片、沉积解释）来研究沉积岩性、识别薄层砂体、确定沉积类型及其演化，进而指导湖盆中央深水油气勘探开发并取得了丰硕成果。例如，刘化清等（2014）利用地震沉积学方法对歧口凹陷歧南地区沙一段重力流水道的平面几何形态、内部结构及纵向演化进行了研究，发现了砂质碎屑流、滑塌与浊流三种成因类型的重力流砂体，建立了U形或V形、碟片形、蠕虫形与纺锤形（透镜状）四种反映流体能量由强而弱变化的地震响应模式，落实了不同时期水道主体部位，有效指导了研究区油气勘探开发部署与剩余资源挖潜（刘化清等，2014）。潘树新等（2017）最近基于源—渠—汇研究思路，通过地震沉积学、钻井岩心沉积构造等分析，在中国大型坳陷湖盆——松辽盆地白垩系嫩江组发现了由异重流主导的大型水道—湖底扇系统，为该区大规模深水储集层的预测提供了详实资料。该水道—湖底扇系统发源于盆地北部三角洲前缘，由3个朵叶体组成，每个朵叶体均呈鸟足状展布，内部树枝状分流河道的形态极为清晰（图1-26）；湖底水道自北向南延伸，部分水道延伸直线距离超过80km，宽度100~900m；水道末端发育湖底扇，最大面积可达20km^2（潘树新等，2017）。刘长利等（2011）与耿晓洁等（2016）在地层格架研究基础上，应用90°相位转换、地层切片等地震沉积学技术，建立了断陷湖盆近岸水下扇及浊流沉积的地质模式，精准预测了目标区重力流砂体平面分布。齐桓等（2017）针对薄互层水下扇体埋深大、扇体形态识别困难的问题，采用分频处理技术提高地震资料分辨率，90°相位旋转后沿层切片定性描述扇体形态，同时结合波阻抗反演定量预测扇体展布，最终总结形成了地震沉积学定性、反演定量的技术流程，实现了对目标薄互储层的精细刻画。所有以上理论及技术的应用，很好地展现出了地震沉积学在湖盆深水沉积模式、重力流内部沉积单元解剖及薄互层砂体预测中的良好的应用效果。

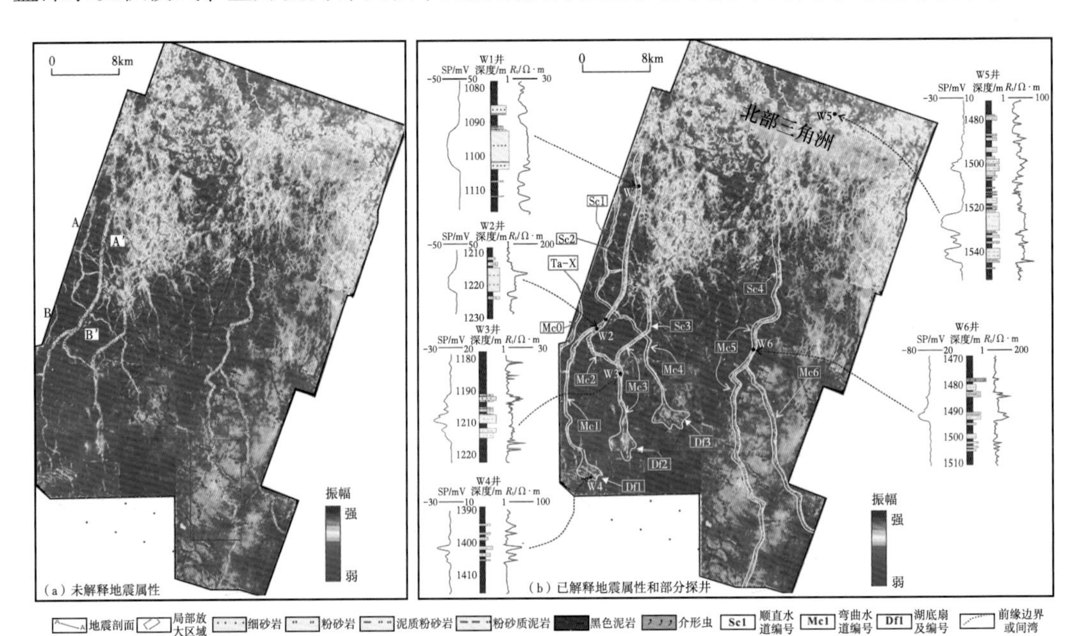

图 1-26　松辽盆地嫩一段均方根振幅属性及水道—湖底扇系统解释图（据潘树新等，2017）

SP—自然电位，R_t—电阻率

参 考 文 献

操应长，杨田，王艳忠，等，2017a. 超临界沉积物重力流形成演化及特征 [J]. 石油学报，38 (6)：607-621.

操应长，杨田，王艳忠，等，2017b. 深水碎屑流与浊流混合事件层类型及成因机制 [J]. 地学前缘，24 (3)：234-248.

陈广坡，李娟，吴海波，等，2018. 陆相断陷湖盆滑塌型深水重力流沉积特征、识别标志及形成机制：来自海拉尔盆地东明凹陷明 D2 井全井段连续取心的证据 [J]. 石油学报，39 (10)：1119-1129.

陈全红，李文厚，郭艳琴，等，2006. 鄂尔多斯盆地南部延长组浊积岩体系及油气勘探意义 [J]. 地质学报，80 (5)：656-663.

邓秀芹，李文厚，李士祥，等，2010. 鄂尔多斯盆地华庆油田延长组长 6 油层组深水沉积组合特征 [J]. 地质科学，45 (3)：745-756.

董冬，1999. 断陷湖盆陡坡带碎屑流沉积单元的沉积序列和储集特征——以东营凹陷永安地区为例 [J]. 沉积学报，(4)：69-74.

董艳蕾，朱筱敏，耿晓洁，等，2015. 利用地层切片研究陆相湖盆深水滑塌浊积扇沉积特征 [J]. 地学前缘，22 (1)：386-396.

付金华，邓秀芹，张晓磊，等，2013. 鄂尔多斯盆地三叠系延长组深水砂岩与致密油的关系 [J]. 古地理学报，15 (5)：624-634.

付锁堂，邓秀芹，庞锦莲，2010. 晚三叠世鄂尔多斯盆地湖盆沉积中心厚层砂体特征及形成机制分析［J］. 沉积学报，28（6）：1081-1089.
傅强，吕苗苗，刘永斗，2008. 鄂尔多斯盆地晚三叠世湖盆浊积岩发育特征及地质意义［J］. 沉积学报，（2）：186-192.
高金翎，2013. 砂土抗剪强度的主要影响因素及其研究现状分析［J］. 科教文汇，（11）：110-115.
耿晓洁，朱筱敏，董艳蕾，2016. 地震沉积学在近岸水下扇沉积体系分析中的应用——以泌阳凹陷东南部古近系核三上亚段为例［J］. 吉林大学学报（地球科学版），46（1）：57-64.
贺明静，孙根年，宋咏梅，2005. 陕西西安翠华山地质景观遗迹成因探析［J］. 干旱区地理，28（2）：145-149.
黄思静，谢连文，张萌，等，2004. 中国三叠系陆相砂岩中自生绿泥石的形成机制及其与储层孔隙保存的关系［J］. 成都理工大学学报（自然科学版），31（3）：273-281.
姜在兴，王雯雯，王俊辉，等，2017. 风动力场对沉积体系的作用［J］. 沉积学报，35（5）：863-876.
解习农，陈志宏，孙志鹏，等，2012. 南海西北陆缘深水沉积体系内部构成特征［J］. 地球科学：中国地质大学学报，37（4）：627-634.
雷怀玉，邹伟宏，王连军，等，1999. 岔西地区浊积岩的发现及其油气勘探意义［J］. 沉积学报，（1）：89-94.
李华，何幼斌，2020. 深水重力流水道沉积研究进展［J］. 古地理学报，（1）：161-174.
李继亮，陈昌明，高文学，等，1978. 我国几个地区浊积岩系的特征［J］. 地质科学，（1）：26-44+93-94.
李林，曲永强，孟庆任，等，2011. 重力流沉积：理论研究与野外识别［J］. 沉积学报，29（4）：677-688.
李四光，1964. 华北平原西北边缘地区的冰碛和冰水沉积［M］//中国第四纪研究委员会，中国第四纪冰川研究工作中心联络组. 中国第四纪冰川遗迹研究文集. 北京：科学出版社：1-13.
李文厚，周立发，符俊辉，等，1997. 库车坳陷上三叠统的浊流沉积及石油地质意义［J］. 沉积学报，15（1）：20-24.
李相博，付金华，陈启林，等，2011. 砂质碎屑流概念及其在鄂尔多斯盆地延长组深水沉积研究中的应用［J］. 地球科学进展，26（3）：286-294.
李相博，刘化清，完颜容，等，2009. 鄂尔多斯盆地三叠系延长组砂质碎屑流储集体的首次发现［J］. 岩性油气藏，21（4）：19-21.
李相博，刘化清，张忠义，等，2014. 深水块状砂岩碎屑流成因的直接证据："泥包砾"结构——以鄂尔多斯盆地上三叠统延长组研究为例［J］. 沉积学报，32（4）：611-622.
李相博，卫平生，刘化清，等，2013. 浅谈沉积物重力流分类与深水沉积模式［J］. 地质论评，59（4）：607-614.
李祥辉，王成善，金玮，等，2009. 深海沉积理论发展及其在油气勘探中的意义［J］. 沉积学报，27（1）：77-86.
李元昊，刘池洋，王秀娟，2008. 鄂尔多斯盆地三叠系延长组震积岩特征研究［J］. 沉积学报，26（5）：772-779.
廖纪佳，朱筱敏，邓秀芹，等，2013. 鄂尔多斯盆地陇东地区延长组重力流沉积特征及其模式［J］. 地学前缘，20（2）：29-39.
林承焰，张宪国，2006. 地震沉积学探讨［J］. 地球科学进展，21（11）：1140-1144.
刘长利，朱筱敏，胡有山，等，2011. 地震沉积学在识别陆相湖泊浊积砂体中的应用［J］. 吉林大学学报（地球科学版），41（3）：657-664.
刘芬，朱筱敏，李洋，等，2015. 鄂尔多斯盆地西南部延长组重力流沉积特征及相模式［J］. 石油勘探与开发，42（5）：577-588.
刘化清，洪忠，张晶，等，2014. 断陷湖盆重力流水道地震沉积学研究——以歧南地区沙一段为例［J］. 石油地球物理勘探，49（4）：784-794.
刘化清，倪长宽，陈启林，等，2014. 地层切片的合理性及影响因素［J］. 天然气地球科学，25（11）：1821-1829.
刘金库，彭军，刘建军，等，2009. 绿泥石环边胶结物对致密砂岩孔隙的保存机制——以川中—川南过渡带包界地区须家河组储层为例［J］. 石油与天然气地质，30（1）：57-62.
柳益群，李文厚，1996. 陕甘宁盆地东部上三叠统含油长石砂岩的成岩特点及孔隙演化［J］. 沉积学报，14（3）：87-96.
孟庆任，渠洪杰，胡健民，2007. 西秦岭和松潘地体三叠系深水沉积［J］. 中国科学（D 辑：地球科学），（S1）：209-223.
潘树新，陈彬滔，刘华清，等，2014. 陆相湖盆深水底流改造砂：沉积特征、成因及其非常规油气勘探意义［J］. 天然气地球科学，25（10）：1577-1585.
潘树新，郑荣才，卫平生，等，2013. 陆相湖盆块体搬运体的沉积特征、识别标志与形成机制［J］. 岩性油气藏，25（2）：53-61.
潘树新，刘化清，ZAVALA Carlos，等，2017. 大型坳陷湖盆异重流成因的水道—湖底扇系统——以松辽盆地白垩系嫩江组一段为例［J］. 石油勘探与开发，44（6）：860-870.
庞雄，陈长民，朱明，等，2007. 深水沉积研究前缘问题［J］. 地质论评，（1）：36-43.
蒲秀刚，周立宏，韩文中，等，2014. 歧口凹陷沙一下亚段斜坡区重力流沉积与致密油勘探［J］. 石油勘探与开发，41（2）：138-149.
齐桓，王海，董冬，等，2017. 地震沉积学在薄储层预测中的应用以 L87 井区水下扇体识别为例［J］. 地球物理学进展，32（2）：709-713.
乔秀夫，郭宪璞，李海兵，等，2012. 龙门山晚三叠世软沉积物变形与印支期构造运动［J］. 地质学报，86（1）：132-156.
乔秀夫，李海兵，2009. 沉积物的地震及古地震效应［J］. 古地理学报，11（6）：593-610.
宋博，闫全人，向忠金，等，2016. 广西凭祥盆地深水底流沉积类型及其研究意义［J］. 沉积学报，34（1）：58-69.
孙龙德，李峰，等，2010. 中国沉积盆地油气勘探开发实践与沉积学研究进展［J］. 石油勘探与开发，37（4）：385-396.
孙宁亮，钟建华，王书宝，等，2017. 鄂尔多斯盆地南部三叠系延长组深水重力流沉积特征及其石油地质意义［J］. 古地理学报，19（2）：299-314.
王昌勇，郑荣才，高博禹，等，2010. 珠江口盆地荔湾井区珠江组深水扇沉积特征［J］. 中国地质，37（6）：1628-1637.
王德坪，1991. 湖相内成碎屑流的沉积及形成机理［J］. 地质学报，（4）：299-316+387-388.
王英民，王海荣，邱燕，等，2007. 深水沉积的动力学机制和响应［J］. 沉积学报，（4）：495-504.
吴嘉鹏，王英民，王海荣，等，2012. 深水重力流与底流交互作用研究进展［J］. 地质论评，58（6）：1110-1120.
夏青松，田景春，2007. 鄂尔多斯盆地西南部上三叠统长 6 油层组湖底扇特征［J］. 古地理学报，（1）：33-43.
鲜本忠，安思奇，施文华，2014. 水下碎屑流沉积：深水沉积研究热点与进展［J］. 地质论评，60（1）：39-51.
鲜本忠，万锦峰，董艳蕾，等，2013. 湖相深水块状砂岩特征、成因及发育模式——以南堡凹陷东营组为例［J］. 岩石学报，29（9）：3287-3299.

鲜本忠，万锦峰，姜在兴，等，2012. 断陷湖盆洼陷带重力流沉积特征与模式：以南堡凹陷东部东营组为例［J］. 地学前缘，19（1)：121-135.

许小勇，吕福亮，王大伟，等，2018. 周期性阶坎的特征及其对深水沉积研究的意义［J］. 海相油气地质，23（4)：1-14.

杨仁超，尹伟，樊爱萍，等，2017. 鄂尔多斯盆地南部三叠系延长组湖相重力流沉积细粒岩及其油气地质意义［J］. 古地理学报，19（5)：791-806.

杨仁超，金之钧，孙冬胜，2015. 鄂尔多斯晚三叠世湖盆异重流沉积新发现［J］. 沉积学报，33（1)：10-20.

杨田，操应长，田景春，2021. 浅谈陆相湖盆深水重力流沉积研究中的几点认识［J］. 沉积学报，39（1)：88-111.

姚泾利，王琪，张瑞，等，2011. 鄂尔多斯盆地华庆地区延长组长 6 砂岩绿泥石膜的形成机理及其环境指示意义［J］. 沉积学报，29（1)：72-79.

于兴河，李胜利，2009. 碎屑岩系油气储层沉积学的发展历程与热点问题思考［J］. 沉积学报，27（5)，880-895.

曾洪流，2011. 地震沉积学在中国：回顾和展望［J］. 沉积学报，29（3)：417-426.

曾洪流，朱晓敏，朱如凯，等，2012. 陆相坳陷型盆地地震沉积学研究规范［J］. 石油勘探与开发，39（3)：275-284.

张功成，屈红军，张凤廉，等，2019. 全球深水油气重大新发现及启示［J］. 石油学报，40（1)：1-34+55.

张建良，刘金华，杨少春，2009. 准噶尔盆地彩南油田彩 003 井区侏罗系辫状河三角洲相储层特征研究［J］. 天然气地球科学，20（3)：335-341.

张兴阳，罗顺社，何幼斌，2001. 沉积物重力流—深水牵引流沉积组合——鲍马序列多解性探讨［J］. 江汉石油学院学报，(1)：1-4+6.

赵澄林，1999. 胜利油区沉积储层与油气［M］. 北京：石油工业出版社.

赵国连，赵澄林，叶连俊，2005. 渤海湾盆地“四扇一沟”沉积体系及其油气意义［J］. 地质力学学报，11（3)：245-258.

郑荣才，文华国，韩永林，等，2006. 鄂尔多斯盆地白豹地区长 6 油层组湖底滑塌浊积扇沉积特征及其研究意义［J］. 成都理工大学学报（自然科学版)，(6)：566-575.

朱伟林，崔旱云，吴培康，等，2017. 被动大陆边缘盆地油气勘探新进展与展望［J］. 石油学报，38（10)：1099-1109.

朱筱敏，钟大康，袁选俊，等，2016. 中国含油气盆地沉积地质学进展［J］. 石油勘探与开发，43（5)：820-829.

朱筱敏，李洋，董艳蕾，等，2013. 地震沉积学研究方法和岐口坳陷沙河街组沙一段实例分析［J］. 中国地质，40（1)：152-162.

朱筱敏，谈明轩，董艳蕾，等，2019. 当今沉积学研究热点讨论——第 20 届国际沉积学大会评述［J］. 沉积学报，37（1)：1-16.

邹才能，赵政璋，杨华，等，2009. 陆相湖盆深水砂质碎屑流成因机制与分布特征——以鄂尔多斯盆地为例［J］. 沉积学报，27（6)：1065-1075.

Adamson A W, 1976. The Physical Chemistry of Surfaces. John Wiley & Sons, New York, PP. 62-63; 426-458.

Baas J H, Best J L, Peakall J, et al, 2009. A phase diagram for turbulent, transitional, and laminar clay suspension flows [J]. Journal of Sedimentary Research, 79 (3-4): 162-183.

Baker J C, Havord P J, Martin K R, et al, 2000. Diagenesis and petrophysics of the early permian moogooloo sandstone, southern carnarvon basin, western australia. AAPG Bulletin, 84 (2): 250-265.

Bates C, 1953. Rational theory of delta formation [J]. AAPG Bulleti, 37: 2119-2162.

Bell H S, 1940. Armored mud balls: their origin, properties, and role in sedimentation [J]. The Journal of Geology, 48 (1): 1-31.

Ben Kneller, Mason Dykstra, 2005. Mass Transport Deposits and Slope Accommodation. AAPG Calgary, Alberta, June 16-19.

Bouma A H, 1962. Sedimentology of some flysch deposits [M]. Amsterdam, Elsevier Pub. 168.

Bouma A H, 1983. COMFAN. Geo-Marine Letters, 3. 53-224.

Breien H, De Blasio F V, Elverhoi A, et al, 2010. Transport mechanisms of sand in deep-marine environments--insights based on laboratory experiments [J]. Journal of Sedimentary Research, 80 (11): 975-990.

Cartigny M J B, Ventra D, Postma G, et al, 2014. Morphodynamics and sedimentary structures of bedforms under supercritical-flow conditions: New insights from flume experiments [J]. Sedimentology, 61: 712-748.

Cartigny M J B, 2012. Morphodynamics of supercritical high-density turbidity currents. Utrecht Studies in Earth Sciences, PhD thesis.

Costa J E, Williams G P, 1984. Debris flow dynamics (videotape). US Geological Survey Open File Report OF 84-606.

Dott R H Jr, 1963. Dynamics of subaqueous gravity depositional processes. AAPG Bulleti, 47: 104-128.

Felix M, Peakall J, 2010. Transformation of debris flows into turbidity currents: mechanisms inferred from laboratory experiments. Sedimentology, 53 (1) : 107-123.

Fildani A, Hubbard S M, Covault J A, et al , 2013. Erosion at inception of deep-sea channels [J]. Mar. Pet. Geol, 41 (1): 48-61.

Fildani A, Normark W R, Kostic S, et al, 2006. Channel formation by flow stripping: Large-scale scour features along the Monterey East Channel and their relation to sediment waves [J]. Sedimentology, 53 (6): 1265-1287.

Galloway W E, 1998. Siliciclastic Slope and Base - of - Slope Depositional Systems: Component Facies, Stratigraphic Architecture, and Classification [J]. Aapg Bulletin, (82): 569-595.

Hampton M A, 1972. The role of subaqueous debris flow in generating turbidity currents [J] . Journal of Sedimentary Petrology, 42 (4): 775-793.

Hampton M A, 1975. Competence of fine-grained debris flows [J]. Journal of Sedimentary Petrology, 45 (4): 834-844v.

Haughton P, Davis C, Mccaffrey W, et al, 2009. Hybrid sediment gravity flow deposits-Classification, origin and significance [J]. Marine & Petroleum Geology, 26 (10): 1900-1918.

Hooyer T S, Iverson N R, 2000. Clast-fabric development in a shearing granular material: Implications for subglacial till and fault gouge [J]. Geological Society of America Bulletin, 112 (5): 683-692.

Hölzel M, Grasemann B, Wagreich M, 2006. Numerical modelling of clast rotation during soft - sediment deformation: a case study in Miocene delta deposits [J]. International Journal of Earth Sciences, 95 (5): 921-928.

Hüneke H, Mulder T, 2011. Deep-sea sediments, developments in sedimentology [M]. Amsterdam: Elsevier, 65.

Johnson A M, 1970. Physical Processes in Geology [J]. Physics Today, 25 (2): 53-54.

Kneller B, Branney M J, 1995. Sustained high-density turbidity currents and the deposition of thick massive beds. Sedimentology, 42: 607-616.

Kuenen P H, Migliorini C I, 1950. Turbidity currents as a cause of graded bedding [J]. The Journal of Geology: 91-127.

Kuenen P H, 1951. Properties of turbidity currents of high density. SEPM Spec. Publ, 2: 14-33.

Li X, Yang Z, Wang J, et al, 2016. Mud-coated intraclasts: a criterion for recognizing sandy mass-transport deposits--deep-lacustrine massive sandstone of the upper triassic yanchang formation, ordos basin, central China [J]. Journal of Asian Earth Sciences, 129: 98-116. (SCI), doi: http://dx.doi.org/10.1016/j.jseaes.06.007.

Li Xiangbo, Liu H, Pan S, et al, 2018. Subaqueous sandy mass-transport deposits in lacustrine facies of the Upper Triassic Yanchang Formation, Ordos Basin, Central China [J]. Marine & Petroleum Geology, (97): 66-77 (SCI).

Lowe D R, 1982. Sediment-gravity f lows, II: Depostional models with special reference to the deposits of high-density turbidity currents [J]. Journal of Sedimentary Petrology, 52 (1): 279-297.

Lowe D R, 1997. Sediment-gravity flows: Their classification, and some problems of applications to natural flows and deposits [M]//Doy le L J, Pilkey O H. Geology of Continental Slopes. Society of Economic Paleontologists and Mineralogists Special Publication, 27: 75-82.

Marr J, Harff P, Shanmugam G, et al, 1997. Experiments on subaqueous sandy debris flows. Supplement to EOS Transactions, AGU Fall Meeting, San Francisco, 78 (46): 347.

Middleton G V, 1967. Experiments on density and turbidity currents: Ⅲ. Deposition of sediment [J]. Can. J. Earth Sci. 4: 475-505.

Middleton G V, Hampton M A, 1997. Sediment gravity flows: Mechanics of flow and deposition [M]//Middleton G V, Bouma A H. Turbidites and deep-water sedimentation: short course lecture notes, Part I. California: Los Angeles: 1-38.

Mulder T, Alexander J, 2001. The physical character of subaqueous sedimentary density flows and their deposits. Sedimentology, 48: 269-299.

Mulder T, Syvitski J P M, Migeon S, et al, 2003. Marine hyperpycnal flows: Initiation, behavior and related deposits: A review [J]. Marine and Petroleum Geology, 6 (6/7/8): 861-882.

Mutti E, Benoulli D, Ricci Lucchi F, et al, 1977. Turbidite and turbidity currents from Alpine 'flysch' to the exploration of continental margins [J]. Sedimentology, 56: 267-318.

Mutti E, Tinterr R, Remacha E, et al, 1999. An introduction to the analysis of ancient turbidite basins from an outcrop perspective [J]. AAPG Continuing Education Course Note, 39: 93.

Mutti E, 1977. Distinctive Thin-bedded Turbidite Facies and Related Depositional Environments in the Eocene Hecho Group (southcentral Pyrenees Spain) [J]. Sedimentology, 24: 107-131.

Mutti E, Ricci Lucchi F, 1972. Turbidites of the Northern Apennines: Introduction to facies analysis [J]. International Geology Review, 20: 125-166 (English translation by T H Nilsen 1978).

Nardin T R, Hein F J, Gorsline D S, et al, 1979. A review of mass movement processes. , sediment and acoustic Characteristics, and contrasts in slope and base-of-slope systems versus canyon-fan-basin floor systems. In [M]// Doyle L. J. Doyle, Pilkey O. H. Pilkey, Geology of Continental Slopes (pp. 61-73),. Economic Paleontologists and Mineralogists Special Publication 27, Vol. 27: 61-73.

Normark W R, 1991. Turbidite Elements and the Obsolescence of the Suprafan Concept. Giornale di Geologia, ser 3a, 53/2: 1-10.

Normark W R, 1970. Growth Patterns of Deep Sea Fans [J]. American Association of Petroleum Geologists Bulletin, 54: 2170-2195.

Normark W R, 1978. Fan valleys channels and depositional lobes on modern submarine fans characters for recognition of sandy turbidite environments [J]. American Association of Petroleum Geologists Bulletin, 62: 912-931.

Nutz A, Schuster M, Ghienne J F, et al, 2015. Wind-driven bottom currents and related sedimentary bodies in Lake Saint-Jean (Québec, Canada)[J]. Geological Society of America Bulletin, 127 (9/10): 1194-1208.

Parker G, 1996. Interaction between basic research and applied engineering: A personal perspective [J]. Journal of Hydraulic Research, 34 (3): 291-316.

Parker G, Garcia M, Fukushima Y, et al, 1987. "Experiments on Turbidity Currents Over an Erodible Bed". J. Hydraul. Res, 25: 123-147.

Pierson T C, Costa J E, 1987. A rheologic classication of subaerial sediment-water flows. In [M]// Costa J. E. Costa, Wieczorek G. F. Wieczorek, Debris Flows/Avalanches: Process, Recognition, and Mitigation, vol.. VII (pp. 1-12).. Geological Society of America Reviews in Engineering Geology VII: 1-12.

Postma G, Cartigny M, Kleverlaan K, et al, 2009. Structureless, coarse-tail graded Bouma Ta formed by internal hydraulic jump of the turbidity current? [J]. Sedimentary Geology, 219 (1-4): 1-6.

Postma G, Kleverlaan K, Cartigny M J B, et al, 2014. Recognition of cyclic steps in sandy and gravelly turbidite sequences, and consequences for the Bouma facies model [J]. Sedimentology, 61 (7): 2268-2290.

Postma G, Nemec W, Kleinspehn K L, 1988. Large floating clasts in turbidites: a mechanism for their emplacement [J]. Sed. Geol, 58 (1): 47-61.

Postma G, Cartigny M J B, 2014. Supercritical and subcritical turbidity currents and their deposits—A synthesis [J]. Geology, 42: 987-990.

Rafael Manica, Jaco H Baas, Rogério Maestri, 2010. A First Experimentally Derived Classification of Submarine Sediment Gravity Flows. AAPG Annual Meeting-New Orleans-USA April 11th to 14th.

Sanders J E, 1965. Primary sedimentary structures formed by turbidity currents and related resedimentation mechanisms. In: Middleton, G. V. (Ed.), Primary Sedimentary Structures and their Hydrodynamic Interpretation, Special Publication 12. SEPM, Tulsa, OK, pp, 192-219.

Shanmugam G, 2016b. Submarine fans: A critical retrospective (1950-2015) [J]. Journal of Palaeogeography, 5 (2): 2-76. DOI information: 10. 1016/j. jop. 2015. 08. 011.

Shanmugam G, Bloch R B, Mitchell S M, et al, 1995. Basin-floor fans in the North Sea: sequence stratigraphic models vs sedimentary facies [J]. American Association of Petroleum Geologists Bulletin, 79: 477-512.

Shanmugam G, Moiola R J, McPherson J G, et al, 1988. Comparison of Turbidite Facies Associations in Modern Passive-margin Mississippi Fan with ancient active-margin fans [J]. Sedimentary Geology, 58: 63-77.

Shanmugam G, Moiola R J, 1995. Reinterpretation of depositional processes in a classic flysch sequence (Pennsylvanian Jackfork Group), Ouachita Mountains, arkansas and Oklahoma [J]. AAPG, 79: 672-695.

Shanmugam G, 1996. High-density turbidity currents: are they sandy debris flows? [J]. Journal of Sedimentary Research, 66: 2-10.

Shanmugam G, 2000. 50 years of the turbidite Paradigm (1950s-1990s): deep-water processes and facies models-a critical perspective [J]. Marine and petroleum Geology, 17 (2): 285-342.

Shanmugam G, 2002. Ten turbidite myths. Earth-Science Reviews, 58: 311-341.

Shanmugam G, 2012. New perspectives on deep-water sandstones: Origin, recognition, initiation, and reservoir quality [M]. Amsterdam: Elsevier.

Shanmugam G, 2013. 深水砂体成因研究新进展 [J]. 石油勘探与开发, 40 (3): 294-301.

Shanmugam G, 2013. New perspectives on deep-water sandstones: Implications [J]. Petroleum Exploration & Development, 40 (3): 316-324.

Shanmugam G, 2015. The landslide problem [J]. Journal of Palaeogeography, 4 (2): 109-166.

Shanmugam G, 2016a. Slides, Slumps, Debris Flows, Turbidity Currents, and Bottom Currents [J]. Reference Module in Earth Systems and Environmental Sciences, Elsevier, 87 p. (Online).

Shanmugam G, 2018. The hyperpycnite problem [J]. Journal of Palaeogeography, v. 7 (3): 3-44.

Shanmugam G, 2019. Reply to discussions by Zavala (2019) and by Van Loon, Hüeneke, and Mulder (2019) on Shanmugam G (2018, Journal of Palaeogeography, 7 (3): 197-238): 'the hyperpycnite problem' [J]. Journal of Palaeogeography, 8 (14): 408-421.

Shanmugam G, In Brown G C, Gorsline D S, et al, 1990. Deep-marine Facies Models and the Interrelationship of Depositional Components in Time and Space [C] //Deep-marine Sedimentation Depositional Models and Case Histories in Hydrocarbon Exploration and Development. San Francisco: Society of Economic Paleontologists and Mineralogists (Society for SedimentaryGeology) Pacific Section.

Shultz A, 1984. Subaerial debris-flow deposition in the upper Paleozoic Cutler Formation, western Colorado [J]. Journal of Sedimentary Research, 54 (3): 759-772.

Stauffer P H, 1967. Grain flow deposits and their implications, Santa Ynez Mountains, California Journal [J]. Sedimentary Research, 17 (2): 487-508.

Stow D A V, Johansson M, 2000. Deep-water massive sands: nature, origin and hydrocarbon implications [J]. Marine and Petroleum Geology, 17 (2): 145-174.

Stow D A V, Mayall M, 2000. Deep-water sedimentary systems: New models for the 21st century [J]. Marine & Petroleum Geology, 17 (2): 0-135.

Symons W O, Sumner E J, Talling P J, et al, 2016. Large-scale sediment waves and scours on the modern seafloor and their implications for the prevalence of supercritical flows [J]. Mar. Geol, 371: 130-148.

Talling P J, Allin J, Armitage D A, et al, 2015. Key Future Directions For Research On Turbidity Currents and Their Deposits [J]. Journal of Sedimentary Research, 85: 153-169.

Talling P J, Amy L A, Wynn R B, et al, 2004. Beds comprising debrite sandwiched within co-genetic turbidite: origin and widespread occurrence in distal depositional environments [J]. Sedimentology, 51 (1): 163-194.

Talling P J, 2014. On the triggers, resulting flow types and frequencies of subaqueous sediment density flows in different settings [J]. Marine Geology, 352 (3): 155-182.

Talling P J, Masson D G, Sumner F J, et al, 2012. Subaqueous sediment density flows: Depositional processes and deposit types. Sedimentology, 59: 1937-2003.

Vail P R, Audemard F, Bowman S A, et al, 1991. The Stratigraphic Signatures of Tectonics. Eustacy and Sedimentology an Overview [J]. Cycles and Events in Stratigraphy Berlin (618-659). Springer-Verlag.

Walker R G, 1992a. Turbidites and Submarine Fans [C] //Walke R G, James N P. Faciesmodels: response to sea level change. Geological Association of Canada, 239-263.

Walker R G, 1978. Deep-water Sandstone Facies and Ancient Submarine Fans: Models for Exploration for Stratigraphic Traps [J]. American Association of Petroleum Geologists Bulletin, 62: 932-966.

Walker R G, 1992b. Facies, Facies Models, and Modern Stratigraphic Concepts [J]. Facies Models Response to Sea Level Change (pp. 1-14). Geological Association of Canada.

Wynn R B, Stow D A, 2002. Classification and characterisation of deep-water sediment waves [J]. Mar. Geol, 192 (1): 7-22.

Wynn R B, Weaver P P, Ercilla G, et al, 2000. Sedimentary processes in the selvage sediment-wave field NE Atlantic: New insights into the formation of sediment waves by turbidity currents [J]. Sedimentology, 47 (6): 1181-1197.

Yu Y, Lin L B, Gao J, 2016. Formation mechanisms and sequence response of authigenic grain-coating chlorite: evidence from the upper triassic xujiahe formation in the southern Sichuan Basin, China [J]. petroleum science, 13 (4): 657-668.

Zavala C, Arcuri M, 2016. Intrabasinal and Extrabasinal turbidites: origin and distinctive characteristics [J].

Sedimentary Geology, 2016, 337: 36-54.

Zavala C, Departamento de Geologa, 2019. The new knowledge is written on sedimentary rocks——a comment on Shanmugam's paper "the hyperpycnite problem" [J]. 古地理学报（英文版）, 8-23. DOI: 10.1186/s42501-019-0037-3.

Zavala C, 潘树新, 2018. Hyperpycnal flows and hyperpycnites: Origin and distinctive characteristics [J]. 岩性油气藏, 30 (1): 1-18.

Zeng H, Kerans C, 2003. Seismic frequency control on carbonate seismic stratigraphy: A case study of the Kingdom Abo sequence, west Texas [J]. Aapg Bulletin, 87 (2): 273-293.

Zhong G, Cartigny M J B, Kuang Z, et al, 2015. Cyclic steps along the South Taiwan Shoal and West Penghu submarine canyons on the northeastern continental slope of the South China Sea [J]. Geological Society of America Bulletin, 127 (5-6): 804-824.

Zou C N, Wang L, Li Y, et al, 2012. Deep-lacustrine transformation of sandy debrites into turbidites, Upper Triassic, Central China [J]. Sedimentary Geology. 265/266: 143-155.

第二章　深水浊流沉积体系与油气成藏

第一节　浊流概念与形成背景

一、浊流概念与鲍马序列

深水浊流（turbidity currents）是一种在水体底部形成的由自身重力驱动，弥散有大量泥、砂的高速紊流状态的高密度混浊流体。浊流的名称最早由 Johnson（1939）提出，在此之前，科学家曾经使用的名字包括密度流或悬浮颗粒流。

浊流概念的提出是历代沉积学家、海洋地质学家、海洋地球物理学家集体智慧的结晶（徐景平，2014）。Forel（1885）是最早开始进行浊流研究的理论先行者，他观察到来自罗纳河的河水在洪水期携带大量的泥、砂形成浓度很高的流体，进入日内瓦湖沿着盆底直接搬运到深湖区，他将这种流体称为高密度流。尔后的相当长一段时间，高密度流的研究并未引起广泛的重视，直到 Fuchs（1883）将复理石沉积划归为深水沉积，对深水砂体沉积动力机制的深入研究才使得高密度流研究即浊流研究重新得到重视。实际上，围绕阿尔卑斯山脉中广泛发育的砂泥韵律层的成因研究是对浊流沉积的原始思考。早在 1827 年，Studer 通过对阿尔卑斯山脉古近系—新近系砂泥韵律层（由砂岩与灰黑色页岩规律性互层）的研究首次提出复理石的概念，之后逐渐扩展到东阿尔卑斯、喀尔巴阡和亚平宁山脉的白垩系（Mutti 等，2009）。复理石沉积早期被认为是地质构造控制的沉积产物，属于构造相（Bertrand，1897），是典型的“地槽沉积”（Argand，1920）；复理石中的砂岩一般具有很高的杂基含量，色灰而脏，具有杂基支撑和递变层理两大特点，也称之为硬砂岩（何起祥，2010）。然而，1874—1876 年的 Gazelle 科学考察证实在深海中同样存在分选较好的砂质沉积，Fuchs（1883）发现复理石沉积缺少大型交错层理、浅水生物活动遗迹和泥裂，而海洋有机质、生物化石及深水遗迹化石发育，因而提出复理石属于深水沉积成因的认识，但是，对于沉积物的搬运机制仍然不得而知。Bailey（1930）在野外工作的基础上，最先提出流水层理和递变层理两种概念，他认为这两种层理不可能在同一地点同时出现。流水层理是规模较大的交错层理，属于浅水沉积；递变层理指粒度由下而上变细的粒序层理，属于深水沉积作用的产物。至此，Forel（1885）基于对日内瓦湖观察提出的高密度流认识开始得到重视，Daly（1936）用深海高密度流的侵蚀作用来解释海底峡谷的成因，并且把递变层理作为高密度流的特征标志，这一假说被 Kuenen（1937，1950）的实验和海洋地质观察（Ericson 等，1951）所证实。Johnson（1939）首次引入浊流这一术语来描述大量悬浮物质引起的密度流，浊流理论初现雏形。

1943 年，Migliorini 首次将深水环境中的粒序层理解释为浅水沉积物由于斜坡重力失稳，通过浊流的再搬运而形成；Kuenen 和 Migliorini（1950）在水槽实验和野外观察的基础上系统阐述了浊流作为递变层理成因的机理（图 2-1），标志着浊流理论开始形成（Walker，1973）。随后，Kuenen 等围绕亚平宁山脉北部、阿尔卑斯山、喀尔巴阡山的浊流沉积开展了一系列卓有成效的研究，Kuenen（1957）首次提出“浊积岩”的概念来指代粒序层理砂岩；Bouma（1962）随后建立了由一次浊流事件形成的典型沉积序列，即著名的鲍马序列（也称作 Bouma 序列）。鲍马序列自下而上可以划分为 5 个沉积单元，最底部 Ta 段以正粒序砂岩或块状砂岩为特征，向上过渡为 Tb 段以平行层理为沉积特征，Tc 段以沙纹层理或包卷层理为特征，Td 段以平行层理粉细砂岩为特征，Te 段多为块状或显示微弱粒序的泥质沉积（图 2-2）。在尔后相当长时间鲍马序列一直作为浊流沉积的主要识别标志。后来，Walker（1967）从流

粗粒物质重新
进入主流的区域
环境水体
粉砂/黏土
粉砂/黏土
H_2
V_2
粗粒物质
粗粒物质
与水体环境混合区
（夹带）
H_1
V_1
粗粒物质
粗粒物质
β

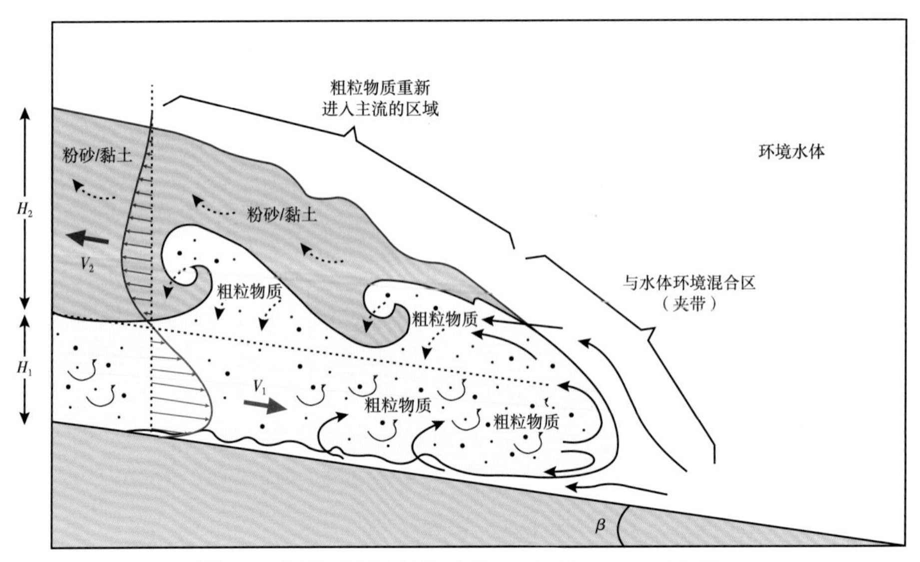

图 2-1　浊流的流体结构（据 Zavala 和 Arcuri，2016）

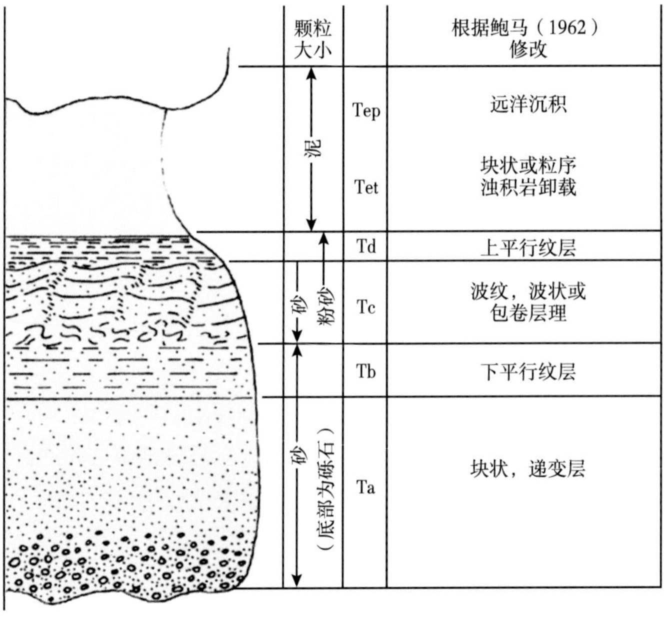

颗粒
大小
根据鲍马（1962）
修改
Tep
远洋沉积
泥
Tet
块状或粒序
浊积岩卸载
Td
上平行纹层
砂
粉砂
Tc
波纹，波状或
包卷层理
Tb
下平行纹层
砂
（底部为砾石）
Ta
块状，递变层

图 2-2　鲍马序列构造及其解释（据 Bouma，1962）

态的角度对鲍马序列进行了沉积动力学解释，认为浊流逐渐减弱的过程中会转化为牵引流和悬浮沉积，鲍马序列代表了一次搬运和沉积事件。

浊流理论与鲍马序列等相关研究具有划时代意义，它突破了传统的机械沉积分异观点，揭开了深水沉积学研究的新篇章，也为后来深水（深海、深湖）砂体预测及油气勘探奠定了理论基础。

二、浊流发育的沉积背景

从上面的分析可以看出，浊流是以湍流为特征的一种沉积物重力流，沉积物的搬运方式既有悬浮搬运，也有牵引搬运。无论是在陆坡上还是在盆地底部，都可以观察到浊流沉积。本书将重点研究位于风暴浪基面以下的浊流沉积，其沉积背景如图2-3所示。图中描绘了与深水沉积有关的各种地貌单元，包括水道和相关天然堤（在斜坡上和盆地底部）、溢岸沉积物波、末端扇、决口扇和非浊流形成的块体搬运沉积。此图还描述了陆架边缘环境，也被称为沉积物堆积区，深水浊积岩正是源自此处。

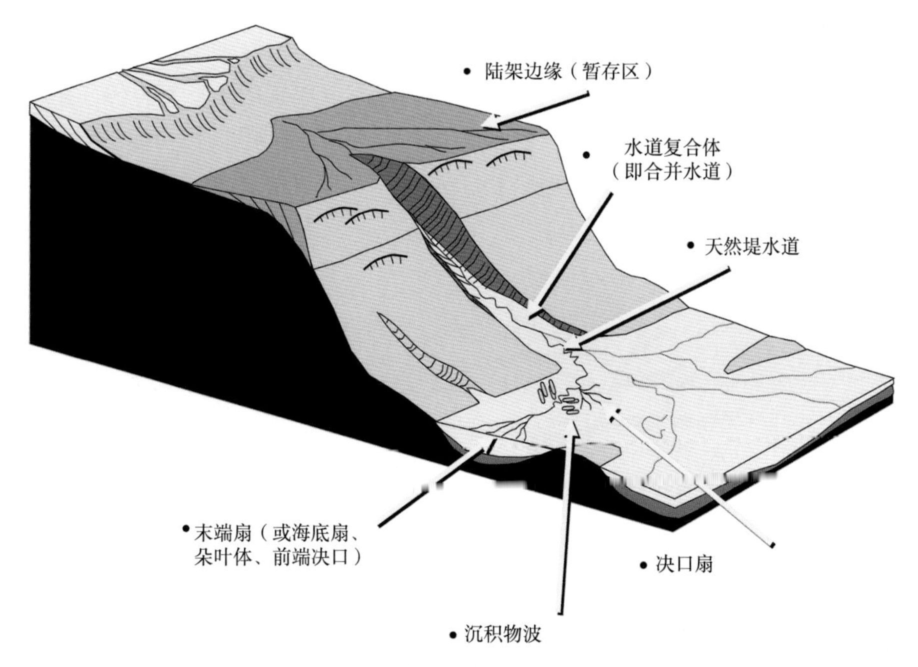

图2-3　深水浊流沉积相关地貌单元示意图（据Posamentier和Walker，2006）

绝大多数深水浊积岩源于陆架边缘的沉积物堆积区，从这里向深水区搬运沉积物有两个主要过程：(1) 沉积物通过河流输送到陆架边缘，并在此沉积暂存一段时间，然后由于斜坡失稳而活化，最后通过重力流过程向斜坡下方搬运。搬运的过程最初以块体搬运的形式进行的，其特点是层流，随着流速加大，层流可能转化为湍流，也可能不会转化为湍流。如果层流不转化为湍流，那么所产生的沉积物就是块体搬运沉积，以滑动体、崩塌体以及块体流沉积为主；如果层流转化为湍流，就会观察到浊流。(2) 沉积物通过河流输送到陆架边缘，而且由于在河流高流量阶段的高沉积物载荷，携带泥砂的河水（淡水）可能比海水密度高，因此产生持续发育的高密度底流，即异重流（Mulder和Syvitski，1995）。

当流体沿斜坡向下流动时，这些异重流会演变为真正的重力流。然而，除了中国的长江，没有几条沿着被动陆缘的主要河流产生异重流。但沿活动大陆边缘的一些河流条件确实有利，时不时会形成异重流。上述两个可能过程的主要区别是，在第一种情况下，沉积物重力流的流动是阶段性和灾难性的，与斜坡失稳垮塌的临界值有关；而在第二种情况下，沉积物重力流是连续的，与陆上河流洪水事件持续的时间有关，可能持续数天，也可能持续数周。

第二节　浊流沉积体系构成

浊流沉积体系主要包含峡谷、水道—堤岸、水道—朵叶体转换带及朵叶体等多个沉积单元（Brooks 等，2018），它们有序分布在从陆架斜坡到深海盆地平原的不同区域与地貌环境中。Posamentier 等（2019）系统总结了浊流沉积体系单元构成特征，并将浊流沉积体系划分为 3 个区域：区域 1 对应浊流体系的近端（上游），主要发育支流与峡谷沉积；区域 2 为浊流体系的中间部分，以单一补给水道复合体系为特征，因浊流水体的高度比补给水道高，因而常发育天然堤沉积；区域 3 为浊流体系的远端，以频繁的决口、砂质溢岸以及水道充填为特征，从地貌学上可以将其描述为末端扇或分流扇形水道复合体。图 2-4 展示了一个理想化的浊流沉积体系，每个区域通常具有可预测的沉积过程和地层结构，这对油气田的勘探和开发至关重要。下面按照沉积区域对浊流沉积体系单元构成及其沉积特征作简要论述。

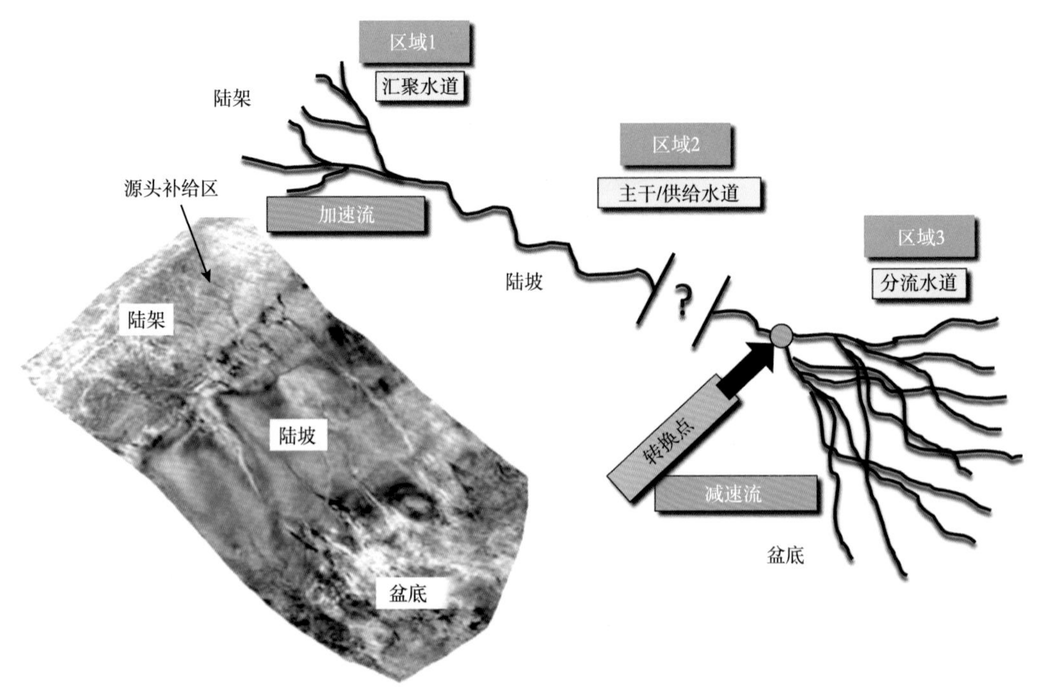

图 2-4　浊流沉积体系示意图（据 Posamentier 等，2019）

一、峡谷或支流沉积（区域1）

该区域相当于从陆架到陆坡的大型侵蚀地貌单元，主要发育汇聚型支流水道充填沉积。许多浊流沉积体系的上游区域都是以这种源自陆架边缘的汇聚型支流模式为特征（图2-5）。这种支流水道模式在相对较小的系统中似乎更为常见；更大的峡谷，如刚果峡谷（Congo Canyon）和孟加拉湾的若地斯沃琪（Swatch of No Ground）就只有一个供给沟道。在峡谷内，底部的水道通常以低弯度为特征（图2-5）。浊流系统上游的实例表明：这些系统的上游具有汇聚型支流模式；这些支流水道的弯曲度明显低于下游以它们为供给系统的主干水道复合体；水道充填沉积自底部至最上部都是以强振幅反射为特征。从陆架边缘内侧的最上端到盆地底部，水道系统的坡度变化不大（图2-6）。这种均匀的坡度可视为一种平衡剖面，在这个平衡剖面下水道内的流体已达到稳定状态，处于净侵蚀和净沉积之间的平衡状态。从补给支流汇入单一主沟道处所观察到的弯曲度突然增加，很可能反映了流体流变学特征的变化。由此推测，当流体在峡谷上段内加速时（图2-4），可能始于块体流和湍流的混合流动，后突然转化成为完全的湍流。一般来说，以层流为主的流动往往比以紊流为主的流动具有明显的低弯曲度的特点。

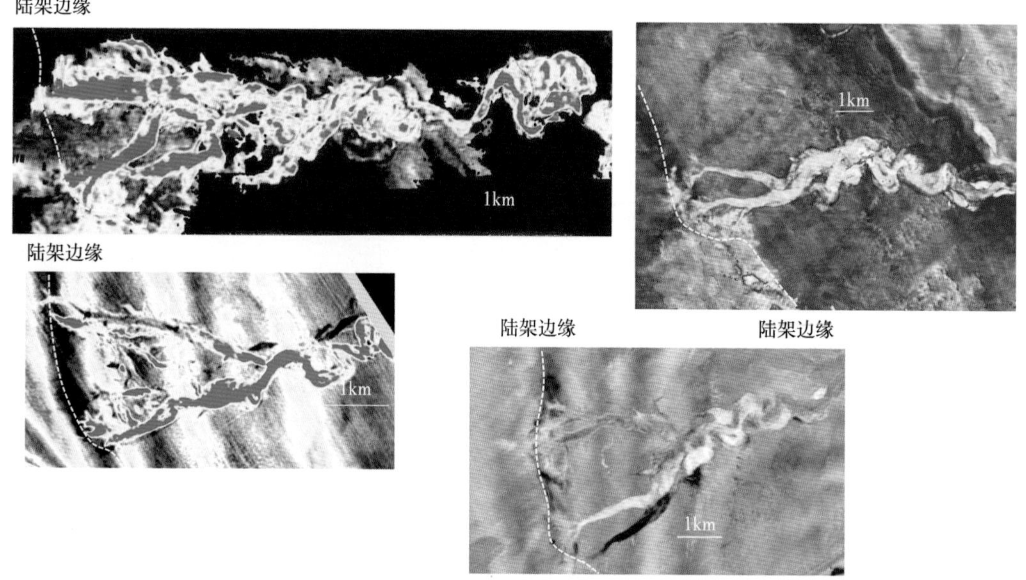

图2-5　新西兰Taranaki盆地与区域1近端支流沟道模式相关实例（据Posamentier等，2019）

观察显示，尽管支流水道的弯曲度很低，但从源头开始，水道充填物都具有相同的强振幅反射特征，强烈表明从水道最近端至浊流系统的最远端，水道充填物的岩性十分相似。如果认为具有强振幅反射特征的高弯曲度水道的充填物富砂，那么可以得出类似结论：上游区域发育具有强振幅反射特征的低弯曲度水道充填物也应当为富砂沉积。如前所述，水道从相对顺直到高弯曲度的演化模式反映了从层流和湍流的混合流体到以湍流为主的转变。值得注意的是，并不是说低弯曲度水道总是由层流和块体搬运过程占主导；相反，在水道系统最上游可以看到弯曲度从低到高的明显转换，揭示块体搬运（层流）在上游部分占优势，而到较远的下游体系中湍流占优势。

显而易见，支流水道的上游发育富砂沉积物，但就油气勘探的意义而言，此处缺乏对浊流沉积的有效封堵层。盆内峡谷的近端（上游）部分沉积物的粒度可能相当粗（Lowe，1979；Clifton，1981，1984；Bruhn 和 Walker，1995）。由于在区域 1 支流水道的整段中都存在着砂质沉积，在沟道充填砂与陆棚砂之间存在流体交换的可能性很大，从而大大增加了峡谷系统中油气圈闭勘探的风险。

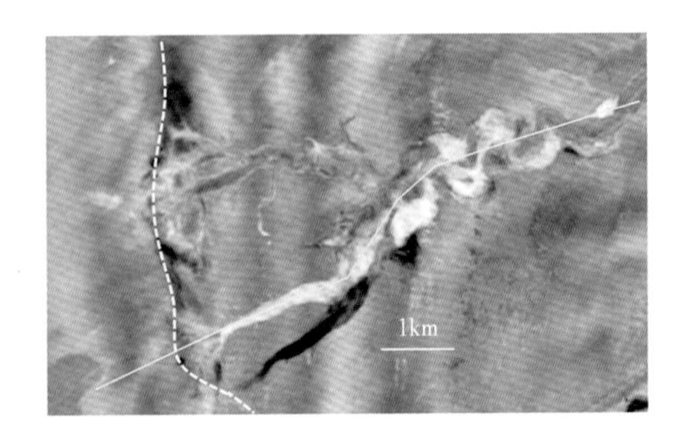

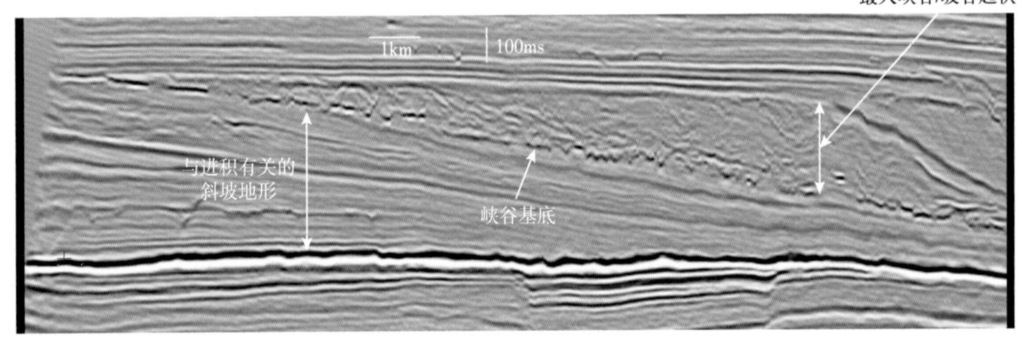

图 2-6　新西兰 Taranaki 盆地穿过浊积岩充填峡谷的轴向剖面（据 Posamentier 等，2019）

从陆架到盆底峡谷的坡度稳定。底部砂质沉积具有强振幅地震响应，并穿过整个陆架边缘一直延伸到供源峡谷的顶界。峡谷的下切最深位置位于陆架边缘

二、水道—堤岸沉积（区域 2）

这一区域的特点是在峡谷/斜坡沟谷或水道—天然堤系统中存在单一供给水道，该水道由多个较小规模的水道单元组成（Kolla 等，2012）。尽管主水道可以是相对直的或弯曲的，但其中的水道单元（单期水道）通常具有中等至较高的弯曲度。可以认为，主水道或峡谷是一个“干流”或“供给”系统，最终在下游末端形成扇形朵状体（也称之为海底扇、末端扇、前缘分散体系或朵叶体）。所有供给系统或多或少会切入先期存在的基底，然而从系统的近端向远端下切的程度会逐渐减小。流经区域 2 中的浊流体系最初往往完全受限于侵蚀性水道，在这个地段水道决口形成决口扇完全是不可能的，因为该区域流体的高度通常低于供给系统水道壁的高度，所有的侵蚀和沉积作用都局限在水道内部。最深的下切峡谷通常发育在陆架边缘（图 2-6、图 2-7）。随着该系统向下游方向，流体顶部与堤岸顶部越来越接近，并且最终漫过堤岸而发生溢流，形成诸如天然堤等溢岸单元沉积。因此，只有当浊流的最上部分发生溢岸时，天然堤建造才会发生。由于这些流体的最上部

分主要富含泥质，区域 2 的天然堤沉积往往贫砂。

从天然堤发育位置开始向下游方向，天然堤的高度随着峡谷切割、侵蚀幅度的减小而增加（图 2-7）。与相邻斜坡的坡度相比，峡谷底面更平缓的坡度反映了侵蚀起伏的减小。离开陆架边缘，沿斜坡向海底方向随着距离逐渐增大，斜坡面和峡谷/坡谷底面终将发生汇聚，此时海底斜坡的坡度与水道底部的坡度相等。而此处水道的天然堤高度达到最大，天然堤高度由上游方向向该处的逐渐增加开始转而向下游方向逐渐减小（图 2-7）。图 2-8 展示了沿浊流水道右岸天然堤顶端的地震横切面，天然堤高度向远端方向减小（Normark 等，1993；Posamentier 和 Walker，2006）；局部来看，天然堤的高度将根据其位于曲流水道的凹岸或凸岸而变化，天然堤在水道的外侧（凹岸）弯曲处较厚，在内侧弯曲处（凸岸）更薄，而整体向远端变薄。

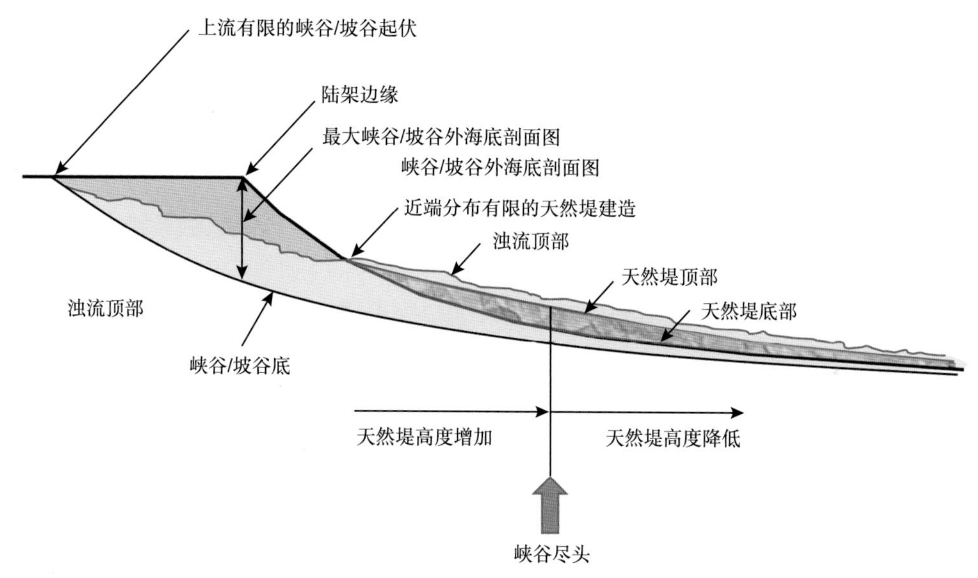

图 2-7　陆架边缘到盆底的峡谷纵切面示意图（据 Posamentier 等，2019）

峡谷外部的天然堤建造始于流体高度超过峡谷水道的情况下。在陆架边缘附近，可以观察到最大深度的峡谷；天然堤高度向远端逐渐降低

天然堤高度下降是溢岸流中沉积物负荷的逐渐减少所致，当然也与流体流量的逐渐减少有关。位于天然堤顶端以上的流体在本质上是非限制性的，从流体内部沉淀下来的沉积物也主要来自这部分非限制性（非沟道化）的流体。虽然流体由于自身在床底的沉积而失去了一些砂质，但损失的主要还是细粒部分，这是因为流体的上部主要由细粒组分构成。因此，流体往往变得更小，同时整体含砂量更多。由于对基底下切侵蚀的减少，水道的深度和天然堤高度也因此减小，富砂的流体部分得以逐渐接近天然堤顶部。流体较低的部分不仅富砂，而且水动力更强，所以当这种富砂的流体部分达到天然堤顶部的高度时，水道决口（图 2-9）和决口扇会越来越常见（图 2-10、图 2-11）。这样，当富砂流体不断溢出，决口或者决口扇/沟道的发生就变得越来越普遍，特别是在曲流水道的外侧，流体剥离将会强化，决口也更为普遍（Piper 和 Normark，1983）。在水道的外侧，决口扇和溢岸沉积物波最为常见（图 2-10、图 2-11、图 2-12）。天然堤的砂质含量向下游方向呈增加

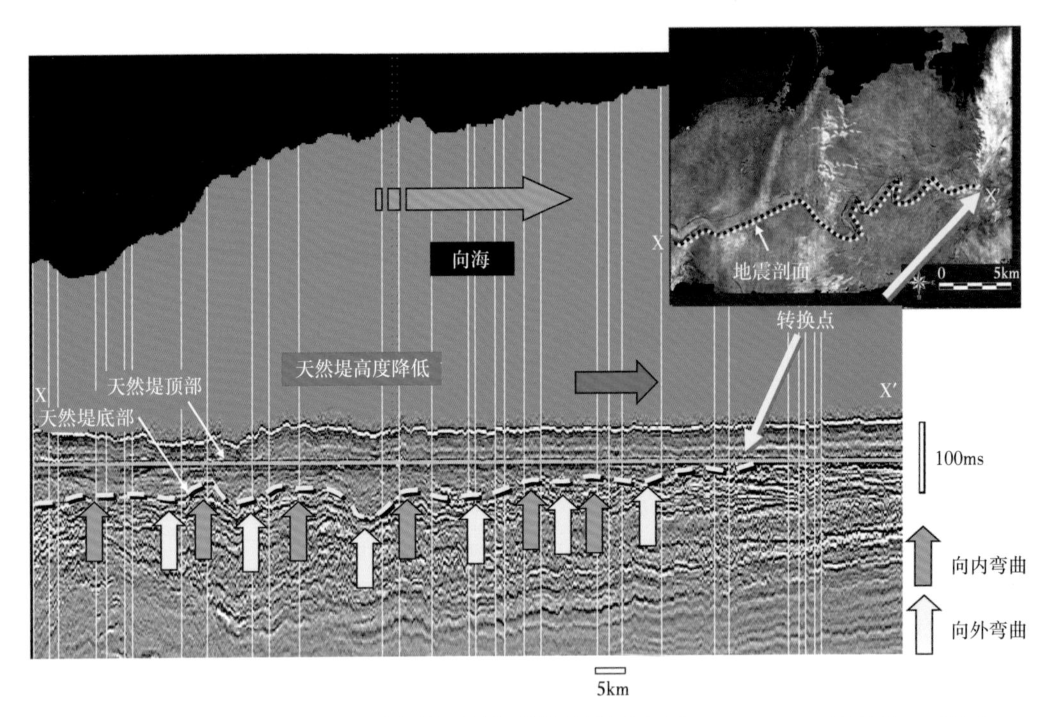

图 2-8 印度尼西亚 Makassar 海峡沿天然堤顶端地震剖面（据 Posamentier 和 Walker，2006）

揭示天然堤厚度向远端逐渐变薄。水道内侧（凸岸）的天然堤厚度总是较薄，而外侧（凹岸）的天然堤厚度较大。天然堤厚度变薄至零的地震反射位置对应于区域 2 的供给水道复合体向区域 3 末端扇的转换点位置

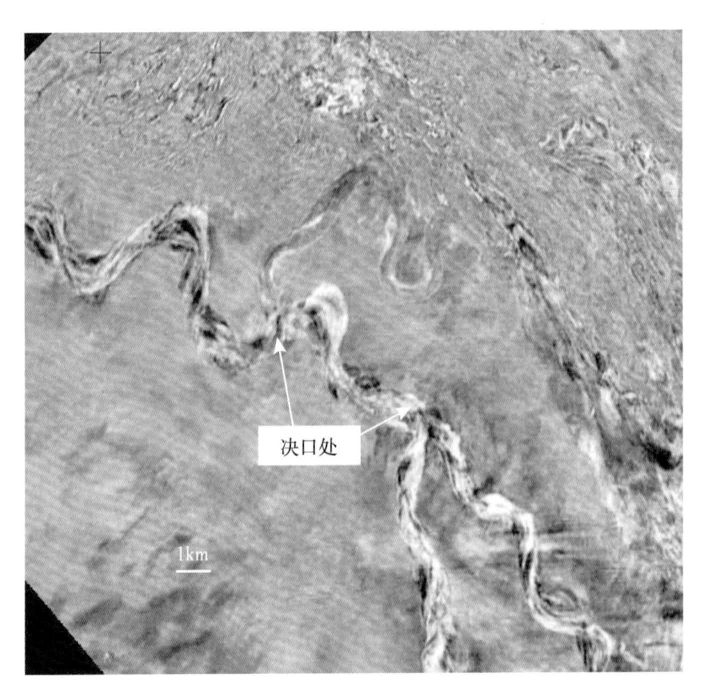

图 2-9 发生两次决口事件（墨西哥湾）的水道—天然堤复合体（据 Posamentier 等，2019）

趋势，最终，当决口更频繁发生的时候，区域 2 的主干水道就会让位于区域 3 的末端扇，这个位置被称为转换点（图 2-4）。

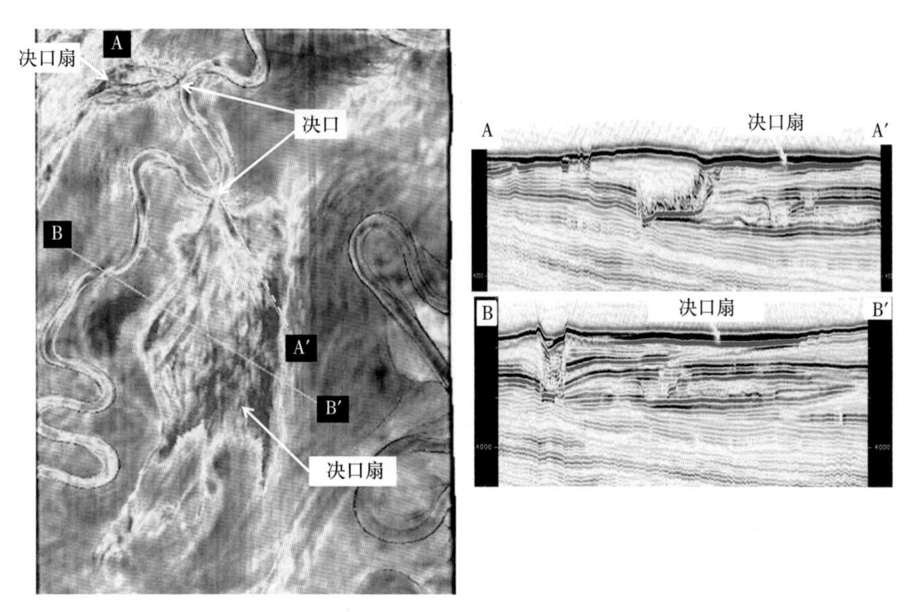

图 2-10　蛇曲水道与决口扇复合体（据 Posamentier 等，2019）

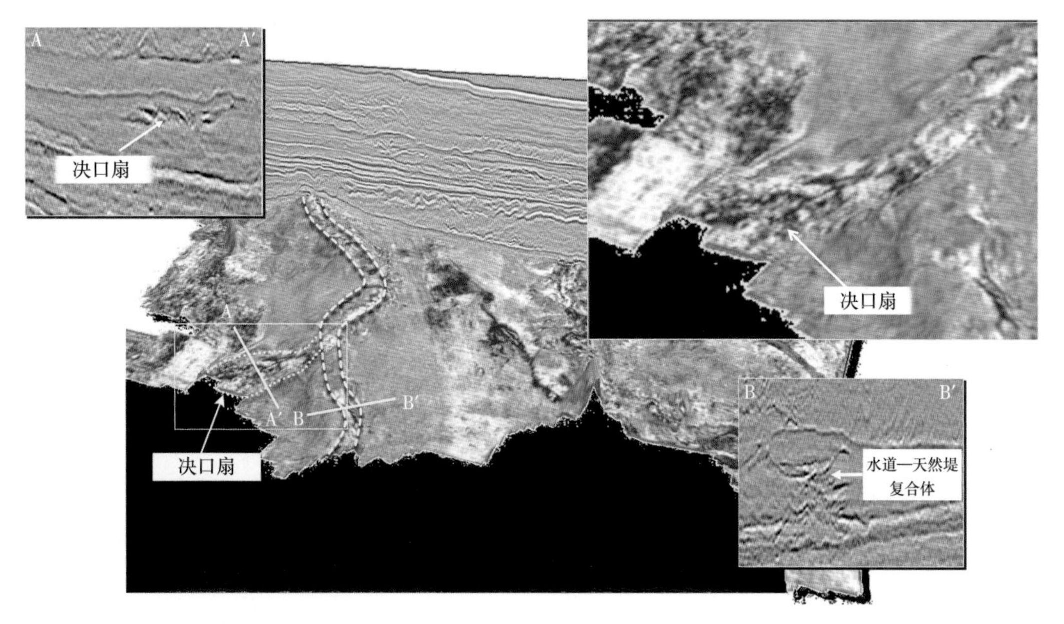

图 2-11　决口扇与水道—天然堤复合体（据 Posamentier 等，2019）

浊流内部的流线变化很大，在水道下部为蛇曲状；至可以溢岸的高度，向水道的两侧发散；再至流体最上层，则呈完全不受约束的状态直接向斜坡下方流动（图 2-13）。图 2-14 是一个水道—天然堤系统的例子，水道呈中等弯曲度，相关的天然堤边界则是平直的，与图 2-13 展示的曲流水道（第 1 层）的特征相似。天然堤的远端侧缘平直，平行于沉积斜

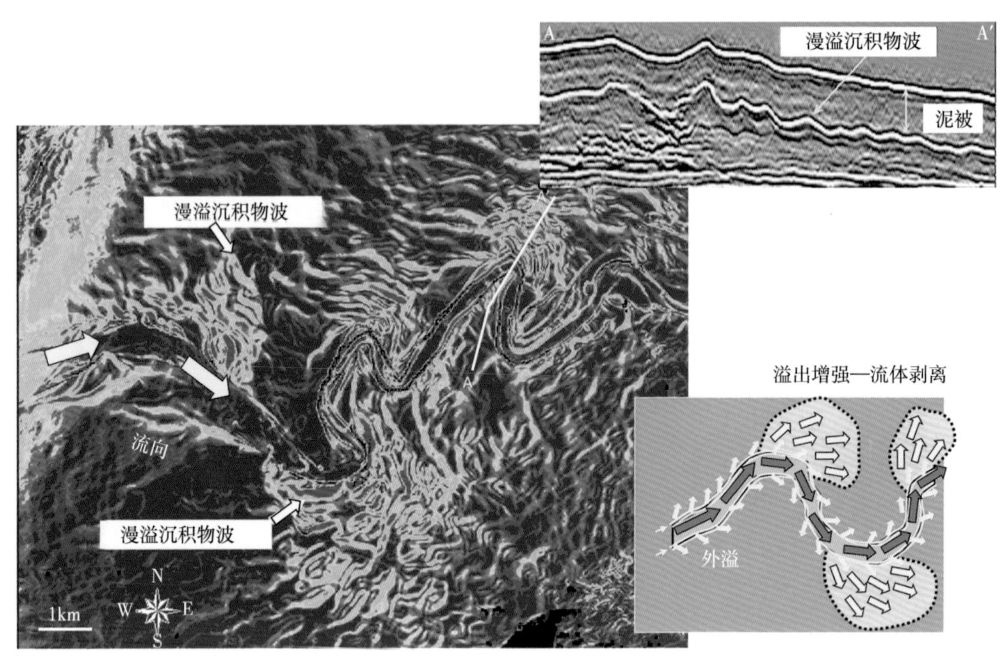

图 2-12　沉积物波与流体剥离（漫溢）过程有关（据 Piper 和 Normark，1983）

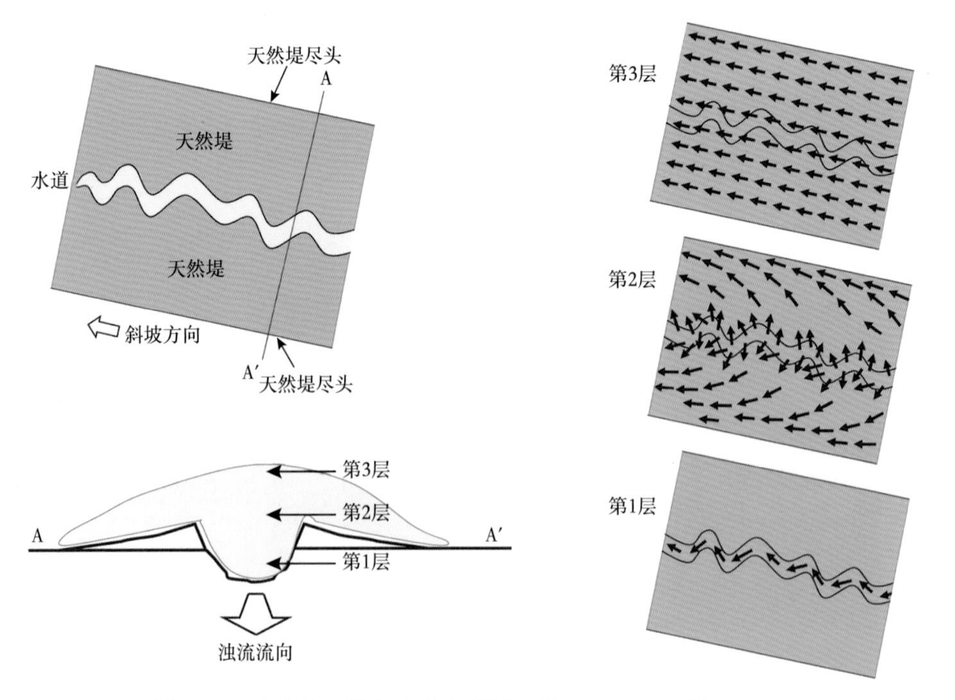

图 2-13　与浊流相关的流线示意图（据 Posamentier 等，2019）

在流体的底部或附近，流线平行于水道轴线，即第 1 层。在流体的中部，在与天然堤顶部的近似水平面上，流线偏离沟道，与沉积作用的倾向一致，即第 2 层。在流体顶部，底部沟道的存在对流体的流向影响很小甚至没有影响；流线沿斜坡的下倾方向，即第 3 层。正是因为流线是沿区域斜坡下倾方向的，所以发生沉积作用的侧向沉积边界呈线形坡，其顺直程度与图 2-13 中描述为第 3 层的坡向流体的方向直接相关。在第 2 层，即天然堤的顶部位置，流体向岸外溢出，当流至水道凹岸处溢岸作用加强，流体发生剥离。远离水道的流体其流线向下游将逐渐变得弯曲，最终与沉积斜坡平行。显然，流体在底部（第 1 层）和上部（第 2 层）流动方向的变化意味着流体的拆离。

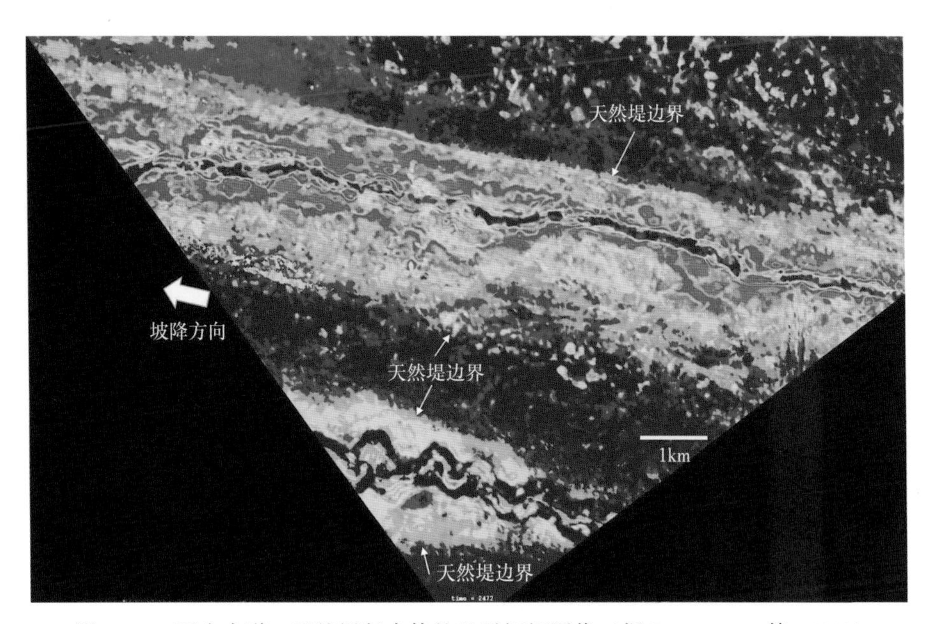

图 2-14　两个水道—天然堤复合体的地震振幅图像（据 Posamentier 等，2019）

注意与漫溢沉积有关的天然堤的线形边缘

位于区域 2 主干水道（或供给水道）中的水道单元（单期水道），其分布模式从几乎为线性到高弯曲度都存在（图 2-15、图 2-16），而且都可以是富砂的。水道复合体中的富砂程度可以通过地震剖面中同相轴的上拱程度来预测，这种上拱与差异压实作用有关。高弯曲度的水道单元可以有序排列，也可以无序排列（McHargue 等，2011）。图 2-16 展示

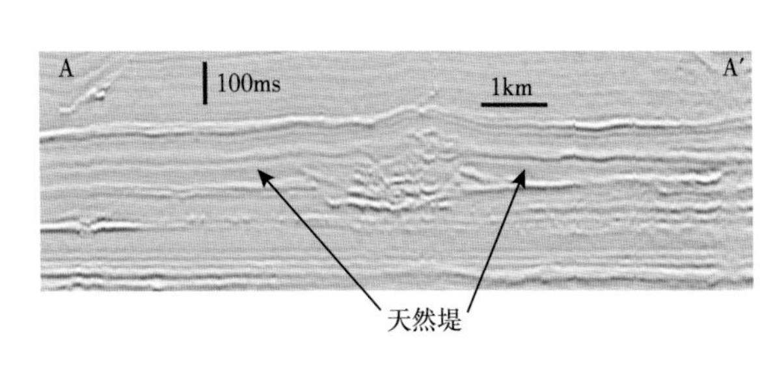

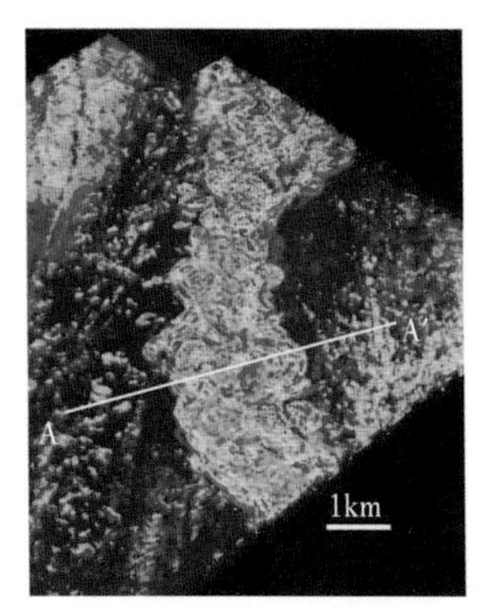

图 2-15　无序状态的水道—天然堤复合体（据 Posamentier 等，2019）

主水道内呈现的高弯曲度的地震强振幅反射可能反映富砂沉积，与地震剖面上水道复合体呈现上拱特征相一致。这种上拱很可能与差异压实作用有关，因为砂质的水道沉积比泥质的天然堤沉积经历的成岩压实幅度要小

了一系列水道单元，是以渐进式横向迁移而形成的有序排列样式；而图 2-17 和图 2-18 则显示了以横向和垂直迁移为特征的一系列水道单元。在平面上，表现为水道的横向摆动（S_{wing}）和向下游的扫动（S_{weep}）（图 2-19）。摆动是指水道蛇曲（meandering loop）的横向扩展，而扫动指蛇曲向下游方向的迁移。

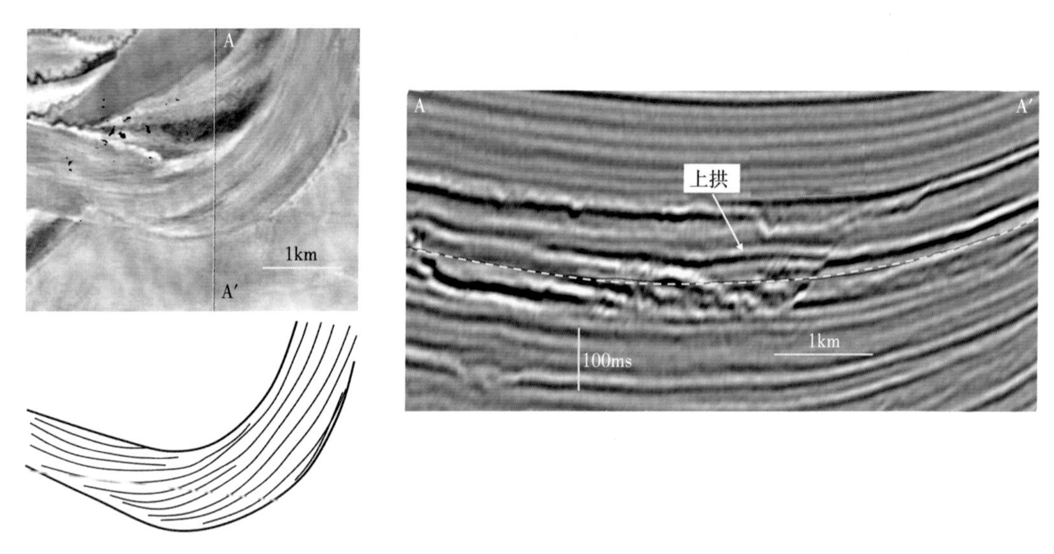

图 2-16　与砂质有关的地震剖面上观察到的上拱现象和水道充填物（据 Posamentier 等，2019）

主水道内的砂质水道单元（单期水道）具有许多连续或不连续的平行反射特征

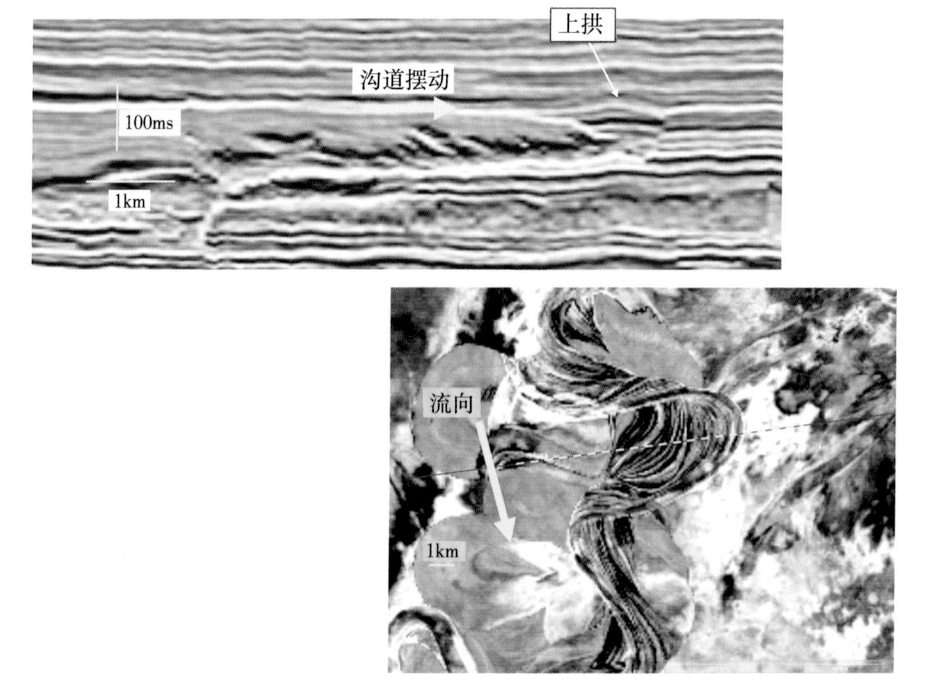

图 2-17　在剖面图和平面图中观察到有序的沟道摆动和扫动（据 Posamentier 等，2019）

最后一期水道与差异压实相关的上拱现象，表明其为砂质沉积

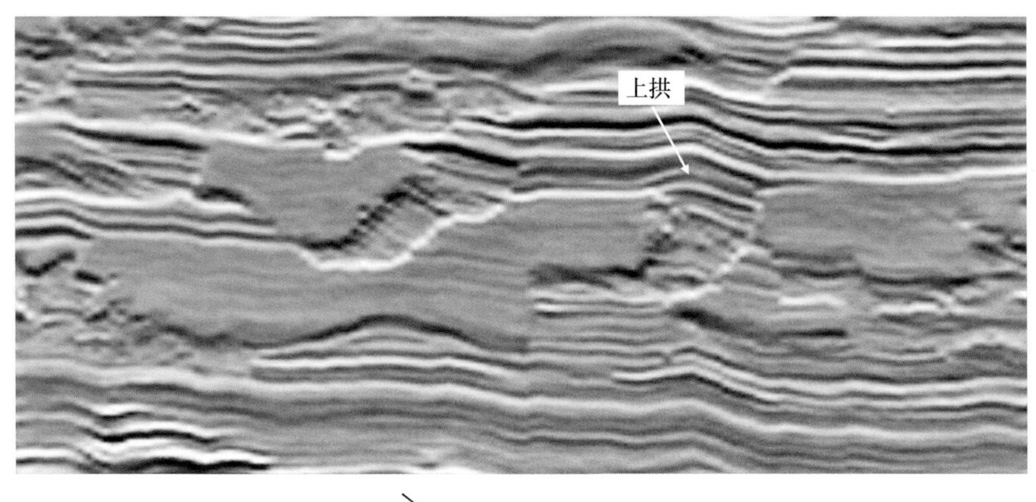

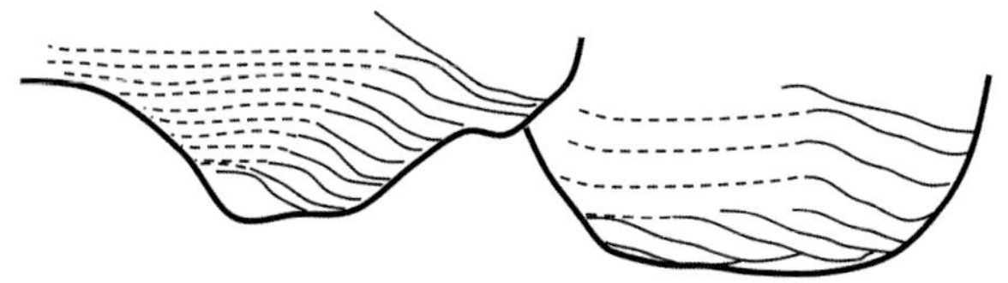

图 2-18　有序水道复合体的横截面（据 Posamentier 等，2019）

最后一期水道填充呈现与差异压实相关的上拱现象，表明为富砂沉积

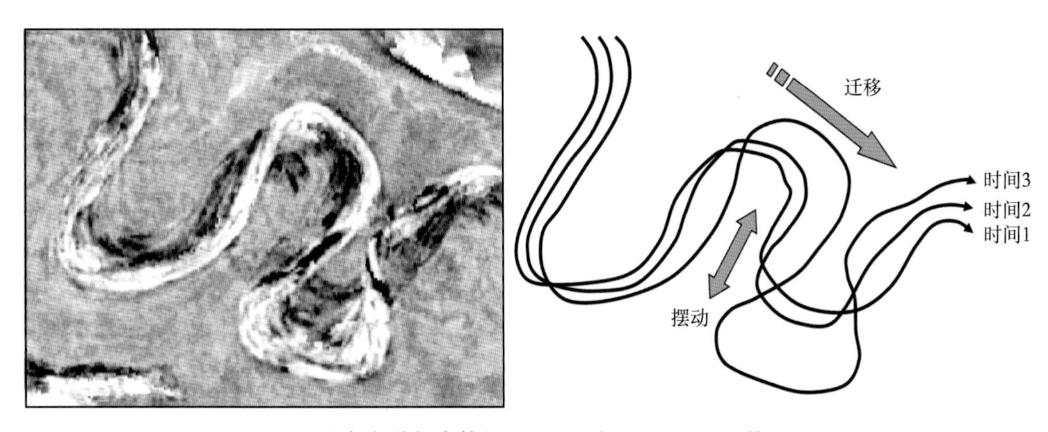

图 2-19　有序水道复合体的平面图（据 Posamentier 等，2019）

注意从时间 1 到时间 3 的水道摆动和扫动

有序分布的水道序列，产生于浊流侵蚀事件连续发生但水道充填却不充分的情况下。也就是说，在一次浊流事件结束时，水道未被完全填满，从而留下可供下一次浊流重新利用的沟道空间。下一次浊流到达时对先期浊流沉积进行冲刷侵蚀，尤其是先期水道轴线位置的沉积优先被侵蚀，但偏离水道轴线及水道边缘相带则得以滞留（图 2-20a）。有序的水道序列在地震剖面上通常以上凹为特征（图 2-21）（Jobe 等，2016）。这可能是深水浊流事件流体能量系统性的逐渐减少所致。

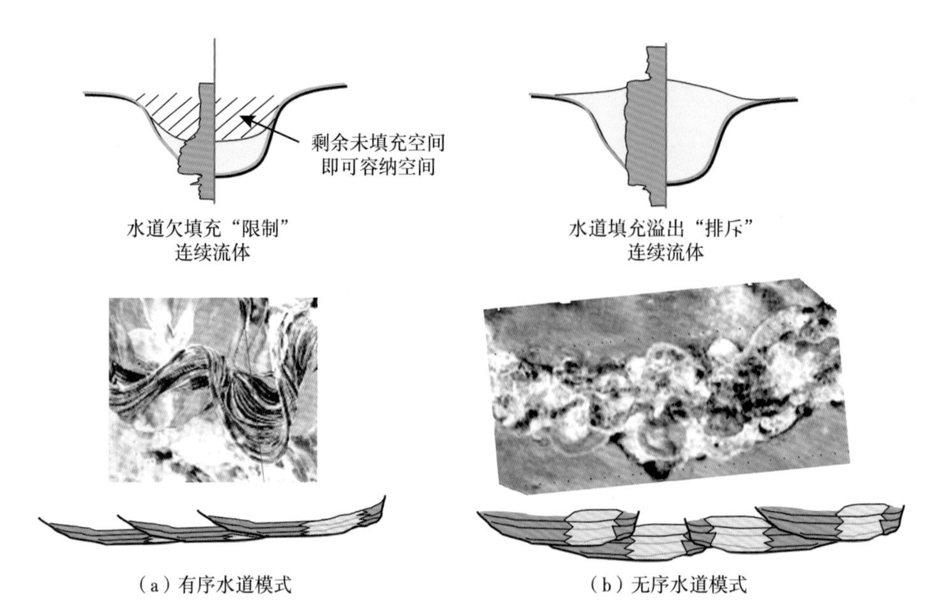

（a）有序水道模式　　（b）无序水道模式

图 2-20　有序和无序水道复合体的地层学、地貌学和测井响应特征对比（据 Posamentier 等，2019）

对于有序水道单元序列，流体遵循相似的路径，剖面上以规律性迁移叠加为特征，而平面上则呈现摆动和扫动特征。水道单元的逐渐废弃导致测井响应表现为底部突变、向上逐渐变细（钟形）的特征。对于无序的水道序列，后续的流体被底层水道填充形成的上拱所影响，从而形成随机迁移堆叠样式。此时，完全被砂质填充的水道形成顶、底都突变的（箱状）测井响应特征

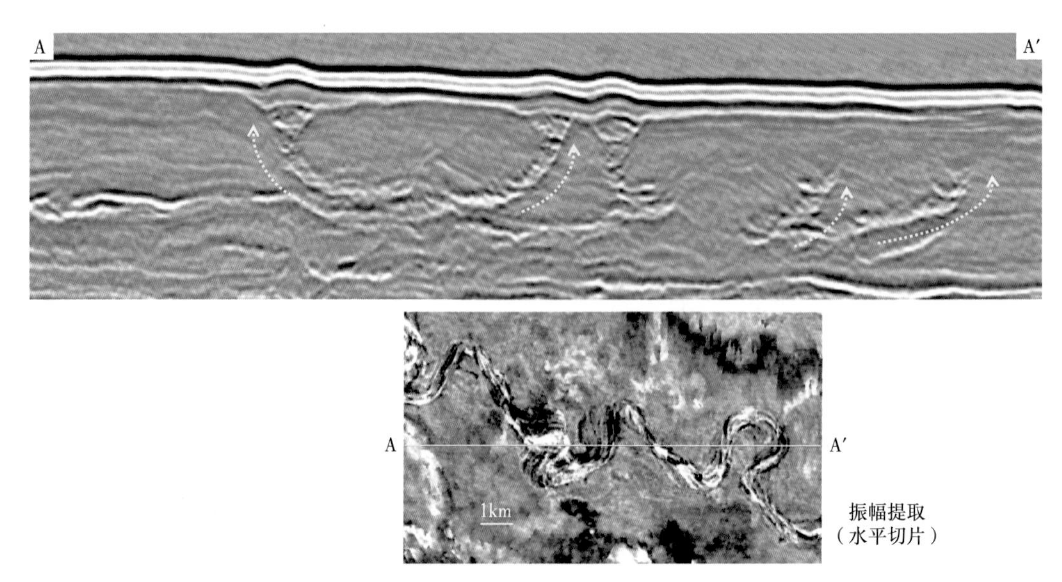

图 2-21　有序水道复合体的侧向摆动和向下游方向迁移（扫动）特征（据 Posamentier 等，2019）

地震剖面图显示水道轴部一般呈上凹特征，推测与流体能量逐渐减少有关，水道迁移路径由侧向到垂向逐渐变化

无序的水道序列，形成于连续的浊流事件中各自将其水道完全充填的情况下。当一次浊流事件结束时，随后的浊流往往不会立即出现在原来的浊流路径中。这种趋势因差异压实作用而加剧，呈现凸起形态的河槽充填地貌迫使后续流体沿不同通道流动（图 2-20b）。近期对浊流水道新近沉积充填的研究表明，在沉积后不久（<1 万年），与周围泥岩脱水有关的压实作用会导致沉积顶面原本在同一个水平面的砂岩、泥岩发生变化，泥岩产生上凹，而砂岩由于差异压实而形成上拱（Posamentier，2003）。通常，由于充足的沉积填充及水道突然废弃，与无序水道模式相关的水道填充具有顶部突变的特征，这与有序的水道序列中向上变细的充填模式明显不同（图 2-20a）。

从勘探的角度来看，通常这种无序的水道模式效果最好，因为与有序水道模式中轴部沉积被连续侵蚀相比，其水道轴部的沉积通常会得到更好的保存。在任何情况下，水道底部的侵蚀冲刷，会导致这些在成因上紧密联系的水道复合体具有良好的流体交换能力。

对有序水道模式中水道迁移方向的判识，可以帮助判别流体的流动方向。大多数情况下，在水道弯曲处偏下游的位置遭受更强的侵蚀作用，因而曲流水道的曲流环通常向下游方向迁移。如果不知道流向，这一方法可以提供有用的信息。图 2-22 展示的是黑海中新世一个有序水道的例子。请注意，曲流环逐渐向南移动，指示向南的浊流流向。

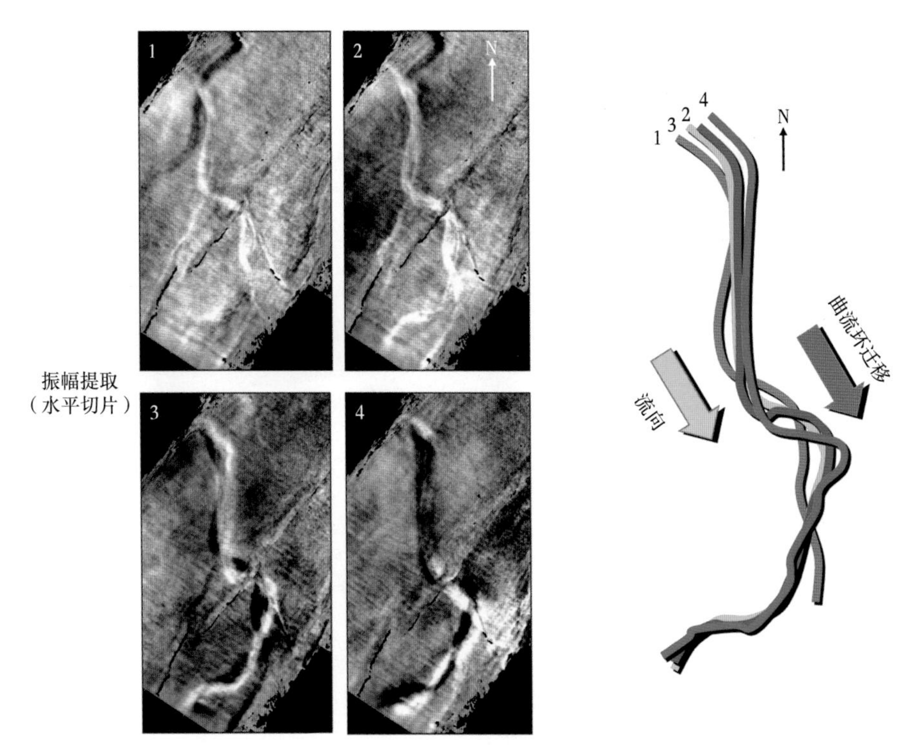

图 2-22　揭示水道迁移特征的中新世水道流线演化图（据 Posamentier 等，2019）

迁移方向揭示向南的流体流动方向

溢岸沉积物波与流体剥离相伴生（Piper 和 Normark，1983），最常出现于具天然堤水道的外侧（凹岸）（图 2-12）。当流体经过水道弯曲处时，其下部被限制于沟道内，因而是受限的；然而，流体的上部可以高于天然堤，可以继续沿直线流向岸后低洼处。当溢岸流越过天然堤，可以形成如图 2-12 所示的发育在水道外侧附近的沉积物波。水道外侧由于更强的沉积作用，会具有更大的天然堤厚度（图 2-8）。

以上情况下，浊流下部的流线与水道路径一致（图 2-13 中的第 1 层），流体顶部的流线高于天然堤顶部，因而不受水道路径的限制，直接沿沉积斜波向下游流动（图 2-13 中的第 3 层），这就产生了两侧边缘呈现线形特征的浊流沉积体系（图 2-13、图 2-14）。浊流的中部单元（图 2-13 中的第 2 层）携带的沉积物在天然堤顶部或顶部附近分布，正是这些沉积物可在堤岸决口形成决口扇时沉积下来，决口扇可能不会触及浊流最下部的最粗沉积物。如果砂质可以持续搬运至第 2 层，这些溢出的沉积物可以富砂；相反，沉积物波主要是受第 3 层（图 2-13）中的流体影响，其中大部分是富泥的流体，因此更容易形成富泥沉积。

区域 2 的长度变化幅度很大，从几千米（图 2-23、图 2-24）至数百千米（图 2-25）（Curray 等，2002；Prather 等，2012）不等。通常，在坡降幅度非常有限的小系统，比如陆内盆地坡降落差不到几百米的情况下，区域 2 的长度可能只有几千米；而在较大的系统中，如坡降幅度达数千米的被动大陆边缘，区域 2 通常超过数百千米（Nelson 等，2000；Babonneau 等，2002）。区域 2 的长度是坡降、坡度、流体流量、流体速度和流体密度的函数。以上任何因素越大，水道—天然堤系统到达转换点（区域 3）之前的延伸距离越远。

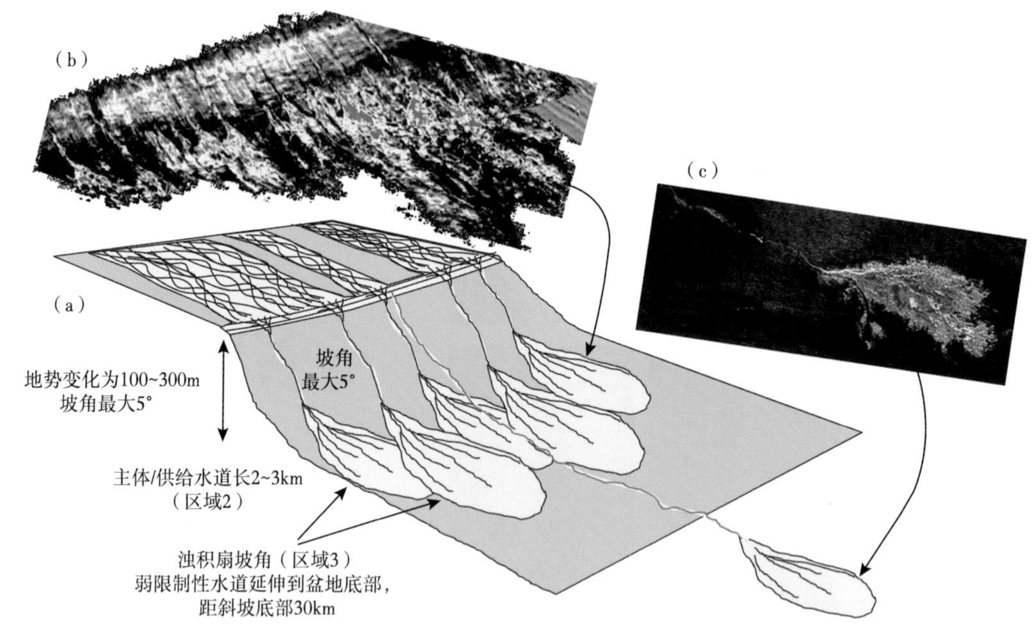

图 2-23 低坡降陆架—盆地平原及相关的深水浊积系统（据 Posamentier 等，2019）

可见两个端元系统：（a）与多个输入点和较短的区域 2 供给水道相关的斜坡浊积扇；（b）从进积序列内提取的一个前积反射的振幅属性图，显示区域 3 相互叠置的斜坡浊积扇；（c）由长的区域 2 供给水道供源的盆地浊积扇

在多个水道复合体同时发育的情况下，根据水道延伸方向变化范围可以大致判断水道所处的古地貌位置。如果水道延伸方向变化范围较小，反映坡度较大的古斜坡（图 2-26a）；如果水道延伸方向变化范围较大，反映古地理背景是坡度极低的盆地平原（图 2-26b、c）。

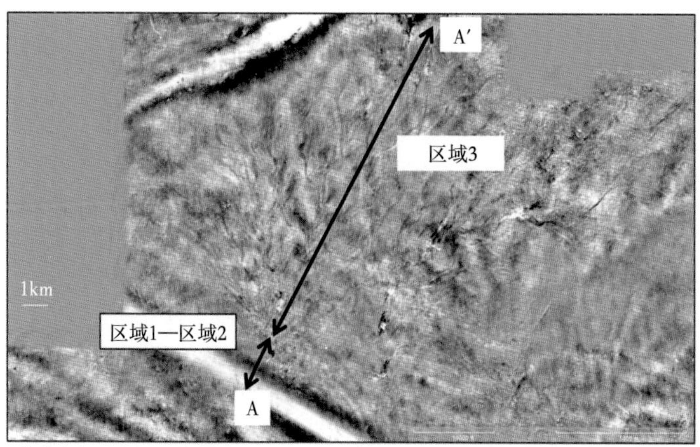

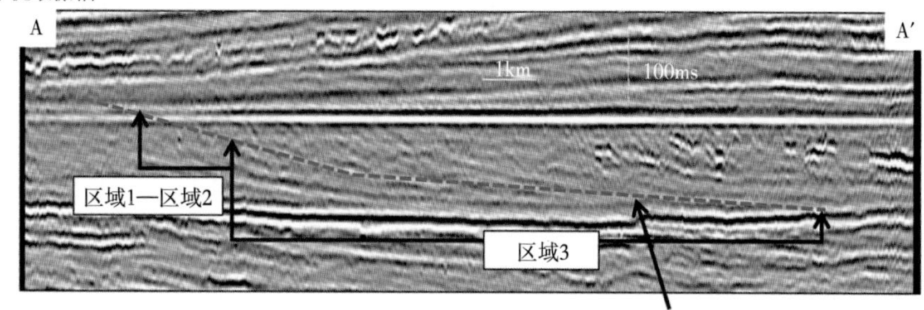

图 2-24　低坡降陆架—盆地平原及相关的富砂深水浊流沉积体系（据 Posamentier 等，2019）

该系统中区域 3 占主导地位，区域 1—区域 2 只占很小一部分，从区域 2 到区域 3 的过渡点距离陆架边缘仅 2km

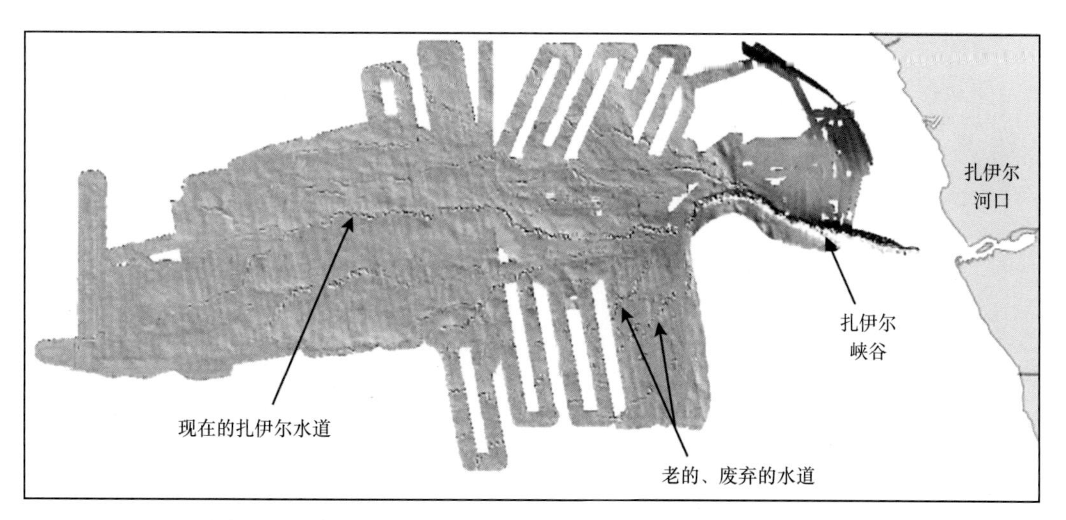

图 2-25　大型浊积系统（扎伊尔浊积扇）（据 Curray 等，2002）

位于从陆架到盆地坡降幅度很大的大陆边缘，以很长的区域 2 为特征，长约 2800km

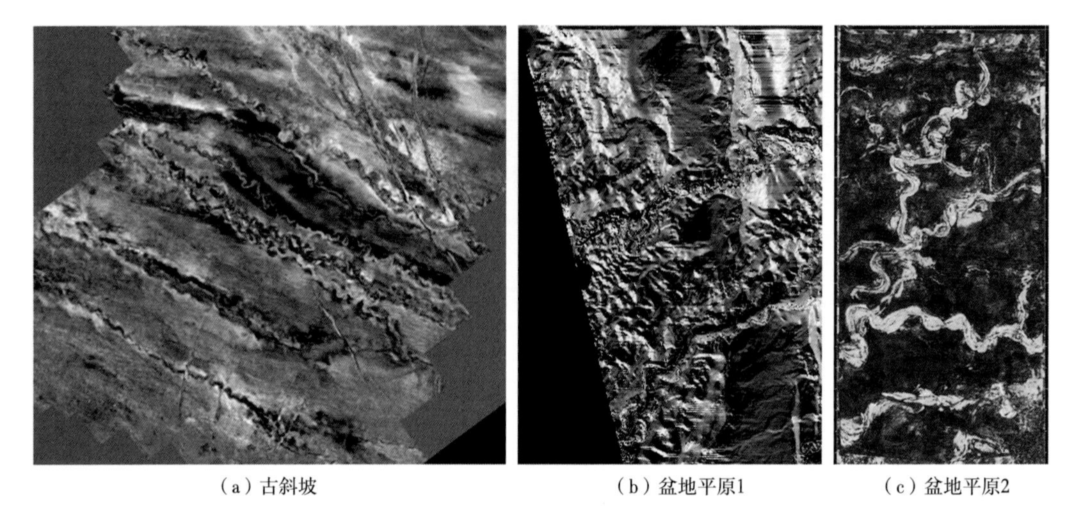

（a）古斜坡　（b）盆地平原1　（c）盆地平原2

图 2-26　斜坡和盆地背景中的天然堤—水道复合体（据 Posamentier 等，2019）
斜坡背景下水道复合体的水道方向变化范围小。相比之下，盆地平原坡降很小，水道方向变化范围大

三、水道—朵叶体转换带及朵叶体沉积（区域 3）

当区域 2 的天然堤水道系统过渡到一个相对不受限制的、宽阔的水道网络系统时，就到达了区域 3。这些受限程度弱的水道，沿海底发散开来，并受海底地形起伏控制。在没有海底起伏的情况下，其形状为扇形；然而，在有起伏的地方，这些水道优先沿低洼地形分布，水道覆盖范围与海底地形相对应。从地貌学角度分析，这些地区的沉积被称为末端扇或前缘分散体系（图 2-27 至图 2-31）。末端扇的顶点具有过渡性质，称之为转换点，

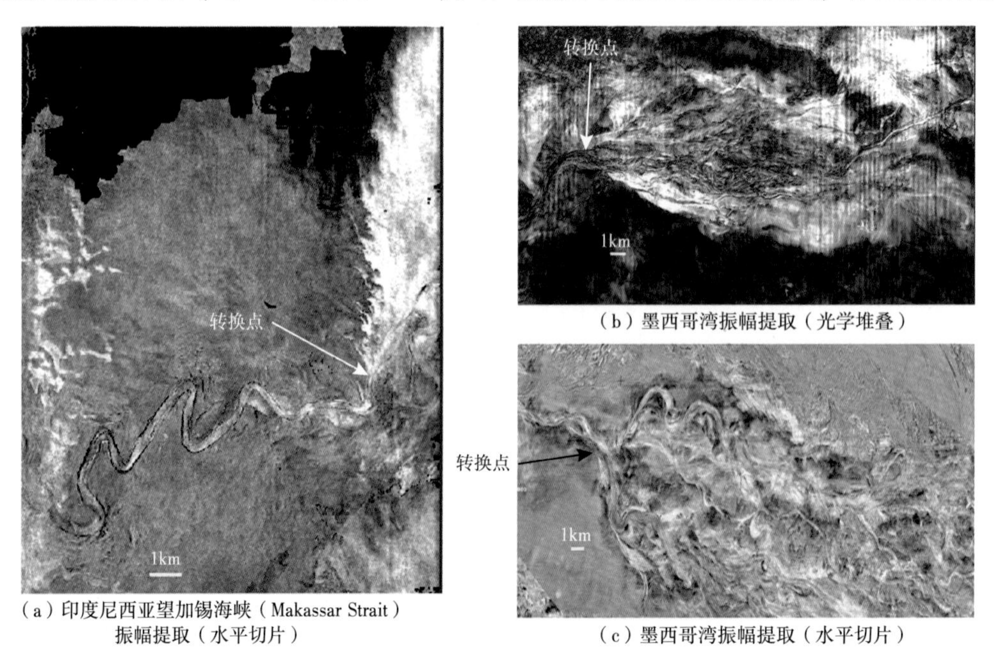

（a）印度尼西亚望加锡海峡（Makassar Strait）振幅提取（水平切片）　（b）墨西哥湾振幅提取（光学堆叠）　（c）墨西哥湾振幅提取（水平切片）

图 2-27　区域 3 的末端扇（前缘分散体系）（据 Posamentier 等，2019）
这些海底扇均以分流水道大量发育为特征

它出现在天然堤或下切侵蚀（区域 2 的典型特征）高度已经无法有效限制流体的地方(图 2-8)。在区域 3，正是由于限制性很弱，水道出现频繁决口，导致在开阔区域内弱受限水道的广泛发育（图 2-32）。区域 3 末端扇上的水道其弯曲程度显著低于区域 2 干流/供给水道，图 2-30 展示了这种差异。由此推测，末端扇上水道的频繁决口及分流水道的大量发育，说明天然堤发育程度很弱，因而流体的受限制程度也很弱。此外，由于受限程度很弱，进一步推测区域 3 中的溢岸沉积将比区域 2 中的溢岸沉积更加富砂。因此，区域 3 的末端扇无论是水道内部还是溢岸沉积都以砂质沉积为主。

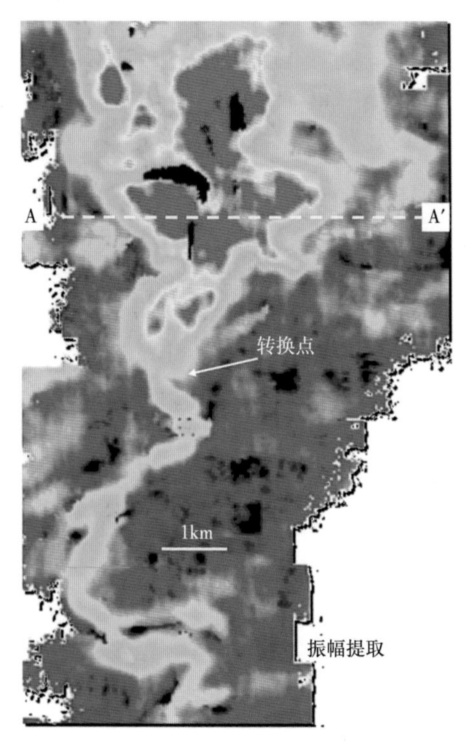

图 2-28　阿拉斯加北坡斜坡底部附近的深水浊流沉积系统（据 Posamentier 等，2019）
尽管此处不能直接观察到分流水道，但仍然推测分流水道是大量发育的

从地震剖面上看，末端扇表现为强振幅反射，这些反射向边部逐渐会聚，形成一个非常平缓的丘形。末端扇这种变薄或者表现为收敛的地震反射特征（图 2-33、图 2-34），或者为对盆内地形低洼处的上超（图 2-35）。至于末端扇的平面形态，则取决于海底地形。具体来讲，其形态受海底微小地形低点的控制。

在地震分辨率不理想的情况下，末端扇的地震反射以振幅增强为特征，在平面图中看不到明显的水道（图 2-36）。这些强振幅属性与沉积期古地形相一致，并可能与相应的供给/干流水道复合体相连接。地震解释人员可以在这种扇体内部推测水道的存在。

图 2-37 示意性地说明了区域 2 的一个供给水道复合体向区域 3 复杂沉积体过渡的情况，在区域 3 末端扇的顶点附近可以观察到多个决口水道。随着向下游方向距离的增大，这些决口水道逐渐扩散开来。剖面 V—V′和剖面 W—W′显示，在供给/主干水道向深海平原末端扇演替过程中，强烈叠置的水道复合体即让位于叠置程度较小的、在末端扇上分散

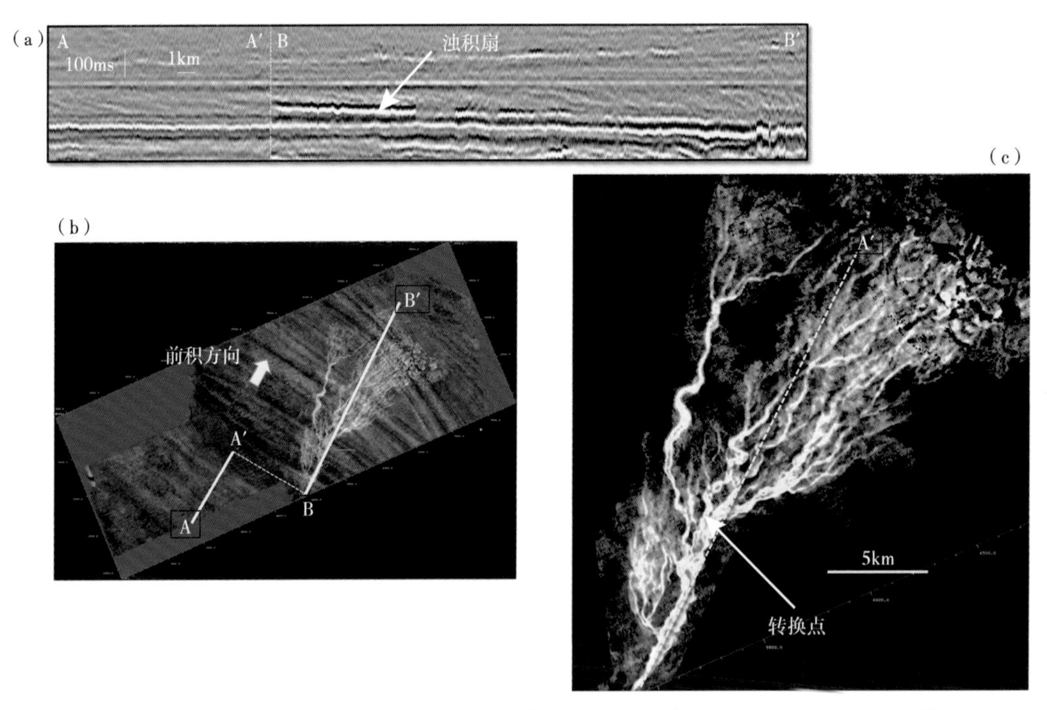

图 2-29　低坡降斜坡至盆地背景的深水浊流沉积体系（挪威巴伦支海）（据 Posamentier 等，2019）

这里的天然堤—水道系统与一个幅度不大的陆架边缘有关；（a）顺着进积方向的地震剖面，从顶部到底部的坡降大约 200m，前积体底部附近的强振幅反射与深水浊流沉积有关；（b）位于前积体顶部正下方提取的地层切片指示了前积方向。切片做了部分透明显示，便于清晰地揭示浊积系统；（c）从（a）中所示的进积序列的底部附近强振幅反射部分提取的振幅属性。注意决口扇恰好位于区域 2 和区域 3 之间的转换点的靠物源方向一侧。在区域 3 内，水道分叉并逐渐变小

水平切片—振幅提取

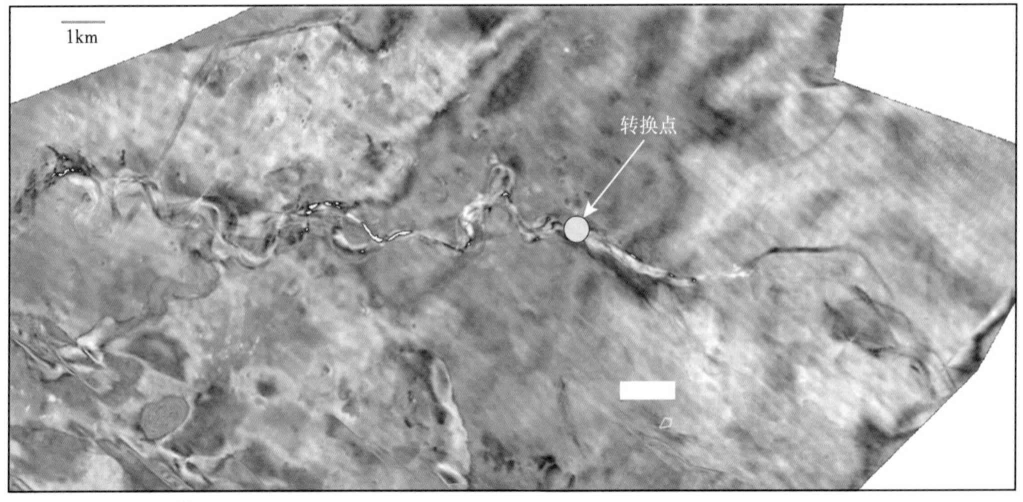

图 2-30　新西兰塔拉纳基盆地位于盆地平原上的深水浊流体系（据 Posamentier 等，2019）

可以观察到区域 2 中等—高弯曲度的水道复合体向区域 3 末端扇上的低弯度分流水道复合体过渡的情形

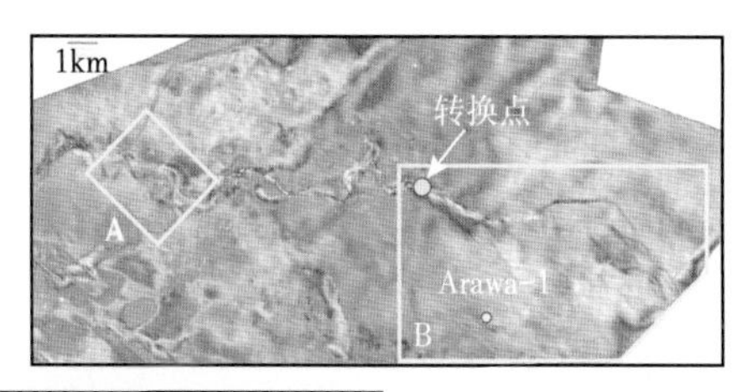

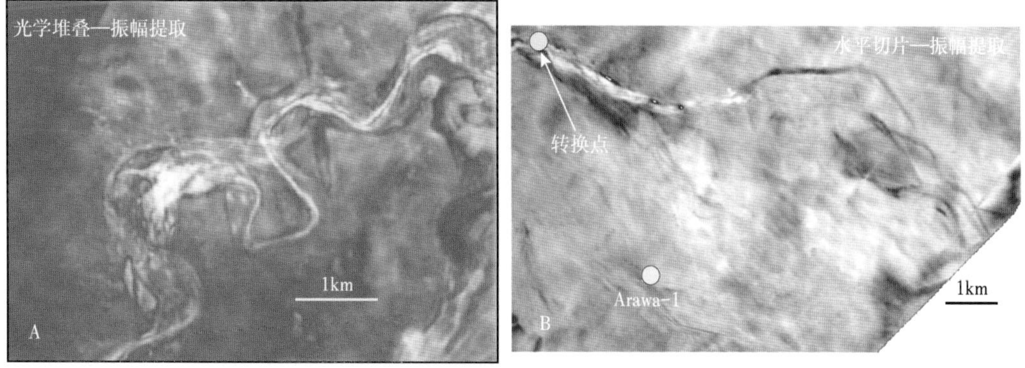

图 2-31　对图 2-30 所示深水浊积体系的局部放大图（据 Posamentier 等，2019）

突出显示了区域 2 有序水道复合体和区域 3 末端扇上相对低弯曲度的水道

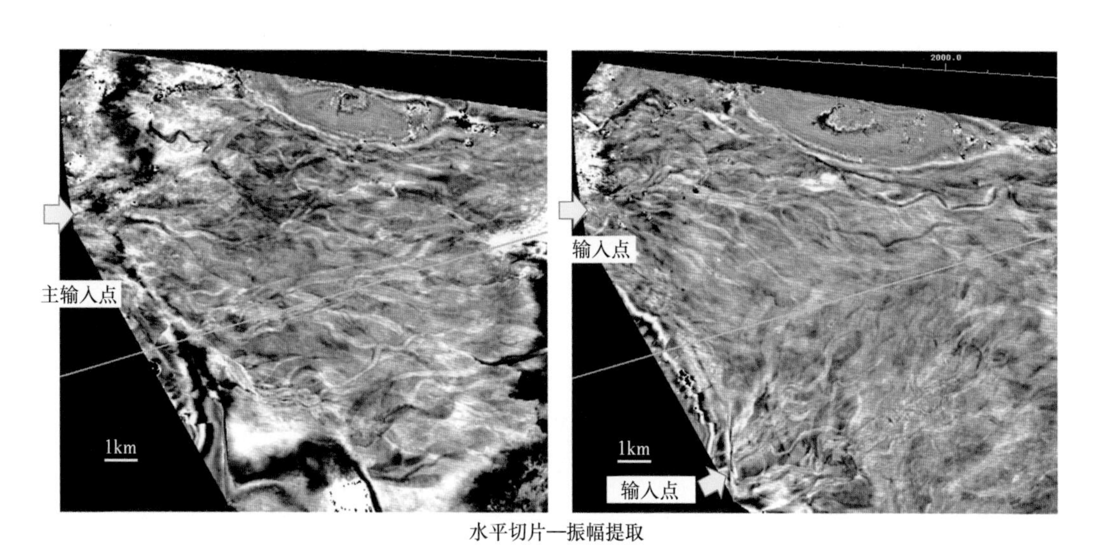

图 2-32　区域 3 末端扇上的无序水道复合体（墨西哥湾）（据 Posamentier 等，2019）

注意水道的分叉现象以及相对低的弯曲度

开来的水道复合体（图 2-37 中的剖面 X—X′）。随着末端扇由近至远，水道的限制程度逐渐减弱，流速逐渐减小。相应的，水道的规模也逐渐减小。与此同时，携带大量砂质的漫溢沉积在水道外围持续发育。随着水道规模的减小和持续的砂质漫溢沉积，水道的地貌形态逐渐向席状过渡，并最终形成末端扇的远端。这种过渡性地貌可以被描述为水道化席状体，因为在这里水道几乎难以辨认且不是真正的席状。水道化席状体的特征是底部仍然具

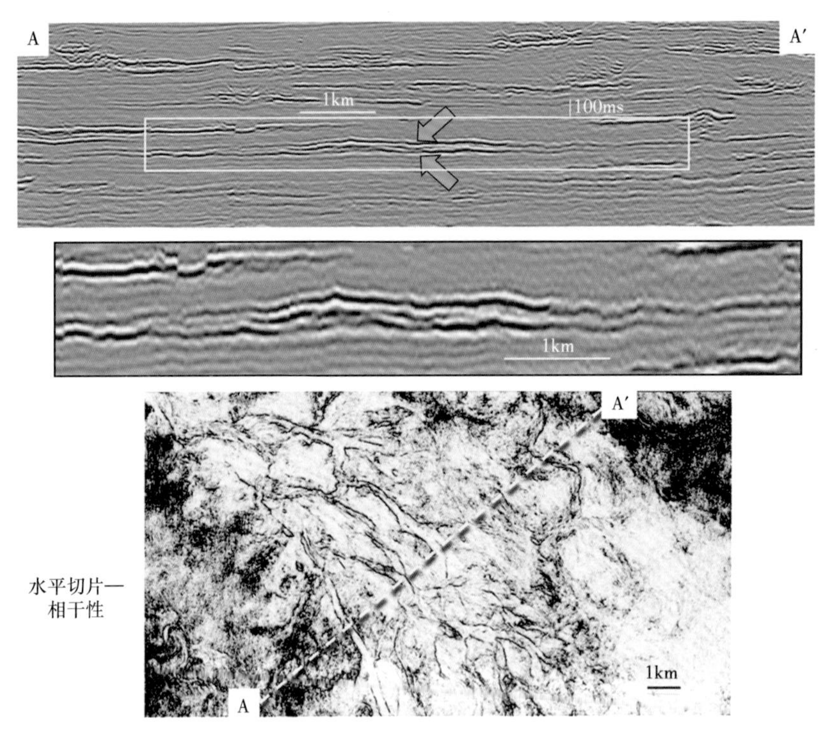

图 2-33　末端扇的地震剖面与地层切片（据 Posamentier 等，2019）

深水浊流沉积体系末端扇在剖面上表现为向两侧逐渐变薄的丘状，平面图以分流水道发育为特色。剖面图为地震振幅反射，平面图是相干体的地层切片

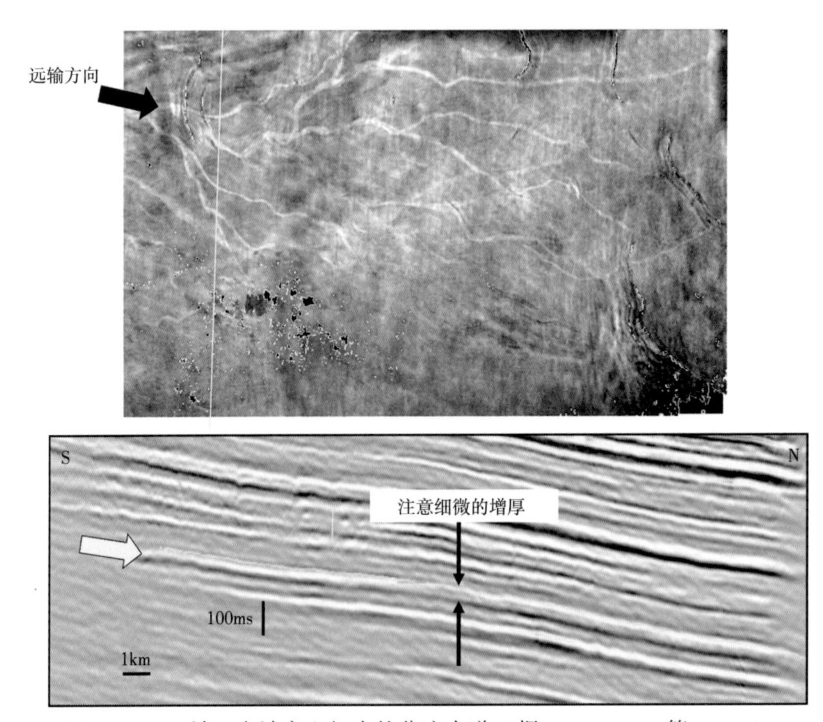

图 2-34　区域 3 末端扇上细小的分流水道（据 Posamentier 等，2019）

剖面图表现为非常细微的侧向减薄特征

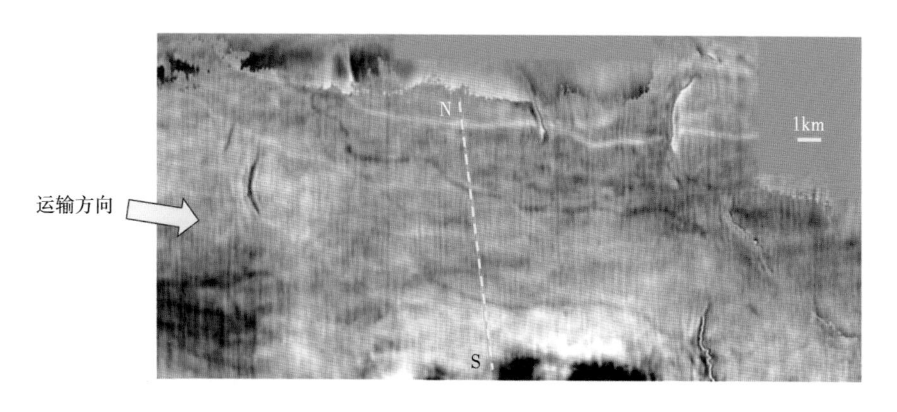

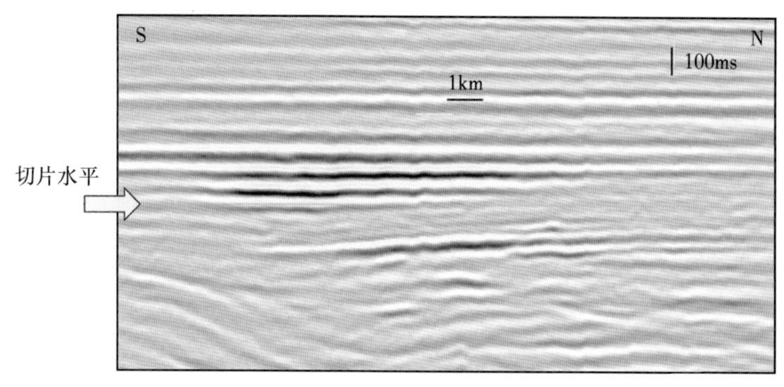

图 2-35　与区域 3 末端扇相关的多个低弯度水道（据 Posamentier 等，2019）

成群的水道聚集于明显的古地貌低洼处

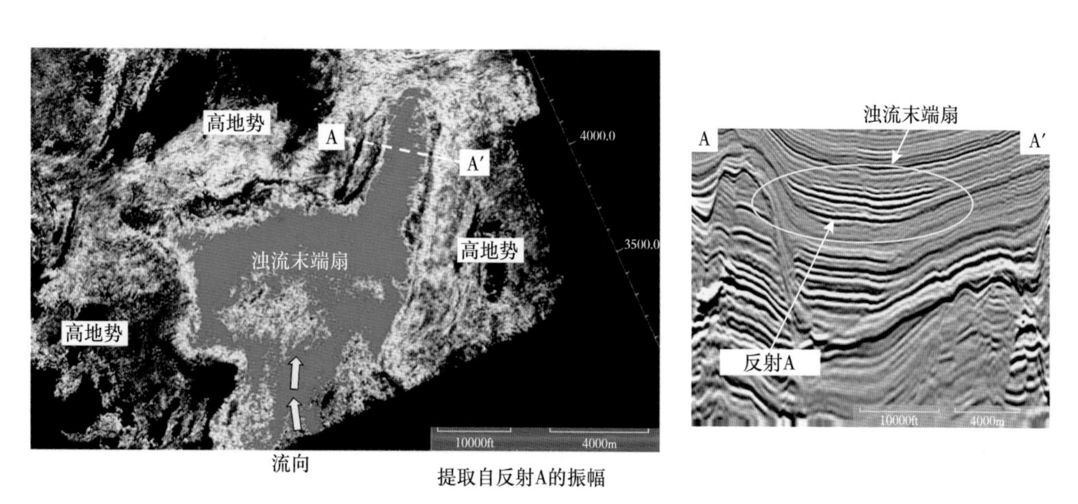

图 2-36　发育在局部明显起伏的盆地底部的区域 3 深水末端扇（据 Posamentier 等，2019）

末端扇在盒子状峡谷的末端突然终止，在剖面上该末端扇表现为侧向上超的强振幅地震反射

有一定侵蚀能力，但席状体完全不会对下伏基底产生任何侵蚀作用。此外，随着扇端流体流速的降低，湍流特征会减弱，并可能转变为厘米级尺度的层流，从而产生混合层和碎屑流沉积。因此，从孔隙度和渗透率的角度来看，这些远端沉积物的储层质量一般较差

（Posamentier 等，2019）。

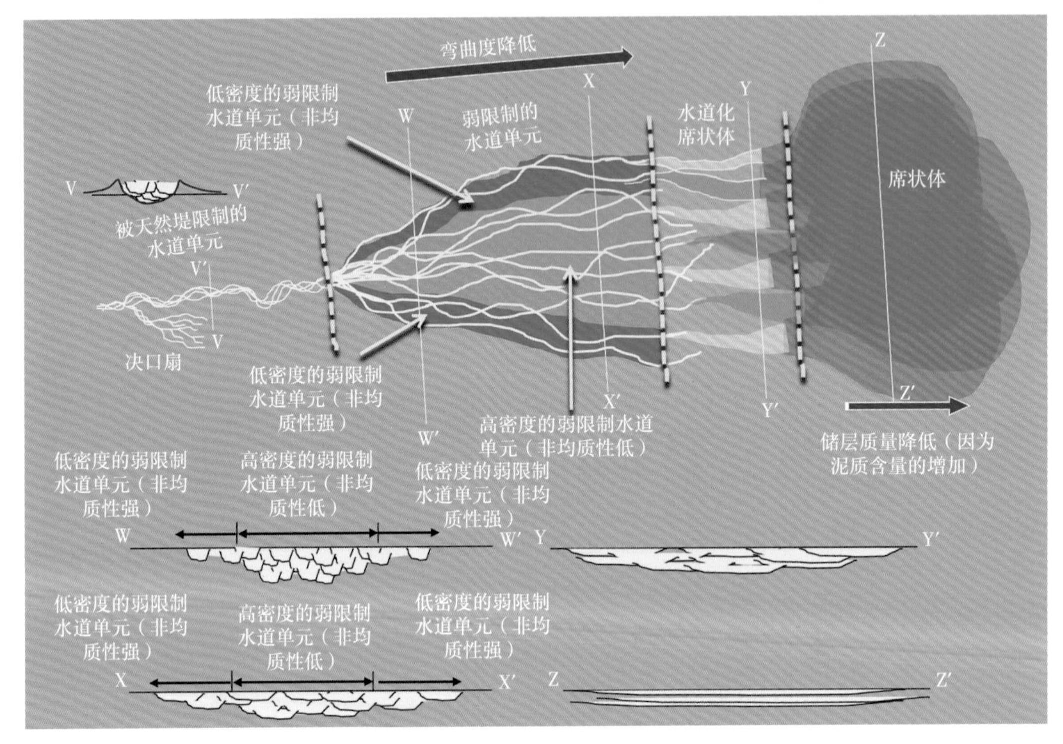

图 2-37　区域 2 远端—区域 3 地貌（平面）和地层（剖面）示意图（据 Posamentier 等，2019）

区域 3 的水道分叉、规模及侵蚀性逐渐变小。这些水道最终在区域 3 的远端演变为席状砂

如图 2-29 的末端扇所示，向远端方向水道分叉且规模减小。最终，它们变得很小，以至于无法被地震探测到。这种从扇顶到扇缘、大水道向小水道的逐渐变化，与沉积物重力流的沿途减速有关。在某一点上，水流将足够缓慢，因此很少或根本不发生侵蚀，此时流体将展开并形成席状沉积物。由水道向席状体的过渡阶段很可能存在小沟道，但沉积几乎呈席状，呈现出的过渡相特征，称之为沟道化的席状体。

第三节　浊流沉积体系与油气关系

深水浊流沉积体系是深水油气成藏的物质基础，一方面浊流沉积体系可以将大量的细粒沉积物及其伴生的有机质搬运到深水盆地，这些有机质与悬浮沉降成因的有机质共同构成了油气生成的物质基础（Galy 等，2007）。另一方面，浊流沉积体系将大量的相对粗粒沉积物搬运到深水盆地，这些粗粒沉积物孔隙发育，并且与优质的深水烃源岩紧邻，在埋藏演化过程中是油气大量聚集的有利场所。因而，深水浊流沉积体系与油气关系密切，成为了 21 世纪油气勘探大发现的主要场所（张功成等，2019）。

一、油气生成的物质基础

深水环境中存在快速沿斜坡向下的搬运过程，可以向半深海、深海环境提供大量的有机质并迅速埋藏形成富有机质沉积；浊流作为重要的沿斜坡向下的搬运过程之一，其形成的浊积岩相较于正常深水沉积有机质更加富集，部分浊积岩的 TOC 甚至可达 50%（Saller 等，2006）。现有资料表明（岳会雯等，2016），深水浊积岩有机质含量多变，其质量分数从 0.1%~50%不等，主要集中在 0.6%~3%之间（图 2-38），处于差—极好烃源岩之间，总体来看，浊积岩较正常深水环境更富有机质。

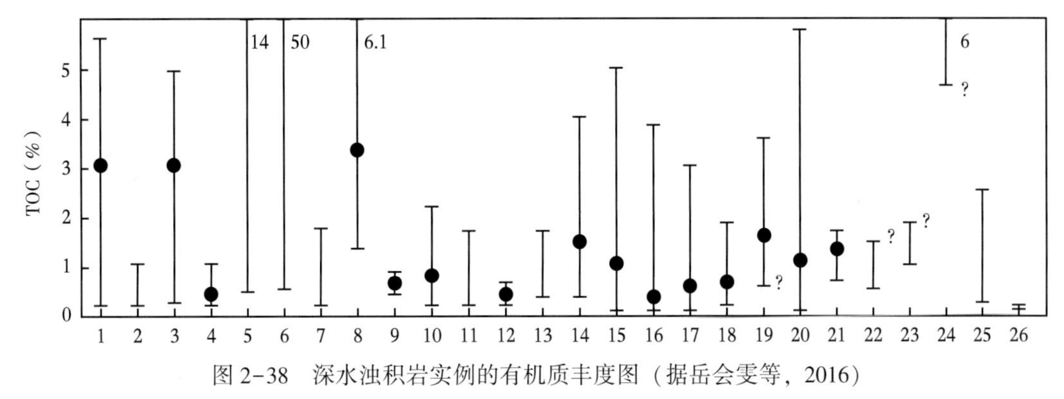

图 2-38　深水浊积岩实例的有机质丰度图（据岳会雯等，2016）

1—刚果深水浊积系统；2—亚马逊深水浊积系统；3—Makassar 海峡；4—智利三联点附近的深水浊积系统；5—Ogooué 深水浊积系统；6—深水库泰盆地；7—Timiris 峡谷；8—英国中部 Bowland 页岩组；9—卡拉布里亚的内弧俯冲体系；10—Ursa 盆地；11—Majalenka 次盆地；12—深海 Ainsa 盆地；13—日本北海道中部夕张地区；14—刚果盆地；15—Celebes 盆地；16—苏禄海；17—Iberia 深海平原；18—（Brazos-TrinityIV）BT 盆地；19—Guyamas 盆地；20—爱琴海东北；21—Madeira 深海平原；22—Nankai 海沟；23—比利牛斯山脉东南；24—黑海；25—巴布亚湾；26—满加尔凹陷

浊积岩有机质的富集主要受沉积速率、陆源有机质供给、浊积事件间隔时间长短等因素的综合控制。浊流沉积的沉积速率（10~100cm/ka）远高于正常的半深海速率（2~10cm/ka）和深海沉积速率（<1cm/a），因此这种快速搬运和沉降一定程度上减少了有机质的氧化降解时间，使得有机质可以快速地从沉积水体附近高降解强度的氧化带进入降解作用较弱的硫酸盐还原带，有利于有机质的保存（Hedges 和 Keil，1995）。由于浊流沉积物一般来源于有机质丰度相对较高的河流或者陆架地区，这种高沉积物和高有机质通量是其有机质相对富集的重要保障。大部分陆源有机质相对于海相有机质结构复杂，难以被微生物所降解；即使对相同结构的陆源有机质和海相有机质，陆源有机质受杂基的选择性保护也相对难以降解，因而，与海相沉积物相比，浊流沉积中陆源物质有机质更加富集（Saller 等，2006）（图 2-39）。此外，浊流沉积发生的频率较高也是有机质富集的因素之一，由于浊流沉积带来的有机质会提高底栖生物量，促进大型底栖生物的活动和整个区域的新陈代谢，从而导致有机质的分解，而频繁的浊流能够有效抑制底栖生物量的生长，从而使得有机质得以富集保存。

浊积岩有机质赋存状态主要有细小的有机质颗粒和较大的植物碎屑两种，表现为陆源和海相有机质的共同贡献。通常陆源有机质相较于海相有机质保存更好且比例更高，氢指数 HI 值主要集中在 50~180mg/g 之间（部分可高达 400mg/g），因此浊积岩的有机质类型以Ⅲ型为主，少量Ⅱ型，具生气潜能；而生烃潜力则处于中等—好区间内，最高可达 27.73mg/g（岳会雯等，2016）。浊积岩中的细粒层位（如泥岩、泥质粉砂岩、粉砂质泥岩、粉砂岩等）通常缺少较大的植物碎屑，而以细小的镜质体或无定形体为主。细粒浊

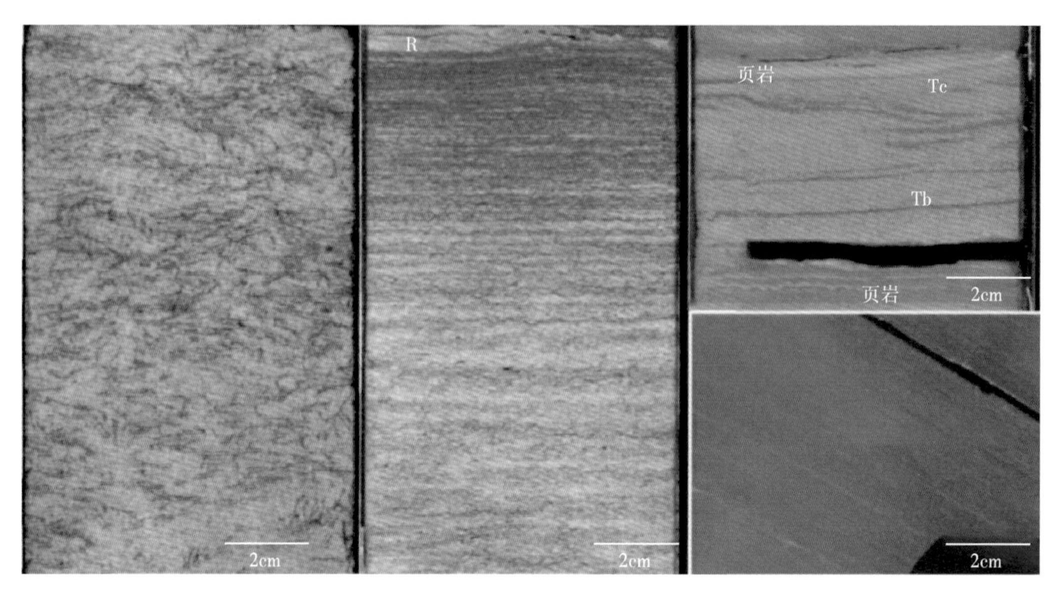

图 2-39 深水浊积岩陆源有机质富集特征（据 Saller 等，2006）

流，由于其流体物质组成富含黏土矿物和有机质，其沉积物特征、搬运演化过程及分布规律都与传统粗粒浊流之间存在明显差异（Hovikoski 等，2016；Boulesteix 等，2019；Craig 等，2020）。研究表明，黏土矿物的类型及含量是控制细粒浊流中低浓度浊流向高浓度泥质碎屑流转化，并形成过渡流体类型和混合重力流沉积的主要控制因素（Baas 等，2009，2011；Baker 等，2017）；最新研究证实微生物有机质（胞外聚合物 EPS）同样对细粒浊流沉积物的搬运和演化起着重要控制作用，是浊流搬运有机质的重要表现形式（Craig 等，2020）（图 2-40）。有机质易被黏土矿物吸附形成有机黏土复合体，不同黏土矿物与有机质类型形成的有机黏土复合体性质差异显著（Blattmann 等，2019）；同时黏土矿物与有机质相互作用，进一步控制细粒浊流流体演化过程，使得其以混合事件层或过渡流体沉积的形式快速固结沉积，从而有利于有机质的保存（Craig 等，2020），为油气的生产提供了良好的物质基础。现阶段对有机质分布及富集的因素中重力流对有机质的搬运和埋藏作用考虑得较少，细粒浊流可能将大量的陆源有机质与海相有机质进一步向深水盆地搬运，可能是导致深水油气富集的关键因素（Craig 等，2020）。

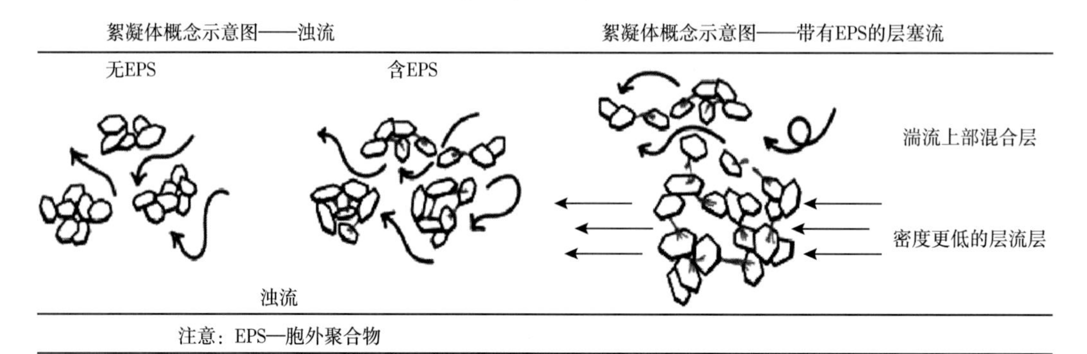

图 2-40 微生物有机质对浊积沉积搬运控制作用（据 Craig 等，2020）

较大的陆源植物碎屑可通过陆上河流在洪水期直接沿盆地底部通过异重流，以较强的水动力形式向深水盆地搬运，从而使形成的相对粗粒浊流沉积物中的陆源植物碎屑富集（Saller 等，2006；Zavala 等，2012）。不同期次的异重流在垂向上的叠加或者相同期次异重流由于流体强度的周期性变化形成砂质沉积与植物碎屑成层堆积的互层组构（Zavala 等，2012）（图 2-41）。不同类型的植物碎屑在重力流中的沉积特征不同，导致砂岩内部植物碎屑的聚集存在差异。通常情况下，叶片组分密度轻，易破碎，薄而宽的片状形态使其在重力流的主体流体中以悬浮状态存在，一般在重力流主体部分沉积之后才发生沉降与沉积，因而其主要分布在砂岩段上部或顶部；而木质组分坚固，密度大，通常以较大的颗粒形式保存，沉积特征与细砂颗粒类似，主要与重力流的主体部分一起沉积（Furota 等，2014）。这些陆源植物碎屑会导致砂质沉积物中总有机质含量增加，构成油气重要的物质来源（Saller 等，2006）。

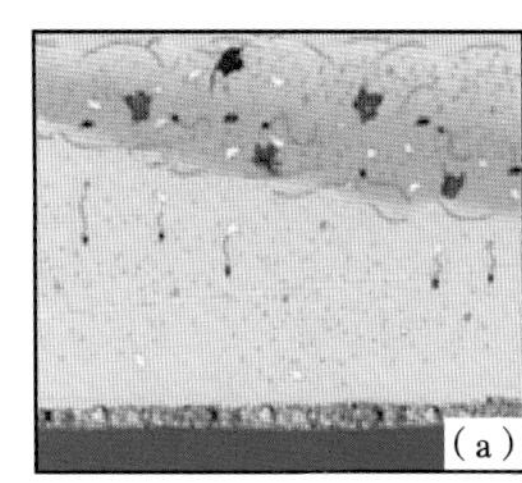

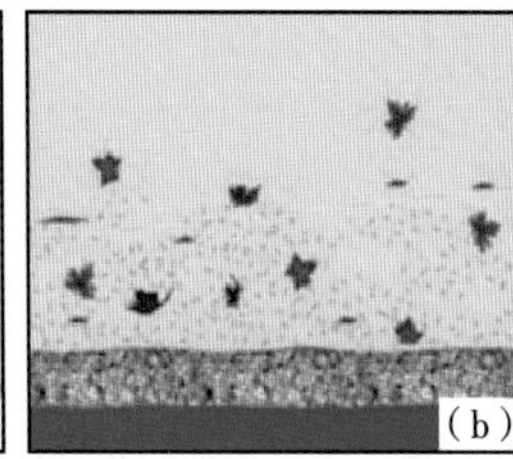

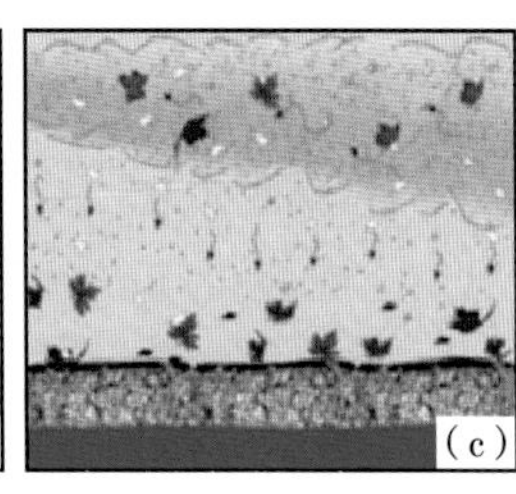

图 2-41　陆源植物碎屑富集过程（据 Zavala 和 Pan，2018）

（a）羽流带来悬浮组分，未分选，悬浮物沉降遵循斯托克斯定律；（b）多数叶片和植物碎片仍为悬浮状态，悬浮物自由沉降砂—粉砂正粒序层；（c）羽流带来悬浮组分，未分选，大粒径砂粒自由沉降，并推动叶片一起沉降；（d）粒序砂岩层之间发育碳质薄层

二、油气聚集的场所

浊流沉积体系将大量的相对粗粒沉积物搬运到深水盆地，这些粗粒沉积物孔隙发育，并且与优质的深水烃源岩紧邻，是油气大量聚集的有利场所。

全球已知的大概有 1200～1300 个油气田发育在深水浊流沉积体系中（Stow 和 Mayall，2000），如加利福尼亚、北海和墨西哥湾是超大型深水浊流沉积体系油藏的典型代表（图 2-42）。21 世纪以来，全球深水盆地（区）油气勘探取得了一系列震惊世界的重大突破；从储层形成机制看，全球海洋深水大油气区的碎屑岩储层大多属于重力流成因（张功成等，2019）。

浊流沉积体系中不同的沉积单元，其砂体发育程度及与烃源岩的距离存在一定差异，进而导致油气的富集程度也存在一定差异。整体上，水道沉积与朵叶体沉积是油气最为富集的区域。一方面，水道沉积砂体与朵叶体沉积砂体厚度较大，砂体分布稳定，为油气的大范围分布提供了有利的物质载体；另一方面，水道沉积与朵叶体沉积泥质含量相对较低，导致储层物性较好，利于油气向储层中运移，从而利于油气的富集。此外，水道沉积与朵叶体沉积多直接被优质烃源岩包裹，形成典型的泥包砂沉积组构，在埋藏演化过程中，优质烃源岩形成的油气可直接快速向邻近砂岩中排放，由于运移路径短，进一步利于油气的富集。

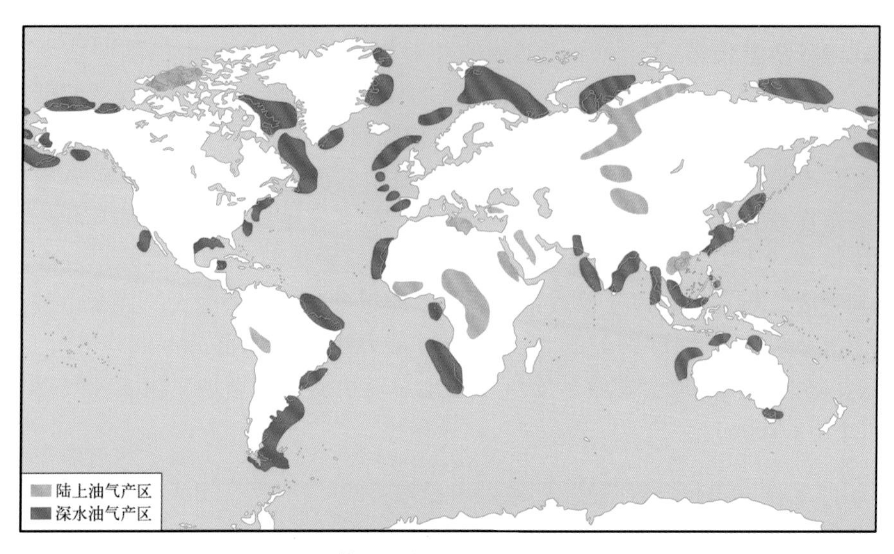

图 2-42 深水浊流沉积体系油藏全球分布（据 Stow 和 Mayall, 2000）

参 考 文 献

何起祥, 2010. 沉积动力学若干问题的讨论［J］. 海洋地质与第四纪地质, 2010, 30（4）: 1-8.

徐景平, 2014. 海底浊流研究百年回顾［J］. 中国海洋大学学报, 44（10）: 98-105.

岳会雯, 周瑶琪, 梁文栋, 2016. 深水浊积岩有机质富集规律研究进展［J］. 地质科技情报, 35（6）: 112-121.

张功成, 屈红军, 张凤廉, 等, 2019. 全球深水油气重大新发现及启示［J］. 石油学报, 40（1）: 1-34, 55.

Argand E, 1920. Plissements précurseurs et plissements tardifs des chaînes de montagnes. Actes Soc. Helv. Sci. Nat, 101: 1-27.

Baas J H, Best J L, Peakall J, 2011. Depositional Processes, Bedform Development and Hybrid Bed Formation in Rapidly Decelerated Cohesive (Mud-Sand) Sediment Flows［J］. Sedimentology, 58: 1953-1987.

Baas J H, Best J L, Peakall J, et al, 2009. A phase diagram for turbulent, transitional, and laminar clay suspension flows［J］. Journal of Sedimentary Research, 79: 162-183.

Babonneau N, Savoye B, Cremer M, et al, 2002. Morphology and architecture of the present canyon and channel system of the Zaire deep-sea fan［J］. Marine and Petroleum Geology, 19（4）: 445-467.

Bailey E B, 1930. New light on sedimentation and tectonics［J］. Geological Magazine, 67: 77-92.

Baker M L, Baas J H, Malarkey J, et al, 2017. The effect of clay type on the properties of cohesive sediment gravity flows and their deposits［J］. Journal of Sedimentary Research, 87（11）: 1176-1195.

Bertrand M, 1897. Structure des Alpes françaises et récurrences de certains faciès sédimentaires. Congr. Géol. Int. (Zurich, aût 1894), CR 6ème Sess. en Suisse: 161-177.

Blattmann T M, Liu Z, Zhang Y, et al, 2019. Mineralogical control on the fate of continentally derived organic matter in the ocean［J］. Science, 366（6466）: 742-745.

Boulesteix K, Poyatos-Moré M, Flint S S, et al, 2019. Transport and deposition of mud in deep-water environments: Processes and stratigraphic implications［J］. Sedimentology, v. 66（7）: 2894-292513.

Bouma A H, 1962. Sedimentology of some Flysch Deposits: A Graphic Approach to Facies Interpretation［M］.

Elsevier, Amsterdam: 168.

Brooks H L, Hodgson D M, Brunt R L, et al, 2018. Deep-water channel-lobe transition zone dynamics: Processes and depositional architecture, an example from the Karoo Basin, South Africa. GSA Bulletin, 130 (9-10): 1723-1746.

Bruhn C H L, Walker R G, 1995. High-resolution stratigraphy and sedimentary evolution of coarse-grained canyon-filling turbidites from the Upper Cretaceous transgressive megasequence, Campos Basin, offshore Brazil [J]. Journal of Sedimentary Research, 65 (4b): 426-442.

Clifton H E, 1981. Submarine canyon deposits, point lobos, California [M]//Frizzell V. Upper cretaceous and Paleocene Turbidites, central California coast. San Francisco: Pacific Section SEPM, 6: 79-92.

Clifton H E, 1984. Sedimentation units in stratified resedimented conglomerate, Paleocene submarine canyon fill, Point Lobos, California [M]//Koster E H, Steel R J. Sedimentology of gravels and conglomerates. Calgary: Canadian Society of Petroleum Geologists: 429-441.

Craig M J, Baas J H, Amos K J, et al, 2020. Biomediation of submarine sediment gravity flow dynamics. Geology, 48 (1): 72-76.

Curray J R, Emmel F J, Moore D G, 2002. The Bengal Fan: morphology, geometry, stratigraphy, history and processes [J]. Marine and Petroleum Geology, 19 (10): 1191-1223.

Daly R A, 1936. Origin of submarine canyons [J]. Journal of Geology, 1936, 78 (2): 250.

Ericson D B, Ewing M, Heezen B C, 1951. Deep sea sands and submarine canyons. Bulletin [J]. Geology Society. America, 62 (8): 961-965.

Forel F A, 1885. Les ravins sous-lacustres des fleuves glaciaires. C. R. Academic Science (Paris), 101: 725-728.

Fuchs T, 1883. Welche Ablagerungen haben wir als Tiefseebildungen zu betrachten. Neues Jb. Mineral. Geol Paläont, Beilage. Bd, 2: 487-584.

Galy V, France-Lanord C, Beyssac O, et al, 2007. Efficient organic carbon burial in the Bengal fan sustained by the Himalayan erosional system [J]. Nature, 450 (7168): 407-410.

Hedges J I, Keil R G, 1995. Sedimentary organic matter preservation: An assessment and speculative synthesis [J]. MarineChemistry, 1995, 49 (2): 81-115.

Hovikoski J, Therkelsen J, Nielsen L H, et al, 2016. Density-flow deposition in a fresh-water lacustrine rift basin, Paleogene Bach Long Vi Graben, Vietnam. Journal of Sedimentary Research, 86 (9): 982-1007.

Jobe Z R, Howes N C, Auchter N C, 2016. Comparing submarine and fluvial channel kinematics: implications for stratigraphic architecture [J]. Geology, 44 (11): 931-934.

Johnson D, 1939. The Origin of Submarine Canyons [J]. Columbia University Press, New York: 126.

Kolla V, Bandyopadhyay A, Gupta P, et al, 2012. Morphology and internal structure of a recent upper Bengal Fan-valley complex [M]//Prather B E, Deptuck M E, Mohrig D, et al. Application of the principles of seismic geomorphology to continental-slope and base-of-slope systems: case studies from seafloor and near-seafloor analogues. Tulsa, Okla: SEPM Special Publication, 99: 347-369.

Kuenen P H, 1957. Sole markings of graded greywacke beds [J]. J Geol, 65 (3): 231-258.

Kuenen P H, 1937. Experiments in connection with Daly's hypothesis on the formation of submarine canyons [J]. Leid-sche Geol. Meded, 8: 327-351.

Kuenen P H, 1950. Turbidity currents of high density. Int. Geol. Congr. Rep. 18th Sess. Great Britain 1948, Pt. 8, Pro78c. Sect. G. The Geology of Sea and Ocean Floors, 44-52. London.

Kuenen P H, Migliorini C I, 1950. Turbidity currents as a cause of graded bedding [J]. Journal of Geology, 58: 91-127.

Lowe D R, 1979. Stratigraphy and sedimentology of the pigeon point formation, San Mateo county, California [M]//Nilsen T H, Brabb E E. Geology of the Santa Cruz mountains, California. McLean: Geological Society of America: 17-29.

McHargue T, Pyrcz M J, Sullivan M D, et al, 2011. Architecture of turbidite channel systems on the continental slope: patterns and predictions [J]. Marine and Petroleum Geology, 28 (3): 728-743.

Migliorini C I, 1943. Sul modo di formazione dei complessi tipo macigno. Boll. Soc. Geol. It. , 62: 48-49.

Mulder T, Syvitski J P M, 1995. Turbidity currents generated at river mouths during exceptional discharges to the world oceans [J]. The Journal of Geology, 103 (3): 285-299.

Mutti E, Bernoulli D, Lucchi F R, et al, 2009. Turbidites and turbidity currents from Alpine 'flysch' to the exploration of continental margins [J]. Blackwell Publishing, 56 (1): 267-318.

Nelson C H, Goldfinger C, Johnson J E, et al, 2000. Variation of modern turbidite systems along the subduction zone margin of Cascadia Basin and implications for turbidite reservoir beds [M]//Weimer P W, Nelson C H. Deep-water reservoirs of the world. Houston: SEPM: 714-738.

Normark W R, Posamentier H, Mutti E, 1993. Turbidite systems: state of the art and future directions [J]. Reviews of Geophysics, 31 (2): 91-116.

Piper D J W, Normark W R, 1983. Turbidite depositional patterns and flow characteristics, Navy Submarine Fan, California Borderland [J]. Sedimentology, 30 (5): 681-694.

Posamentier H W, 2003. Depositional elements associated with a basin floor channel-levee system: case study from the Gulf of Mexico [J]. Marine and Petroleum Geology, 20 (6/7/8): 677-690.

Posamentier H W, Kolla V, 刘化清, 2019. 深水浊流沉积综述 [J]. 沉积学报, 37 (5): 879-903.

Posamentier H W, Walker R G, 2006. Deep-water Turbidites and submarine fans [M]//Posamentier H W, Walker R G. Facies models revisited. Tulsa, Okla: Society for Sedimentary Geology: 397-520.

Prather B E, Deptuck M E, Mohrig D, et al, 2012. Principles of seismic geomorphology to continental-slope and base-of-slope systems: case studies from seafloor and near-seafloor analogues [M]. Tulsa, Okla: SEPM Special Publication, 99: 390.

Saller A, Lin R, Dunham J, 2006. Leaves in turbidite sands: The main source of oil and gas in the deep-water Kutei Basin, Indonesia [J]. AAPGBulletin, 90 (10): 1585-1608.

Stow D A V, Mayall M, 2000. Deep-Water Sedimentary Systems: New Models for the 21st Century [J]. Marine and Petroleum Geology, 17: 125-135.

Studer B, 1827. Remarques géognostiques sur quelques parties de la chaîne septentrionale des Alpes. Ann. Sci. Nat. Paris, 11: 1-47.

Walker R G, 1967. Turbidite sedimentary structures and their relationship to proximal and distal depositional environments [J]. Jpurnal of Sedimentary Petrology, 37 (1): 25-43.

Walker R G, 1973. Mopping up the turbidite mess. In: Evolv - ing Concepts in Sedimentology (Ed. R N Ginsburg) [J]. 1-37. Baltimore: TheJohns Hopkins University Press.

Zavala C, Arcuri M, 2016. Intrabasinal and Extrabasinal turbidites: origin and distinctive characteristics [J]. Sedimentary Geology, 337: 36-54.

Zavala C, ArCuri M, Valiente L B, 2012. The importance of plant remains as diagnostic criteria for the recognition of ancient hyperpycnites [J]. Revue de Paléobiologie, 11 (6): 457-469.

Zavala C, Pan S X, 2018. Hyperpycnal flows and hyperpycnites: Origin and distinctive characteristics [J]. 岩性油气藏, 30 (1): 1-18.

第三章 深水块体搬运沉积体系与油气成藏

第一节 块体搬运概念与形成背景

块体搬运沉积（massive transport deposit，简称 MTD）通常是相对陆上的滑坡而言的，与国外文献中的水下滑坡（submarine landslide）、斜坡失稳（slope failure）等概念相近，是指沉积物具有较高的沉积物浓度（体积分数 20%～100%），颗粒或团块呈一个完整的集合体整体搬运，可发生在地表和水下环境，深水的块体搬运沉积包含滑动沉积、滑塌沉积和砂质碎屑流沉积（Shanmugam，2012）（图 3-1），普遍用于综合性地描述水下与块体流相关的重力流沉积搬运过程。Posamentier 和 Martinsen 认为除浊流成因外，一些水下重力流形成的沉积物均为深水块体搬运沉积体系。而 Shanmugam 则认为陆坡边缘蠕滑现象很难从现实资料中被识别，且块体搬运沉积的沉积物体积分数常大于 20%，因此深水块体搬运沉积体系应全是砂质的，只包括滑动、滑塌和碎屑流形成的沉积物（秦雁群等，2018）。Pickering 和 Corregidor 认为深水块体搬运沉积是描述包括浊流在内所有水下重力流的一次沉积事件，而实际重力流沉积往往是多次、多类型的，所以应该用术语块体搬运沉积复合体（mass transport complex，简称 MTC）来描述（秦雁群等，2018）。总的来看，不管深水搬运过程被划分为几种，水下重力流沉积只分为块体搬运沉积体系和浊流成因的沉积体系两大类（秦雁群等，2018）。

滑动（slide）沉积指沉积物作为一个整体沿二维滑动面移动而内部不发生形变的运动过程，代表平移剪切移动，沉积物碎屑颗粒体积分数大于 20%（图 3-1）。微弱的变形主要发生在底部，以底部主剪切面、底部剪切带、砂质注入体、内部二次滑动面、内部结构变化、上接触面突变为典型的识别标志（图 3-2a）。滑动沉积由于与原始沉积母体分离，且内部无明显的结构变化，当块状沉积物发生滑动时形成的沉积物不易与碎屑流沉积形成的块状沉积物区分。

滑塌（slump）沉积是在一定触发条件下，内部连贯的沉积物在自身重力作用下沿上凹滑动面运移，经历旋转变形而造成内部形变的运动过程，代表旋转剪切运动，多在斜坡下部的平缓地带堆积形成沉积体，沉积物碎屑颗粒体积分数大于 20%（图 3-1）。典型的识别标志包括砂质褶皱、变形岩层与未变形岩层叠置、混杂砂岩夹杂变形碎屑（chaotic deposit）、突变上接触面、砂质注入体（sand injection）等（图 3-2b）。

砂质碎屑流是一种富砂质具塑性流变性质的宾汉塑性流体，代表一个从粘结性至非粘结性碎屑流连续过程系列（图 3-1），以中—高碎屑浓度（体积分数 20%～95%）、较低的泥质含量（体积分数可低至 0.5%）、湍流不发育为特征，沉积物整体停止流动，块状固结，其沉积物支撑机制主要是基质强度、颗粒间的摩擦强度和浮力（Shanmugam，1996，

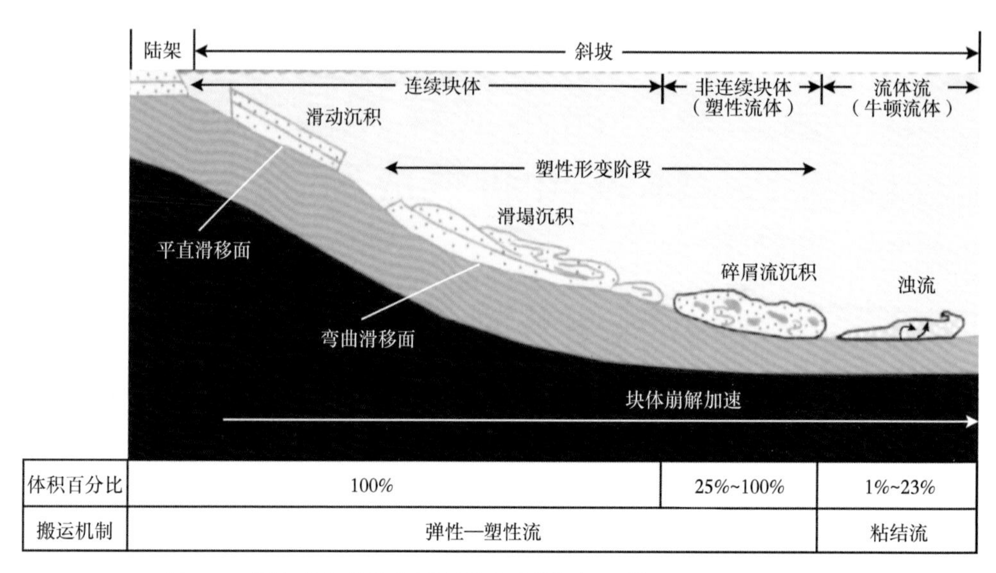

图 3-1 深水环境砂质碎屑流形成过程图解（据 Shanmugam，2012）

2013）。以层块状砂岩叠置、突变底部接触面、反粒序、漂浮碎屑颗粒（floating detrital dust）、漂浮的泥质颗粒以及泥球（floating mudstone dust 和 armored mudstone ball）、碎屑颗粒呈水平或无序排列、变形层、砂质注入体、突变或不规则的上接触面等特征为典型识别标志（图 3-2c）。

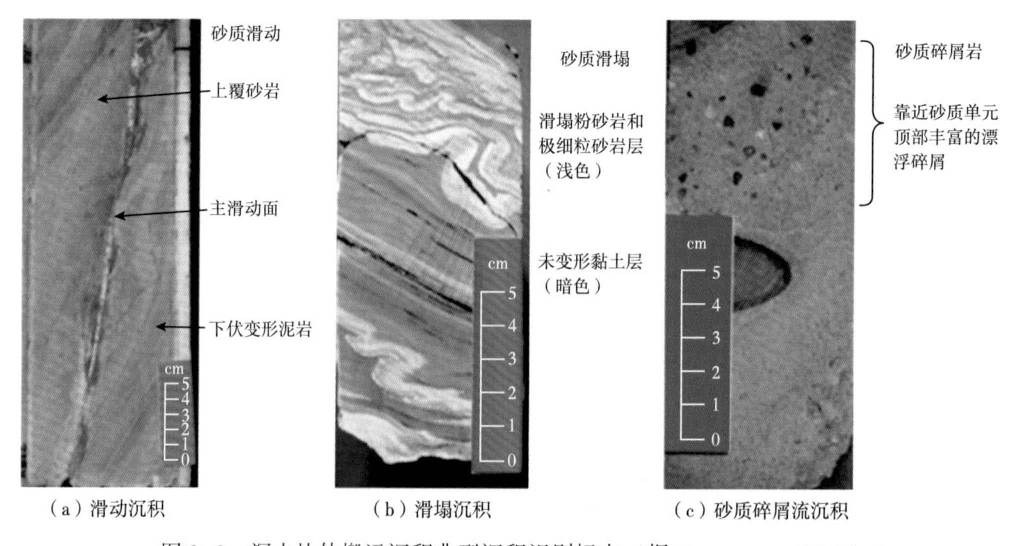

图 3-2 深水块体搬运沉积典型沉积识别标志（据 Shanmugam，2012）

块体搬运沉积实际上并不是陌生的概念，早期对深水沉积的认识也认为深水沉积主要是浅水沉积物经历再搬运演化形成碎屑流和浊流在深水盆地沉积，因而其形成的早期都经历了块体搬运演化阶段（何起祥，2010），但是在斜坡处以过路和转化为主，不存在大量沉积物。Shanmugam（1996）通过对块状砂岩的研究认为砂质碎屑流是块状砂岩的主要成因，斜坡处同样存在大量的深水沉积物，以滑动沉积、滑塌沉积、砂质碎屑流沉积为主，并将其统称为块体搬运沉积（Shanmugam，1996，2013）。Shanmugam 和 Moiola（1995）基于 Sanders（1965）提出的浊流底部流动颗粒层/惯性流层的认识和细粒碎屑流的认识提出砂质碎屑流沉积广泛发育的认识，并且将砂质碎屑流和高密度浊流的概念和内涵进行了系统对比（Shanmugam，1996），认为 Lowe（1982）提出的沉积物颗粒由颗粒碰撞分散压力、浮力、基质强度、受阻沉降综合作用支撑的高密度浊流实际上是砂质碎屑流（Lowe，1982；Shanmugam，1996）。砂质碎屑流和高密度浊流的争论及深水块状砂岩的成因成为近 20 年深水重力流沉积研究的热点问题（Shanmugam，2000，2013；Stow 和 Mayall，2000；Baas，2004；Talling 等，2007a，2012，2013a；Breien 等，2010）。实际上，早在 1972 年，Hampton 就创造性地用水槽模拟实验证实了水下碎屑流的存在，指出碎屑流为水下滑坡和浊流沉积之间的过渡流体类型，并特别强调了砂质碎屑流对浊流的形成起到重要控制作用。Hampton（1975）通过水槽模拟实验证实，流体中高岭石质量分数达到 1.5%就能产生足够的流体强度支持细颗粒砂质沉积物形成细粒砂质碎屑流沉积。考虑到高岭石颗粒较大且离子交换能力较弱，相同含量的高岭石产生的流体强度要小于蒙脱石等黏土矿物，因而当含有蒙脱石等黏土矿物时，实际流体中杂基含量小于 1.5%即可形成细粒砂质碎屑流沉积（Hampton，1975）。

现阶段关于深水块状砂岩的成因有高密度浊流底部受阻沉降导致的整体卸载（Stow 和 Johansson，2000）、高密度浊流底部的牵引毯垂向叠加（Cartigny 等，2013）、高密度浊流底部的持续液化层卸载（Kneller 和 Branney，1995）、不同强度粘结性碎屑流的块状固结（Shanmugam，2000；Talling 等，2013b）、细粒沉积物的淘洗漂浮（Stevenson 和 Peakall，2010；Breien 等，2010）、异重流沉积（Zavala 和 Arcuri，2016；Zavala 和 Pan，2018）等多种认识。高密度浊流是上部流体拖拽下部沉积物搬运，与基质强度、超孔隙流体压力和颗粒分散压力混合支撑的砂质碎屑流之间存在显著差异（Mutti 等，2009；Talling 等，2012，2013a），如牵引毯构造发育的块状砂岩显然属于高密度浊流成因，高密度浊流仍然是形成块状砂岩的主要机制，大多数块状砂岩都包含一定的粒序，尽管这种粒序可能十分微弱（Talling 等，2012）。当然，如何准确识别砂质碎屑流整体固结形成的块状砂岩和稳定高密度浊流垂向叠加形成的块状砂岩仍然是摆在沉积学家面前的难题（Ilstad 等，2004；Breien 等，2010；Talling 等，2012）。

第二节 块体搬运沉积体系构成

块体搬运沉积体系受先存沉积物再搬运演化过程的控制，具有滑动沉积、滑塌沉积、砂质碎屑流沉积再到浊流沉积的连续流体演化过程，从而在搬运演化过程中形成几何形态与分布规律差异显著的沉积砂体，即发育不同的沉积构型要素（Mutti 等，2009）（图 3-3）。

受海域资料缺乏和资料精度低等因素限制，早期通常将深水 MTD 简单地划分为伸展断裂区头部、无变形或弱变形区体部和褶皱冲断带趾部三大部分（图 3-3）。随着深海探测手段提高和高精度海底地层资料的获取，这种特殊的沉积体系内部复杂的构造也被逐渐

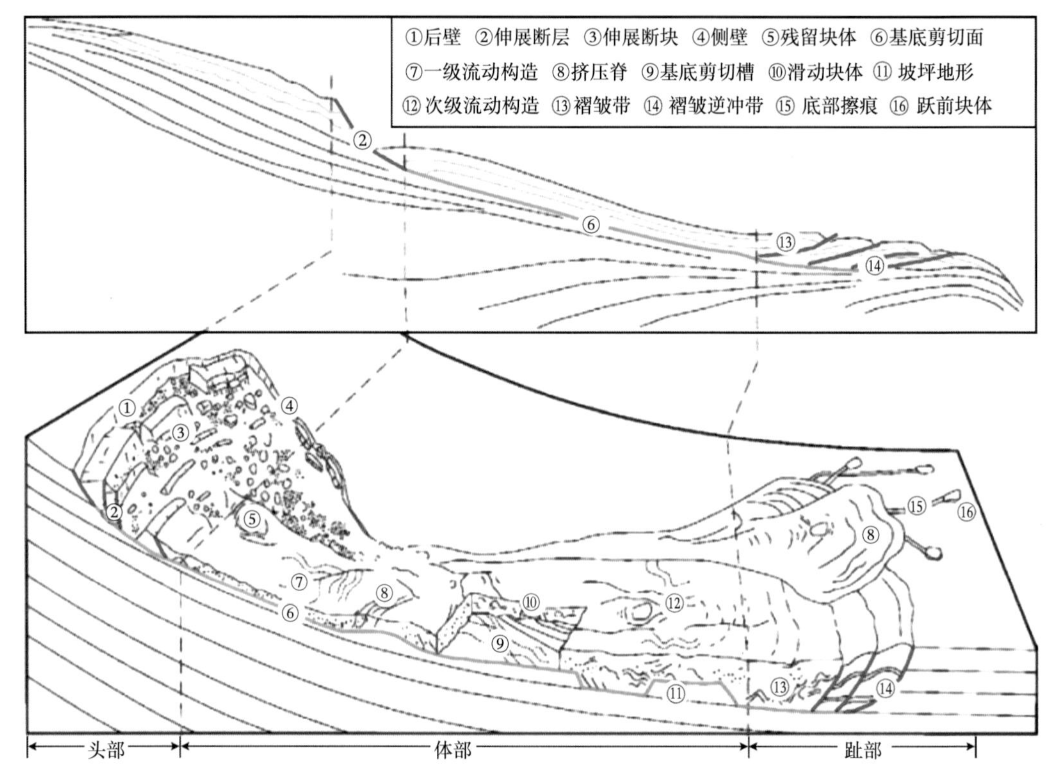

图 3-3 块体搬运沉积体系内部结构特征（据 Lewis，1971；Bull 等，2009）

识别（秦雁群等，2018）。MTD 头部属于地质薄弱带，在触发机制作用下，斜坡地质体失稳形成伸展构造和断块体沿断裂面或基底剪切面向下滑移；MTD 体部受基底剪切面和侧向古地形联合控制，在地形变化地区可见明显变形构造，如剪切槽、流动构造、挤压脊等现象；MTD 趾部是块体搬运最为主要的沉积物驻留区。多期沉积物叠置推挤，受阻于前缘海底隆起区，形成了从挤压褶皱到叠瓦状褶皱冲断构造格局，前缘可见底部擦痕和跃前块体（秦雁群等，2018）。

块体搬运沉积体系的沉积要素类型包括垮塌带、混杂堆积、沉积舌形体和远端席状沉积等主要的类型（Zou 等，2012；Liu 等，2017）。

一、垮塌带（slide scar）

垮塌带是块体搬运沉积体系特有的典型识别地貌，特别是现代的块体搬运沉积中，其先存沉积物垮塌后遗留垮塌形成的高陡边坡或凹槽（图 3-4），是块体搬运沉积体系沉积起始部分（Kneller 等，2016）。同时，部分垮塌带可进一步演化形成稳定的沉积物输入通道，最终形成峡谷（Piper 和 Normark，2009）。在古代沉积物中，垮塌带多以高角度断层、突变的地层接触或不整合面为典型的识别标志（图 3-5），多位于块体搬运沉积体系搬运方向近岸端。

图 3-4　现代海底地形指示的块体搬运沉积体系垮塌带特征（据 Kneller 等，2016）

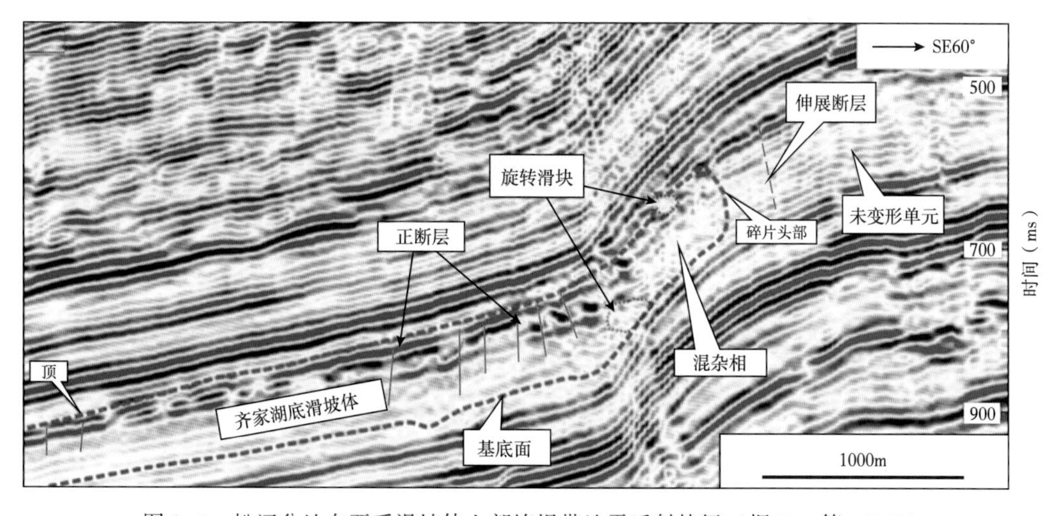

图 3-5　松辽盆地白垩系滑坡体上部垮塌带地震反射特征（据 Pan 等，2019）

二、混杂堆积（chaotic deposit）

混杂堆积是指垮塌带发生再搬运的先存沉积物在受下伏基底剪切作用及自身旋转作用的控制下，经历塑性状态下的滑动与滑塌过程，最终在坡角处堆积形成具有大尺度滑塌褶皱、软沉积物变形构造、砂泥混杂变形等特征的混杂堆积体（Brooks 等，2018）。受突发性和自身重力的双重驱动，混杂堆积体多不具有规则外形，不同颜色、不同成分和不同粒径的沉积物组合在一起，在不同尺度上表现出不同的沉积特征（Brooks 等，2018）。

在野外剖面上，主要以产状稳定的正常沉积地层中夹持的不协调地层为典型特征，其规模小至数厘米，大至数千米到数十千米，整体的不协调岩块表现为产状多变、地层变形及褶皱发育，软沉积变形多见不同颜色和成分的物质混杂（Brooks 等，2018）（图 3-6）。其相对局部的沉积特征则以孤立的滑动—滑塌外来岩块、滑动剪切带、地层变形、挤压推覆构造及不同尺度和几何形态的软沉积物变形构造为主要特征，常见的软沉积变形构造包含包卷层理、负载构造、泥岩撕裂屑、阶梯状断层、球—枕构造、同沉积布丁构造和同沉积双重构造等（Alves，2015）（图 3-7）。反映沉积物在半塑性状态整体受拉张或挤压作用所产生的变形，一般在靠近垮塌近端以拉张作用导致的软沉积物变形构造发育为主，而在远离垮塌端则以挤压作用导致的软沉积变形构造发育为主。

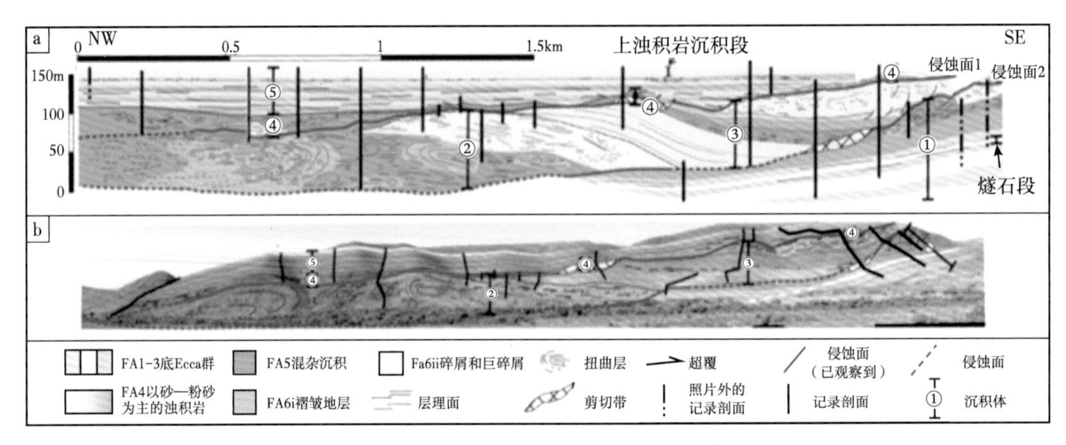

图 3-6　混杂堆积宏观露头特征（据 Brooks 等，2018）

由于混杂堆积规模相对较大，其具有明显的地震反射响应特征（Alves，2015）。通过对混杂堆积体发育地层的平面地震属性分析，可以清晰地刻画混杂堆积体内部构造及其分布，在平面上主要表现为杂乱无序分布，靠近垮塌近端可见沉积物的阶梯状不均匀分布，整体显示块状拼接的特征，局部可见类似漂浮块体的不规则状块体强反射，混杂堆积体与外围正常沉积之间差异显著（Alves，2015；Pan 等，2019）（图 3-8）。在地震剖面上，混杂堆积以内部明显的杂乱状、蠕虫状地震反射特征为主要特征，一般连续性较差，与周围沉积物地震反射之间存在显著差异；其内部变形明显，在垮塌近端以阶梯状正断层发育为主；垮塌远端局部可见以逆冲断层发育为典型特征；局部可见部分强振幅反射，多为滑塌漂浮块体沉积（Alves，2015；Pan 等，2019）（图 3-8）。

三、沉积舌形体（depositional tongue）

沉积舌形体是块体搬运沉积体系的重要组成部分，其特征与沉积朵叶体颇为相似，特别是在砂体形态上；但是沉积朵叶体多为分支水道前端分散沉积物沉积形成，而沉积舌形体一般无分支水道相连，多为三角洲前缘沉积物垮塌转化形成的砂质碎屑流整体固结沉降形成（Shanmugam，2012；Liu 等，2017）（图 3-9）；与朵叶复合体类似，多个沉积舌形体的组合形成沉积舌形复合体。就分布规模而言，沉积朵叶体多分布范围较大且扇体形体明显（图 3-9a）；而沉积舌形体沉积一般分布范围较小且不具有扇体形态（图 3-9b）。

图 3-7　混杂堆积典型沉积构造特征（据 Alves，2015）

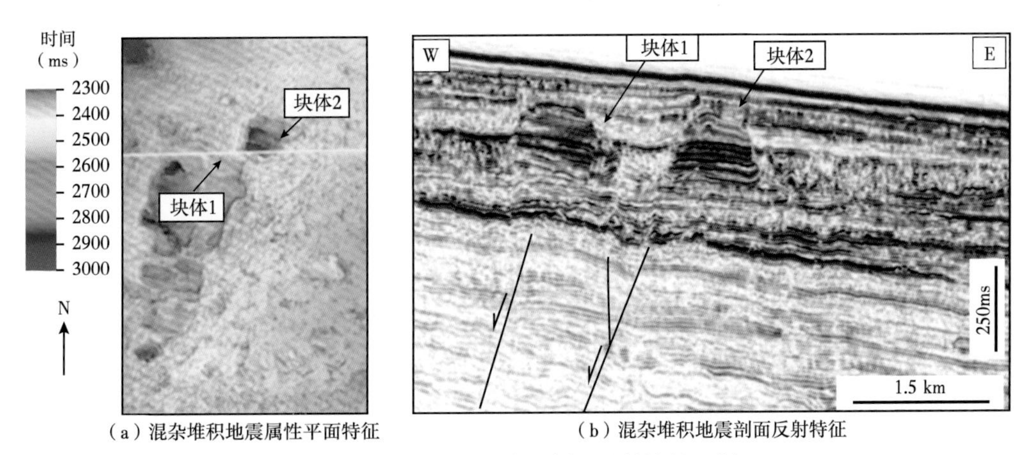

（a）混杂堆积地震属性平面特征　　（b）混杂堆积地震剖面反射特征

图 3-8　混杂堆积地震属性平面分布及剖面反射特征（据 Alves，2015）

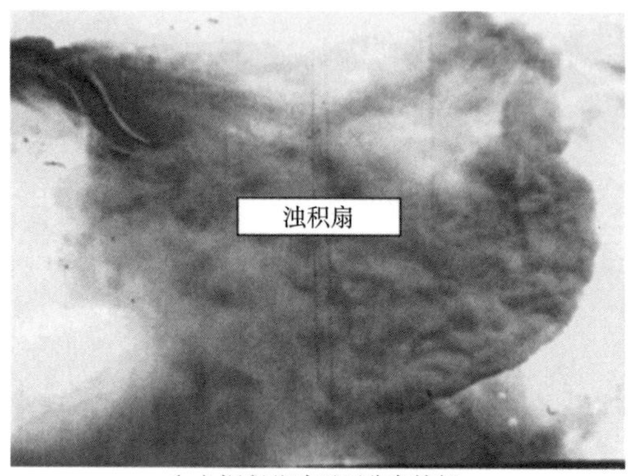

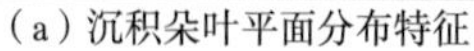
（a）沉积朵叶平面分布特征

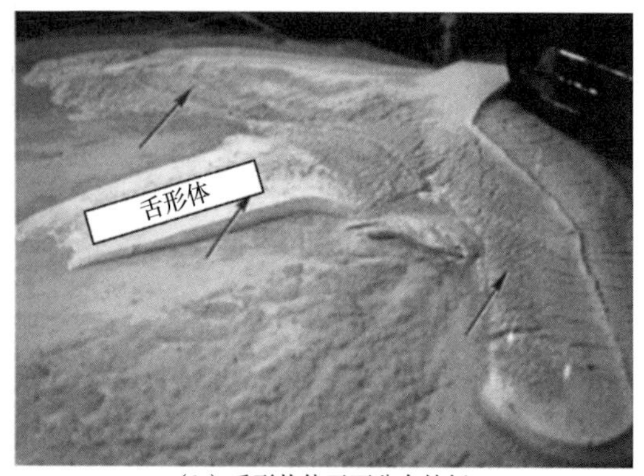

（b）舌形状体平面分布特征

图 3-9　沉积朵叶体与沉积舌形状分布特征差异（据 Shanmugam，2012）

舌形体的几何形态及其分布特征主要受其组成的砂质碎屑流流变学特征和搬运演化过程控制。由于砂质碎屑流具有塑性流变性质，其在搬运过程中整体呈塑性状态，以层流状搬运为主，流体中央主泓线方向搬运速度快，导致其中部向前突出，形成类似舌形（图3-10a）。同时，由于流体的塑性流变学特征，流体的头部与下伏基底之间会侵入一层液体，从而使得碎屑流的头部与基底分离，减少了头部流体与基底剪切拖拽，使碎屑流能够发生快速搬运，这种现象被称为碎屑流的滑水作用（Mohrig 等，1998）（图 3-10a）。砂质碎屑流搬运到相对低洼地区或深水盆地后，由于自身能量的消减而发生沉淀，以塑性流体整体块状固结为典型特征，因而单期次砂质碎屑流其沉积物边部与周围沉积物之间呈突变接触，特别是在野外露头中，其边缘沉积物的突然中止是砂质碎屑流沉积最为典型的识别标志之一（Talling 等，2013a）（图 3-10b）。

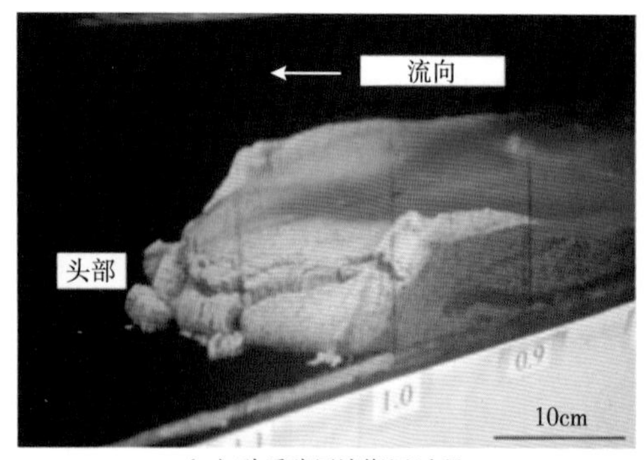

（a）砂质碎屑流搬运过程

（b）砂质碎屑流沉积特征

图 3-10　砂质碎屑流搬运过程与沉积特征（据 Shanmugam，2012）

不同期次的砂质碎屑流砂体沉积在垂向上叠置，可构成厚度达数米至数十米的厚层砂体，但单期砂体延伸范围有限，多分布在数百米范围内，构成舌形体单元沉积（图3-11）。不同期次的舌形体单元垂向和侧向叠加，最终形成分布范围相对较大的舌形体沉积系统。舌形体沉积系统内部结构多变，早期沉积舌形体分布在相对沉积近端，沉积晚期的舌形体分布在沉积远端，构成整体前积叠加的内部组合特征（图 3-11）。不同期次的舌形体可被薄层浊流沉积或泥质碎屑流沉积分隔，薄层浊流是砂质碎屑流由于流体稀释转化的沉积产物，而泥质碎屑流则认为是砂质碎屑流底部部分侵蚀泥质基底的沉积产物（Liu 等，2017）。

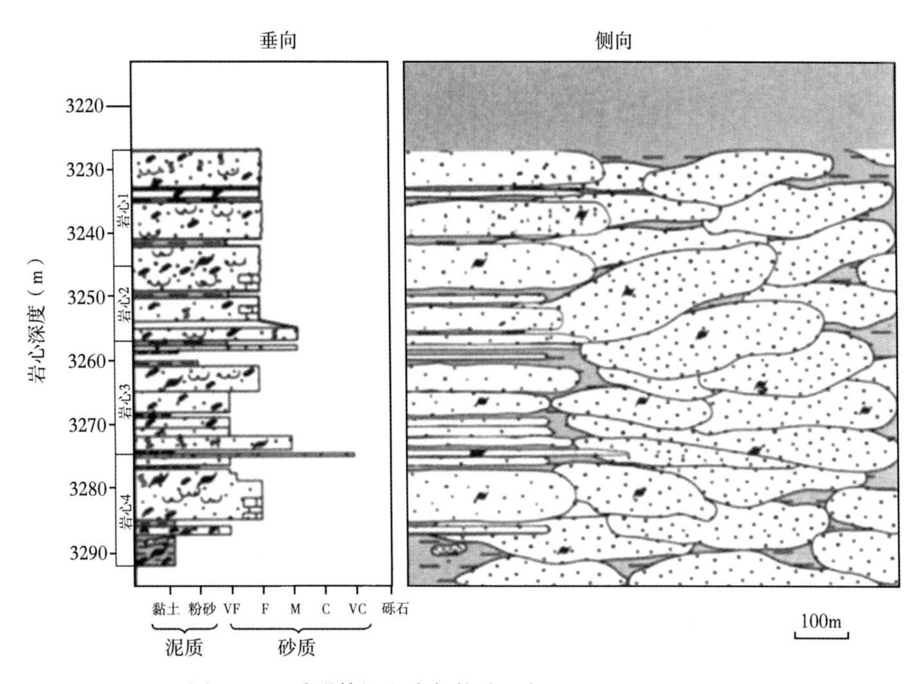

图 3-11　舌形体沉积内部构造（据 Shanmugam，2012）

四、席状沉积（sheet deposit）

席状沉积是块体搬运沉积体系沉积最远端的沉积产物，多为细粒薄层的低密度浊流沉积垂向叠置，单层沉积厚度多小于 10 cm，垂向叠置可形成一定的累计厚度，整体厚度较均一,形似席状，故而称为席状或似席状沉积（Mutti 等，2009）（图 3-12）。

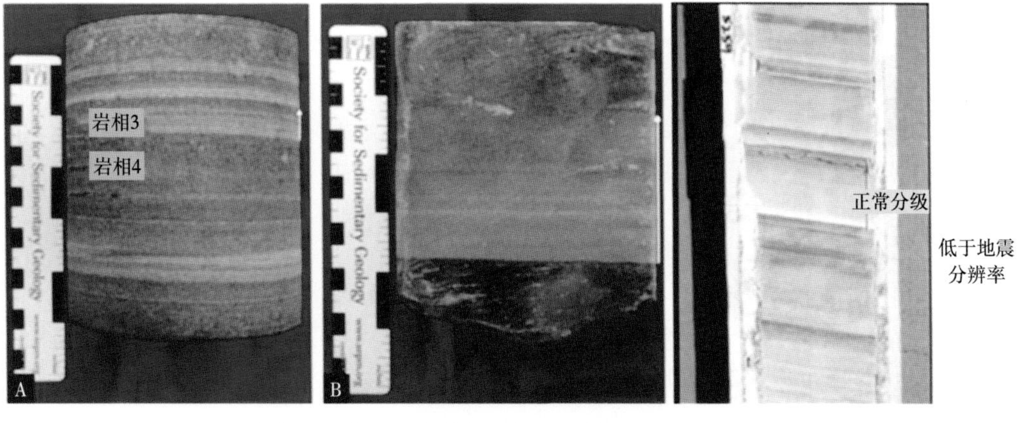

图 3-12　席状沉积典型沉积特征（据 Zou 等，2012；Shanmugam，2012）

席状沉积中单层正粒序沉积特征明显，底部可见微弱的冲刷或重荷模火焰状构造，部分单层上部可见微弱的平行层理或沙纹层理，向上逐渐过渡为泥质砂岩或砂质泥岩，整体构成不完整的鲍马序列，指示为典型的低密度浊流沉积产物（图 3-12）。块体搬运沉积体系中的低密度浊流沉积主要为相对浅水沉积物经历滑动—滑塌—砂质碎屑流—低密度浊流的演化过程，主要为砂质碎屑流受液化作用、破碎作用、顶部剪切、界面混合、水力跳跃、头部混合等机制作用下的砂质碎屑流稀释向低密度浊流的转化所控制（操应长等，2017）。受其成因控制，这些低密度的浊流沉积多围绕砂质碎屑流沉积外围分布，厚度较小且分布范围有限（Liu 等，2017）（图 3-13）。

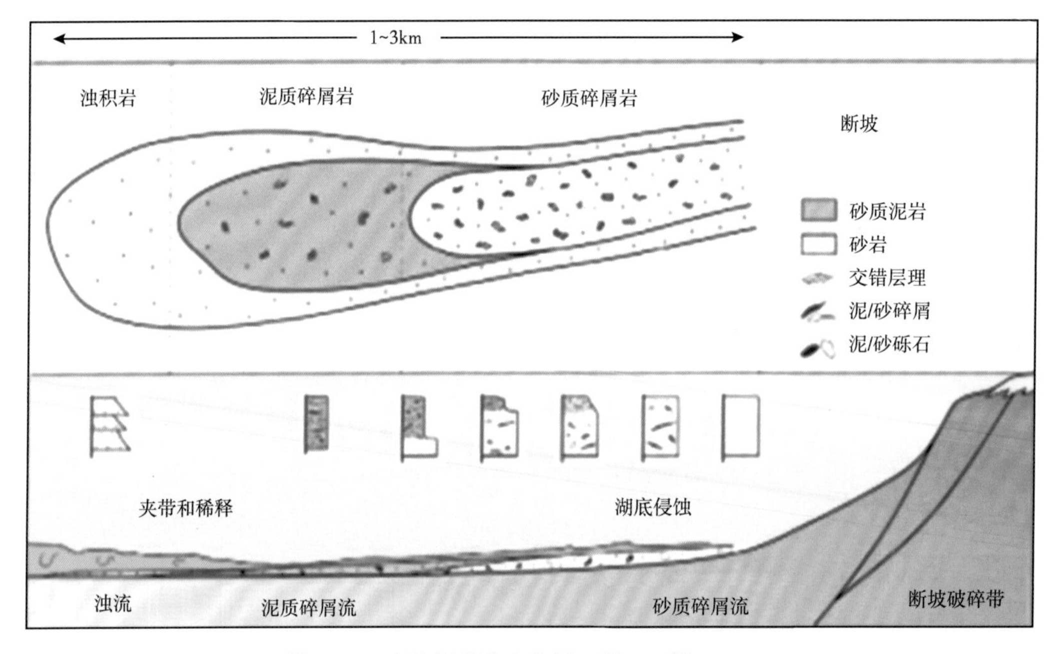

图 3-13　席状沉积分布特征（据 Liu 等，2017）

第三节　块体搬运体系形成条件

深水 MTD 属于沉积物重力流范畴，而沉积物重力流形成通常需要具备较大的水深、足够的坡度或密度差、充沛的物源和一定的触发机制等条件。据文献统计，已发现可以引发深水 MTD 的触发机制 20 多种（表 3-1）。根据不同类型触发机制作用的时间长短，可以划分为短期触发事件（持续时间数分钟—数月）、中期触发事件（持续时间数年—数千年）和长期触发事件（数千年—百万年）。受观测手段及发育时间不确定等因素控制，现代深水 MTD 的形成过程监测观察仍然很难，而古代深水 MTD 研究多依赖于露头、岩心和地震资料的分析并进行推测。因此，深水 MTD 触发机制研究目前仍处于以定性特征描述为主（秦雁群等，2018）。

表 3-1 深水块体搬运体系形成条件（据秦雁群等，2018）

触发机制	持续时间	触发机制	持续时间
地震	短期触发事件（数分钟—数月）	构造变化	中期触发事件（数年—数千年）
火山活动		斜坡坡度变化	
海啸		沉积物速率	
气旋或飓风		沉积载荷	
低位潮汐液		盐运动	
风暴		底流	
季节性洪水		生物扰动	
海表面重力波		天然气水合物分解	
陨石撞击		流体渗漏	
人类活动及海底工程		静液压负载	
海平面变化	长期触发事件（数千年—百万年）	沉积物侵蚀作用	

第四节 块体搬运沉积体系特征

一、流变学特征

根据摩尔—库仑破裂准则，只有当顺坡向下方向的剪应力超过物质内部的剪切强度时，块体才能从原地质体中分离，并在重力作用下发生块体搬运沉积。这一过程涵盖了弹性、弹/塑性和塑性 3 种力学机制，分别对应于岩崩、滑动和滑塌、碎屑流。其中，前 3 种搬运过程中沉积物主要为粘结状固态块状物，而碎屑流主要为非粘结状颗粒。从沉积物体积分数角度来看，这些饱含水的固态块状物或颗粒均可看作广义概念上的流体（体积分数为 20%~100%），即通常所称的块体流（体）（秦雁群等，2018）。在流体力学中，块体流体变形符合宾汉塑性体变形特征。宾汉塑性体内部具有固有强度，通常只有在外界施加的应力超过某一临界值（屈服强度）时，其变形才能呈现线性正相关。这种变形方式与属于牛顿流体的浊流变形不同。浊流本身不具有固有强度，其变形直接与施加的外界应力呈线性正相关。

二、规模和几何形态

深水 MTD 的规模一般用可测量的面积、长度、厚度和体积等定量数据来表征。目前已发现的全球 300 多个深水 MTD 数据统计表明，不同背景下 MTD 的规模差异非常大。其中，面积最大是位于加拿大盆地被动大陆边缘环境下的新近纪马更些河 MTD，约 $13.2\times10^4km^2$，面积最小的是位于美国西部边缘收敛环境下现代 Buried MTD，只有 $0.06km^2$。深水 MTD 的几何形态是通过上述定量数据所反映的沉积体在三维空间的相互关系来表征。早期通常用垂向上的厚度和侧向上的长度、宽度或直径等数据以不同比值的形式反映 MTD 几何形态特征，如宽/厚比值、宽/长比值等。

三、运动学指向

运动学指向是指深水 MTD 在搬运过程中形成的特殊地质结构形态或变形构造，记录和指示了 MTD 不同部位常见的地质特征和沉积搬运动力学信息（图 3-14）。

深水 MTD 头部区是块体流启动部位，常见于断崖、平面呈弧形的破裂面、地堑、断块及断块脊等结构标志；体部侧向边缘断崖沿搬运方向逐渐尖灭，并限制了 MTD 主体发育范围，沿侧向边缘常见走滑构造变形特征，可见雁列式断崖和拖拽力形成的流动带状沉积波，局部发育二次垮塌物；体部基底剪切面可见断坡、断坪或沉积物下切形成的似沟槽状等先存底部形态，在搬运过程中基底剪切面还可形成沟槽或擦痕等变形构造和外来块体的再次搬运等现象；MTD 块状内部呈较连续性沉积，其他部分多以杂乱性堆积为主，下部发育韧性滑脱层，局部挤压可形成不同形状的褶皱；体部的顶部滑动面多见流体纹层（沉积物波），沿走向剪切带发育凹形或平行状等不同形状的条带状结构沉积物波；深水 MTD 趾部区为搬运终止部位，变形最为强烈，前端多呈前展式弧状，内部发育褶皱冲断构造、逆冲体、逆冲断层及冲起断块等，顶面为不整合面，其上多出现另一套沉积物形成的平行/近平行的弧状脊结构（秦雁群等，2018）（图 3-14）。

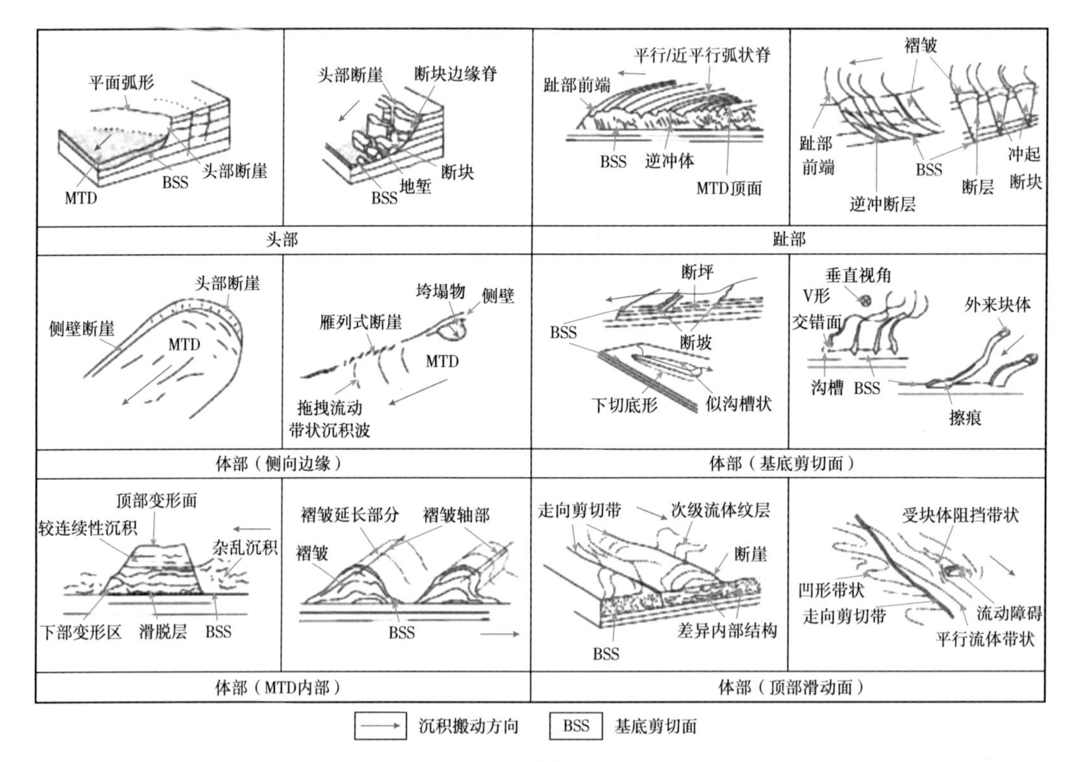

图 3-14　深水块体搬运沉积不同部位运动学指向（据 Bull 等，2009）

四、侵蚀和搬运能力

有关深水 MTD 具有侵蚀特征已被多个文献所证实，决定其侵蚀能力大小主要因素包括块体流自身的固结程度、内部碎屑物在搬运过程中抵挡被分离的能力强度、流体速率大小和流体的规模等。通常情况下，可根据底部基底剪切面上残留的擦痕或沟槽等结构形态规模来判断深水 MTD 侵蚀能力。目前并没有详细的定量数据统计其具体数值大小，但根据文献中常见 MTD 实例判断，侵蚀下伏地层深度多数位于数十米到数百米之间，而侵蚀形成槽状形态的宽度延伸最长可达数十千米。

深水块体搬运能力巨大，特别是附属型 MTD，体积规模一般为数百立方千米到数千立方千米，最大可达数十万立方千米。不同规模的深水 MTD 搬运距离差别较大，长距离搬运一般发生在坡度小于 2°的大陆斜坡区，可达数百千米，如夏威夷海底块体滑动搬运超过 200km、挪威陆架边缘现代 Storegga MTD 搬运距离超过 800km。与陆上滑坡不同，深水 MTD 长距离搬运可以用滑水作用（hydroplaning）来解释。Mohrig 等通过水槽实验认为，MTD 前端的碎屑流前缘在薄水层上具有滑动现象（滑水），这种滑水作用导致碎屑流前缘与水之间的层面拖拽力减小，碎屑流前缘搬运速率增大，促使其快速脱离 MTD 主体，形成独立块体长距离搬运现象。

第五节 块体搬运沉积体系岩相类型与岩相组合特征

有关深水重力流岩相类型的划分方法主要有特征描述划分法、基于沉积物成因划分法、根据沉积特征英文首字母缩写进行编码划分法以及相的级次和特征描述结合划分法等。特征描述划分方法是早期通过颗粒大小、顶底接触几何学、原生沉积构造等现象，对深水岩相给予较粗略地划分，适用于基于露头资料描述的中等尺度或较大尺度的深水岩相划分。而基于沉积物成因划分法前提是深水沉积物流体之间部分是可以转换的，但这一观点至今仍受到多数学者质疑。根据沉积特征英文首字母缩写进行编码的深水岩相划分更多集中在重力流沉积物本身，与其相关的深水泥、生物成因和化学成因沉积物描述较少，且垂向上具有成因联系的沉积物组合特征分析较少。根据相的级次和特征描述结合的划分方法是目前较为流行的深水岩相划分方法，即通过单一成因深水重力流过程解剖，结合沉积特征差异描述，建立岩相类型和岩相序列组合。

上述深水重力流岩相划分方法对于深水 MTD 岩相类型划分具有很强的指导意义。Tripsanas 等通过对北美东部边缘深水 MTD 岩心观察与描述，根据沉积特征、沉积物变形类型及其程度等要素将深水 MTD 岩相划分为 6 大类和 12 个亚类：外源层状沉积物；（高）扭曲层状沉积物；硬（软）碎屑支撑含泥碎屑砾岩；（非）均质基质支撑含泥碎屑砾岩；均质基质支撑含很少泥碎屑；冰川成因均质基质支撑含泥碎屑砾岩；薄碎屑/薄正递变基质支撑含泥碎屑砾岩；混杂沉积物（图 3-15）。同时根据深水 MTD 不同位置可能的搬运机制和流体过程，划分岩相组合为 6 大类和 13 个亚类：局部滑动/滑塌或上倾断崖处沉积物；垮塌碎屑物；垮塌碎屑物尾部或滑落碎屑物；富含碎屑泥流；低变形滑动/滑塌、残留块体、滞留沉积物；高变形滑动沉积物；高速率粘结性碎屑流；由高到低速率粘结性碎屑流的滞留沉积物；低速率粘结性碎屑流；含少量碎屑的泥流；冰川成因低速率粘结性碎屑流；大型块体运动前端泥流；无粘结性碎屑流（图 3-15）。Tripsanas 等的划分方案重点强调了沉积位置、沉积物变形、颗粒间支撑类型和沉积物成因等因素，对于纵向沉积组合趋势判断及生物和化学成因沉积物则涉及较少。另外，受不同的学者对深水搬运过程认识的差异，国际上对于深水 MTD 岩相类型的划分仍没有一个较统一的结果，而且基于不同地质背景下的岩相类型划分结果也并不一定适用于其他地区，如 Tripsanas 等划分方案中具有局部因素的冰川成因沉积物等。

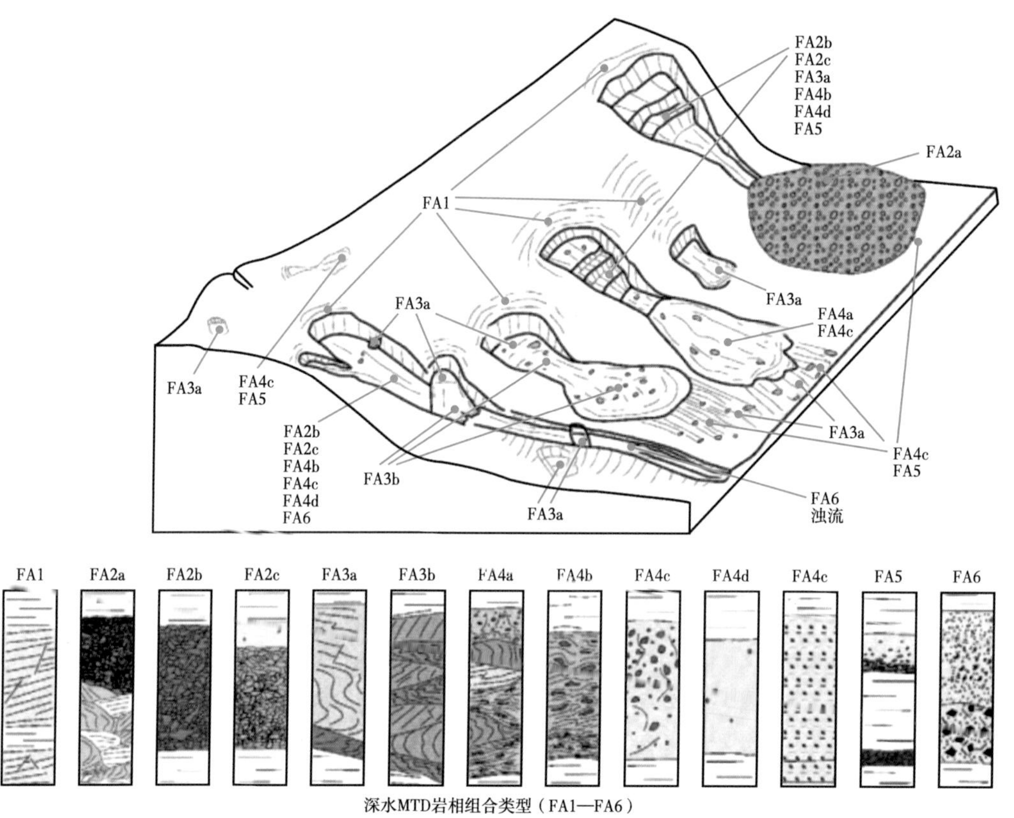

FA1. 局部滑动/滑塌或上倾断崖处沉积物；FA2a. 垮塌碎屑物；FA2b. 垮塌碎屑物尾部或滑落碎屑物；FA2c. 富含碎屑泥流；FA3a. 低变形滑动/滑塌、残留块体、滞留沉积物；FA3b. 高变形滑动沉积物；FA4a. 高速率粘结性碎屑流；FA4b. 由高到低速率粘结性碎屑流的滞留沉积物；FA4c. 低速率粘结性碎屑流；FA4d. 含少量碎屑的泥流；FA4c. 冰川成因低速率粘结性碎屑流；FA5. 大型块体运动前端泥流；FA6. 无粘结性碎屑流

图 3-15　深水块体搬运沉积岩相类型和岩相组合（据 Tripsanas 等，2008）

第六节　块体搬运体系与油气关系

一、块体搬运体系分布与油气富集

块体搬运体系的系统认识为进一步深化深水油气勘探开拓了新的思路。早期浊流沉积体系认为深水砂体以点物源供给为主，形成典型的扇体形态，因而对于深水沉积砂体的预测多强调物源供给通道的控制作用和沿物源搬运方向的展布规律（Reading 和 Richards，1994）。同时，浊流沉积体系认为深水平原为沉积物分布的最终场所，深水斜坡主要发生沉积物的过路作用，而不会有沉积物的堆积。块体搬运体系则强调在沉积物搬运的过程中沉积作用都有可能发生，深水斜坡同样发育大量的如滑动、滑塌、砂质碎屑流块体搬运沉积，从而拓展了深水砂体分布范围，拓宽了深水油气勘探的思路（图 3-16）。同时，滑

动、滑塌、砂质碎屑流块体搬运沉积的分布受深水坡折带的控制显著，这些块体搬运沉积多围绕不同级次的坡折带呈环带状分布，从而为准确的深水砂体油气勘探预测提供了新的思路（李相博等，2011）（图3-16）。

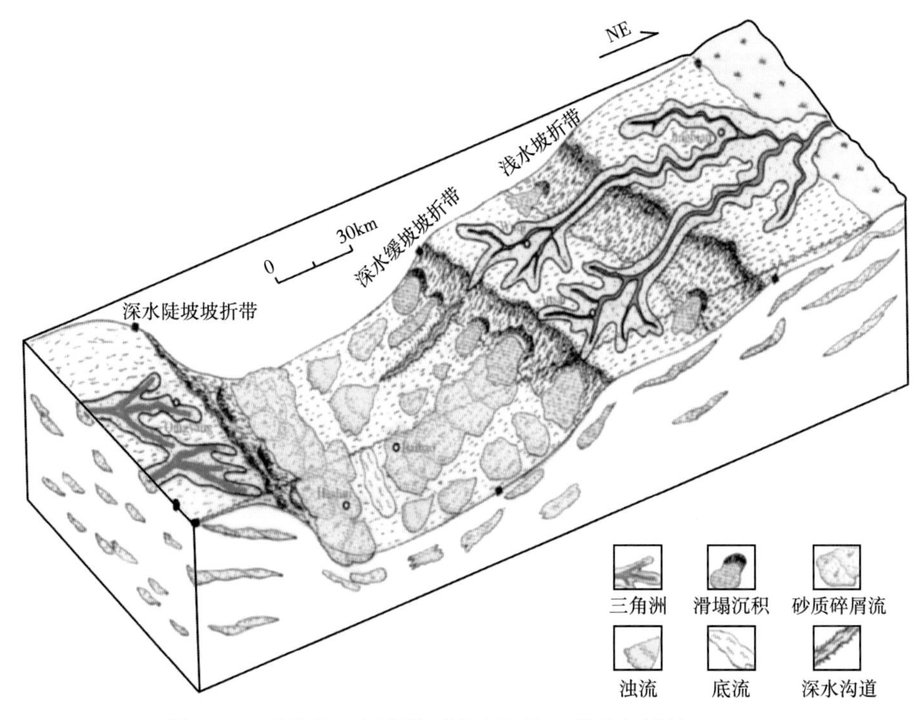

图3-16　块体搬运沉积体系分布规律（据李相博等，2011）

块体搬运沉积体系其砂体分布规律及内幕期次与浊流沉积系统之间存在显著的差异，导致其油气分布规律也存在对应的差异，从而为油气的勘探与开发提出了新的要求。浊流沉积体系砂体多垂直于坡折带向深水盆地搬运，分布范围较大，多呈扇形，砂体连通性好，因而油气可大面积分布，可进行远井距开发（图3-17a）。块体搬运沉积体系砂体主

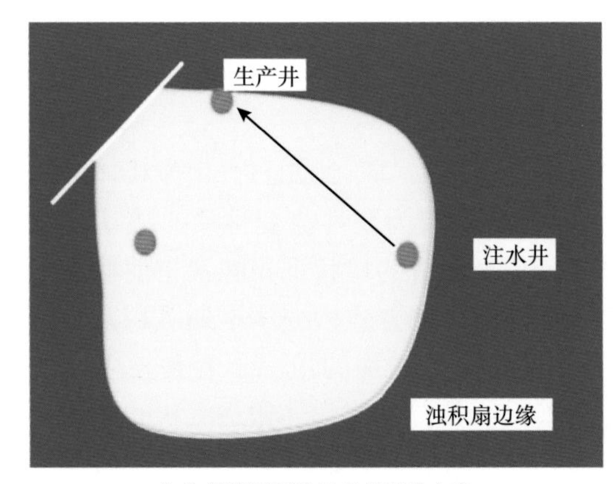

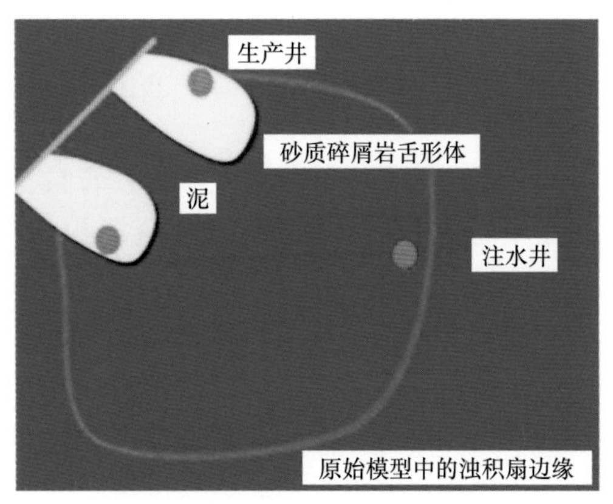

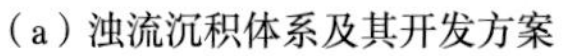
（a）浊流沉积体系及其开发方案

（b）块体搬运沉积体系及其开发方案

图3-17　块体搬运沉积体系对油气勘探开发的启示（据Shanmugam，2012）

要围绕坡折带分布，分布范围相对局限，为多期舌形体叠置沉积产物，砂体的侧向连通性相对较差，特别是在油气开发时，井网的部署需考虑单个舌形体分布范围，以近井距开发效果最佳（Shanmugam，2012）（图 3-17b）。

二、块体搬运体系储层网络系统

块体搬运沉积体系虽然单个舌形体分布距离范围有限，但是其沉积砂体具有砂岩液化脉广泛发育的典型特征，这些砂岩液化脉多发育在砂泥互层或厚层砂体的顶部，可刺穿不同期次舌形体之间的泥岩或粉砂质泥岩隔层，从而起到连通上下砂体的作用（图 3-18）。同时，这些砂岩液化脉作为泄水通道，随着液化泄水作用的进行，可以使泥质杂基进一步被带出，从而使得这些液化脉储层物性较好，是后期成岩流体和油气运移的优势通道（图 3-18）。这些广泛发育的砂岩液化脉可以将不同期次沉积舌形体连通，从而形成块体搬运体系储层网络系统，利于油气的储集和整体开发。

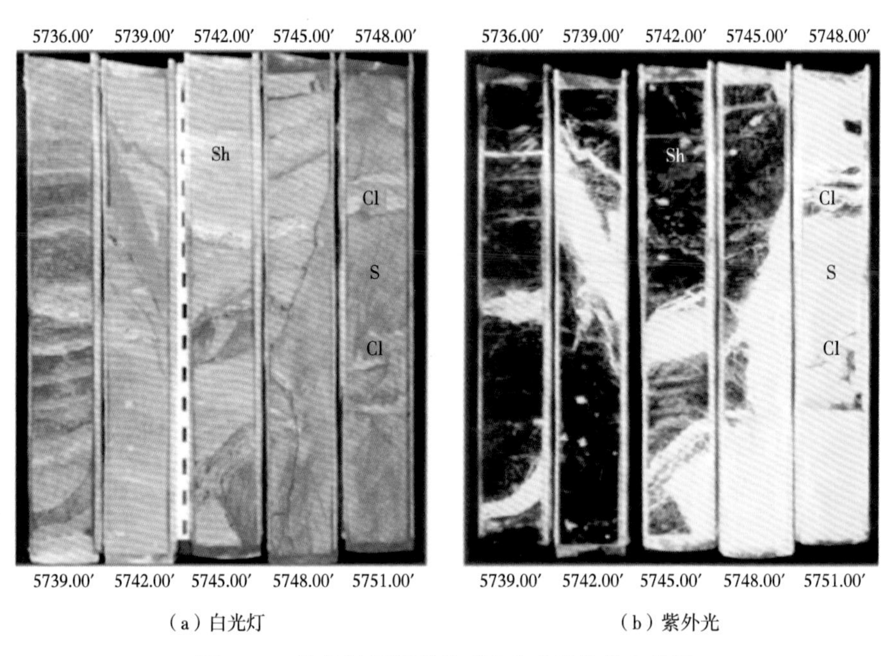

（a）白光灯　　（b）紫外光

图 3-18　块体搬运沉积体系液化砂岩脉分布特征

块体搬运体系中砂岩液化脉的发育具有其必然性（Yang 等，2020a）。由于块体搬运沉积体系中的砂质沉积以砂质碎屑流沉积为主，砂质碎屑流为塑性流变性质，块状固结沉淀，其原始沉积物中具有孔隙水发育的基本条件。后期形成的块状沉积叠置于前期块体之上会形成较大的载荷压力，这种块体搬运、整体固结沉降的方式构成了早期沉积富含孔隙流体块状砂岩泄水的动力，早期沉积块体在流体压力突然增加的情况下容易发生流体液化，在砂泥接触部位形成泄水通道（Yang 等，2020a）。不同期次块体搬运沉积的叠加不断重复泄水过程，导致不同期次舌形体之间砂岩液化脉发育，刺穿不同期次舌形体之间的泥质隔层，构成块体搬运体系储层网络系统（Shanmugam，2012）（图 3-19）。

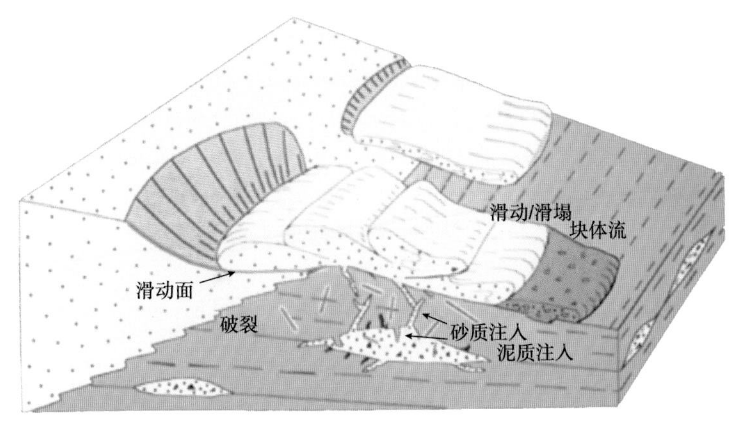

图 3-19　块体搬运沉积体系液化砂岩脉成因模式

参 考 文 献

操应长，杨田，王艳忠，等，2017. 深水碎屑流与浊流混合事件层类型及成因机制［J］. 地学前缘，24（3）：234-248.

何起祥，2010. 沉积动力学若干问题的讨论［J］. 海洋地质与第四纪地质，30（4）：1-8.

李相博，付金华，陈启林，等，2011. 砂质碎屑流概念及其在鄂尔多斯盆地延长组深水沉积研究中的应用［J］. 地球科学进展，26（3）：286-294.

秦雁群，万仑坤，计智锋，等，2018. 深水块体搬运沉积体系研究进展［J］. 石油与天然气地质，39（1）：140-152.

Alves T M, 2015. Submarine Slide Blocks and Associated Soft-Sediment Deformation in Deep-Water Basins: A Review. Marine and Petroleum Geology 67: 262-285.

Baas J H, 2004. Conditions for formation of massive turbiditic sandstones by primary depositional processes [J]. Sedimentary Geology, 166 (3-4): 293-310.

Breien H, De Blasio F V, Elverhøi A, et al, 2010. Transport mechanisms of sand in deep-marine environments—insights based on laboratory experiments [J]. Journal of Sedimentary Research, 80: 975-990.

Brooks H L, Hodgson D M, Brunt R L, et al, 2018. Exhumed lateral margins and increasing flow confinement of a submarine landslide complex [J]. Sedimentology, 65: 1067-1096.

Bull S, Cartwright J, Huuse M, 2009. A review of kinematic indicators from mass-transport complexes using 3D seismic data [J]. Marine and Petroleum Geology, 26 (7): 1132-1151.

Cartigny M J, Eggenhuisen J T, Hansen E W, et al, 2013. Concentration-dependent flow stratification in experimental high-density turbidity currents and their relevance to turbidite facies models [J]. Journal of Sedimentary Research, 83 (12): 1047-1065.

Hampton M, 1975. Competence of fine-grained debris flows [J]. Journal of Sedimentary Petrology, 45: 834-844.

Ilstad T, Elverhøi A, Issler D, et al, 2004. Subaqueous debris flow behaviour and its dependence on the sand/clay ratio: a laboratory study using particle tracking [J]. Marine Geology, 213 (1-4): 415-438.

Kneller B C, Branney M J, 1995. Sustained high-density turbidity currents and the deposition of thick massive sands [J]. Sedimentology, 42 (4): 607-616.

Kneller B, Dykstra M, Fairweather L, et al, 2016. Mass-transport and slope accommodation: implications for turbidite sandstone reservoirs. AAPG Bulletin, 100: 213–235.

Lewis K, 1971. Slumping on a continental slope inclined at 1°~4° [J]. Sedimentology, 16 (1 – 2): 97–110.

Liu J, Xian B, Wang J, et al, 2017. Sedimentary architecture of a sub-lacustrine debris fan: Eocene Dongying Depression, Bohai Bay Basin, east China [J]. Sedimentary geology, 362: 66–82.

Lowe D R, 1982. Sediment gravity flows; II, Depositional models with special reference to the deposits of high-density turbidity currents [J]. Journal of Sedimentary Petrology, 52 (1): 279–297.

Mohrig D, Whipple K X, Hondzo M, et al, 1998. Hydroplaning of subaqueous debris flows [J]. Geological Society American bulletin, 110 (3): 387–394.

Mutti E, Bernoulli D, Lucchi F R, et al, 2009. Turbidites and turbidity currents from Alpine 'flysch' to the exploration of continental margins [J]. Sedimentology, 56 (1): 267–318.

Pan S X, Liu C Y, Li X B, et al, 2019. Giant sublacustrine landslide in the Cretaceous Songliao Basin, NE China. Basin Research, DOI: 10.1111/bre.12357.

Piper D J W, Normark W R, 2009. Processes That Initiate Turbidity Currents and Their Influence on Turbidites: A Marine Geology Perspective [J]. Journal of Sedimentary Research, 79 (6): 347–362.

Reading H G, Richards M, 1994. Turbidite Systems in Deep-Water Basin Margins Classified by Grain Size and Feeder System [J]. AAPG Bulletin, 78: 792–882.

Sanders J E, 1965. Primary sedimentary structures formed by turbidity currents and related resedimentation mechanisms [C]//Middleton G V, ed. Primary sedimentary structures and their hydrodynamic interpretation: Society of Economic Paleontologists and Mineralogists Special Publication, 12: 192–219.

Shanmugam G, 1996. High-Density Turbidity Currents Are They Sandy Debris Flows? [J]. Journal of Sedimentary Research, 66 (1): 2–10.

Shanmugam G, 2000. 50 Years of the Turbidite Paradigm (1950s–1990s): Deep-Water Processes and Facies Models–a Critical Perspective [J]. Marine and Petroleum Geology, 17 (2): 285–342.

Shanmugam G, 2012. New perspectives on deep-water sandstones: Origin, recognition, initiation, and reservoir quality, Amsterdam. Elsevier: 1–52.

Shanmugam G, 2013. New Perspectives on Deep-Water Sandstones: Implications [J]. Petroleum Exploration and Development, 40 (3): 316–324.

Shanmugam G, Moiola R J, 1995. Reinterpretation of depositional processes in a classic flysch sequence (Pennsylvanian Jackfork Group), Ouachita Mountains, Arkansas and Oklahoma [J]. American Association of Petroleum Geologists Bulletin, 79: 672–695.

Stevenson C J, Peakall J, 2010. Effects of topography on lofting gravity flows: Implications for the deposition of deep-water massive sands [J]. Marine and Petroleum Geology, 27 (7): 1366–1378.

Stow D A V, Johansson M, 2000. Deep-Water Massive Sands: Nature, Origin and Hydrocarbon Implications [J]. Marine and Petroleum Geology, 17 (2): 145–174.

Stow D A V, Mayall M, 2000. Deep-Water Sedimentary Systems: New Models for the 21st Century [J]. Marine and Petroleum Geology, 17 (2): 125–135.

Talling P J, Malgesini G, Felletti F, et al, 2013b. Can Liquefied Debris Flows Deposit Clean Sand over Large Areas of Sea Floor? Field Evidence from the Marnoso – Arenacea Formation, Italian Apennines [J]. Sedimentology, 60: 720–762.

Talling P J, Masson D G, Sumner E J, et al, 2012. Subaqueous Sediment Density Flows: Depositional Processes and Deposit Types. Sedimentology, 59: 1937–2003.

Talling P J, Paull C K, Piper D J W, 2013a. How Are Subaqueous Sediment Density Flows Triggered, What Is Their Internal Structure and How Does It Evolve? Direct Observations from Monitoring of Active Flows [J].

Earth-Science Reviews, 125 (3): 244-287.

Talling P J, Wynn R B, Masson D G, et al, 2007a. Onset of Submarine Debris Flow Deposition Far from Original Giant Landslide. Nature, 450: 541-544.

Tripsanas E, Piper D, Jenner K, et al, 2008. Submarine mass - transport facies: new perspectives on flow processes from cores on the eastern North American margin [J] . Sedimentology, 55 (1) : 97 - 136.

Yang T, Cao Y C, Liu K Y, et al, 2020a. Gravity flow deposits caused by different initiation processes in a deep-lake system [J]. AAPG Bulletin, 104 (7): 1463-1499.

Zavala C, Arcuri M, 2016. Intrabasinal and extrabasinal turbidites: Origin and distinctive characteristics [J]. Sedimentary Geology, 337: 36-54.

Zavala C, Pan S X, 2018. Hyperpycnal flows and hyperpycnites: Origin and distinctive characteristics [J]. Lithologic Reservoirs, 30 (1): 1-18.

Zou Caineng, Wang L, Li Y, et al, 2012. Deep-lacustrine transformation of sandy debrites into turbidites, Upper Triassic, Central China [J]. Sedimentary Geology, 265-266 (15): 143-155.

第四章　国外典型深水重力流油气藏特征

第一节　墨西哥湾海域深水重力流油气藏

一、墨西哥湾深水盆地概况及勘探现状

墨西哥湾（gulf of Mexico，简称 GOM）地理位置上属于中北美加勒比海地区，墨西哥湾盆地北部毗邻美国南部陆域，西邻墨西哥（图 4-1）（梁杰等，2009）。墨西哥湾海底地形平坦，陆架区较宽阔，向南水深加大，其中位于 400m 以深的深水区面积约$41\times10^4km^2$，主体

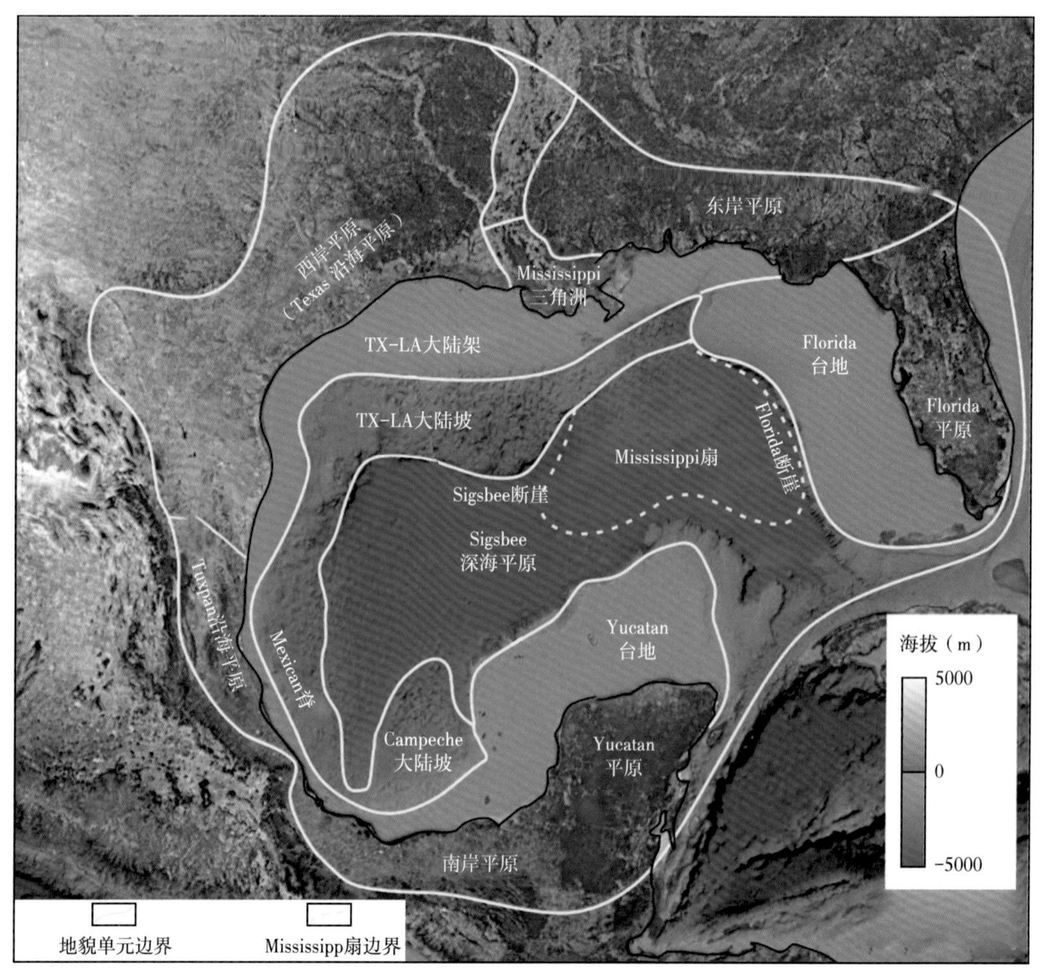

图 4-1　墨西哥湾盆地和邻区地形及构造纲要图（据梁杰等，2009）

位于美国，仅西南部分地区位于墨西哥（卢景美等，2018）。墨西哥湾是世界重要的石油天然气产地之一，近半个世纪以来，在近岸及浅水区油气产量显著下降的背景下，石油公司已将勘探重心转移至深水和超深水地区。当前，墨西哥湾已是全球石油工业在深水领域开展油气勘探开发的焦点之一，与巴西、西非深水区并称为世界深水油气勘探开发的“金三角”。

1975 年 Shell 公司在位于密西西比峡谷水深约 313m 处发现了 Cognac 油田，揭开了墨西哥湾深水油气勘探的序幕。此后，从 20 世纪 80 年代末期开始，在墨西哥湾盆地海域陆续发现了 Mad dog、Mars、Atlantis、Crazy Horse、Jack、Stones、Julia、Tiber、North platte 和 Shenandoah 等一批深水大油田（钱伯章和朱建芳，2014；张功成等，2017）。其中，1999 年，在墨西哥坎佩切湾水深约 3600m 的位置发现了西伊尔油田，石油地质储量约为 14×10^{8} bbl，与坎塔雷尔大油田位于同一水域；同年，BP 公司在美国墨西哥湾深水区发现 Crazy Horse 油田，水深约 1800m，估计原始可采地质储量 10×10^{8} bbl 油当量，是当时墨西哥湾有史以来最大的石油勘探发现。2000 年底，在墨西哥湾深水区已发现超过 100 余个油气田，其中近三分之一已投产，深海油气产量达到 3800×10^{8}t，墨西哥湾深水油气田产量首次超过浅水区（梁杰等，2009）。2001 年，BP 公司在 Crazy Horse 油田附近又发现 Thunder Horse North 油田，水深约 1735m，可采储量近亿吨，是墨西哥湾海域的又一重大油气发现。至 20 世纪末期，墨西哥湾已会集了 50 余家油气公司进行勘探和开发，产量规模急剧增长了近 20 倍，超过半数的勘探工作部署在深水区，四分之一的勘探区水深超过 1800m，几十个深水大油田的日产量可达 130×10^{4} bbl 油当量，约占当时墨西哥湾油气总产量的三分之一。

近年来，油气勘探投入持续加大，深水油气发现显著增长，展现了巨大的勘探潜力，受到了越来越多的石油公司关注。2006 年，美国在墨西哥湾获得 8 个重大油气发现，全部位于深水区，此后该区域又有多个重大深水油气发现，包括 Tiber、Kaskida、Hadrian、Julia 及 Appomattox 等油田，其中，2007 年发现 Julia 油田水深超过 2000m，估计石油资源量 8×10^{8}t。据美国相关部门预测，墨西哥湾深水区油气储量预计最高可达 150×10^{8} bbl 油当量。

墨西哥湾深水区的主力产油层位为古近系—新近系。近 10 年，墨西哥湾深水区油气勘探成功率达 40%~50%，尤以盐下的古新统—始新统 Wilcox 组深水浊积砂岩储量增长最为迅速。在全球油气勘探目标逐步走向深水的背景下，墨西哥湾作为美国三大含油气区之一，其开发潜力和勘探前景不言而喻，已成为当前深水油气勘探的热点地区（钱伯章和朱建芳，2014）。

二、地质背景

墨西哥湾盆地构造位于北美克拉通板块和尤卡坦陆块之间，是板块拉张所导致陆壳内部裂开而形成的裂谷盆地。盆地构造样式复杂，发育三条北西—南东走向的大型走滑断裂，即 Pearl River 断裂、Sabine 断裂和 Brazos 断裂。这些断裂带既控制了盆地的演化，也是深水沉积的主要路径。

墨西哥湾盆地主要经历了三叠纪—早侏罗世的裂谷发育阶段、中侏罗世的过渡阶段、晚侏罗世—早白垩世的强烈扩张阶段和晚白垩世—新近纪的热沉降阶段共四个演化阶段。受构造背景的控制，墨西哥湾盆地主要发育中生代陆相红层、蒸发岩—碳酸盐岩以及新生代碎屑岩。来自北美大陆的沉积物补给使墨西哥湾北部地区发育了从侏罗系到全新统近20km厚的陆架边缘和斜坡沉积。

墨西哥湾盆地地壳的扩张始于晚三叠世（约225 Ma），并持续至白垩纪早期（约140Ma）。地壳的非对称伸展导致盆地中部形成了广阔的过渡性大陆地壳，并沿盆地东北部和西缘间或发育较厚的地壳块体和伸展型地壳。早期沉积以陆相红层为主，夹杂部分岩浆岩。晚侏罗世初期（约160 Ma），海床开始扩张，海水逐步进入扩张的盆地内，洋壳开始发育，沉积体系过渡为以海相为主。在地壳伸展接近尾声时，由于海水蒸发加剧，且与大洋连接不畅，盆地内广泛发育蒸发岩—碳酸盐岩。这些盐岩层又被后期的沉积负荷改造，现今盆地内发育的绝大多数盐岩体均具有异地搬移特征，构造样式多样，形成了一套复杂而特殊的重力构造。海平面的迅速下降导致白垩纪中期区域性不整合面的形成。尔后，海平面开始上升，早期的浅水环境和温暖的气候条件，为碳酸盐岩的发育创造了有利条件，而随着海平面上升的加快，碳酸盐岩发育减弱，并开始以碎屑岩为主。

墨西哥湾深水沉积体系早期物源供给有限，以泥质沉积为主，夹钙质泥岩。深水区的砂质沉积主要从新生代开始发育。晚白垩世—古近纪的拉拉米造山运动（Laramide orogeny），使得美国西部地壳抬升，科罗拉多高原及其周缘山脉隆升，广泛的褶皱造山和风化剥蚀为墨西哥湾深水区提供了大量的碎屑物质。碎屑物质经由日奥格兰德河、科罗拉多休斯顿水系和密西西比河长期稳定地注入盆地西部和北部。古新世开始，充足的物质供给导致陆缘区的三角洲沉积不断向前推进，并数次超过陆架范围，三角洲沉积的快速前积在陆架边缘、陆坡和深水盆地区形成水道、深水扇和深海泥等，例如中新世时期形成的Mcaulu深水扇。

根据沉积地层发育，墨西哥湾盆地晚侏罗世裂后沉积历史可划分为六个阶段（图4-2）：（1）早—中侏罗世蒸发岩—碳酸盐岩沉积阶段，主要在宽阔且水体较浅的局限—开放海盆范围内发育富含有机物的泥岩、泥灰岩和局部性砂岩；（2）晚侏罗世末—早白垩世盆地北缘富砂硅质碎屑岩沉积和远缘碳酸盐岩陆棚沉积阶段；（3）晚白垩世大陆边缘混合硅质碎屑和碳酸盐岩沉积阶段，并发育富有机质泥岩；（4）古近纪受河流系统和充填中心控制的盆地西北缘硅质碎屑沉积发育阶段；（5）中新世盆地中部和东北部碎屑沉积发育阶段；（6）上新世以来受气候和海平面变化控制的盆地中部沉积体系阶段。

三、油藏地质特征

1. 烃源岩条件

墨西哥湾盆地油气资源丰富，产量巨大，很大程度上是由于该区优质烃源岩的普遍发育。晚侏罗世早期（Smackover组沉积期）在盆地大部分地区广泛发育富有机质泥灰岩，该套烃源岩已普遍进入生油窗，且在盆地北侧和东侧发育良好储层，成藏要素组合较为有利。同时，在墨西哥湾的深部低斜坡和褶皱带中也发现了该套烃源岩生排烃的证据。之后，钦莫利期以沉积富有机质泥页岩为特征，主要沉积范围为盆地北部到中部的盆湾一带，该时期发育的Haynesvile页岩和上覆的提塘期Bossier页岩是该区域中一套重要的气源岩。提塘期富有机质泥岩在整个盆地中较为普遍，在墨西哥湾深水区的低斜坡和褶皱带中发现了大量由该套烃源岩生成的石油（Cunningham等，2016）。在巴雷姆期—阿普特期基本未发育有效烃源岩，仅在晚阿普特期的盆地深水区发育小范围的烃源岩。晚白垩世早期

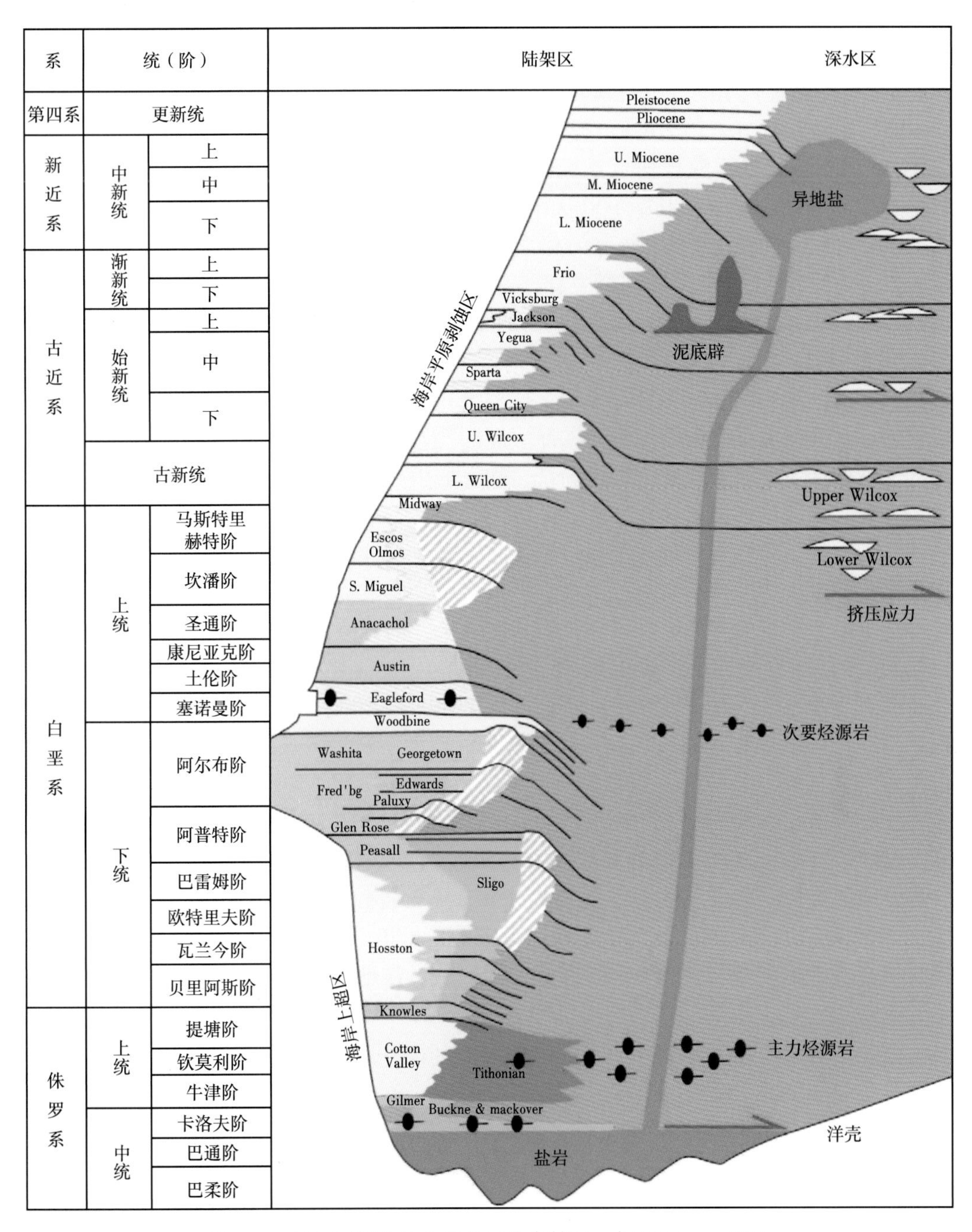

图 4-2　墨西哥湾盆地主要地层发育情况（据 Winker，2007）

盆地广泛发育富有机质的钙质泥岩，其生成的油气主要运移至塔斯卡卢萨（Tascaloosa）储层和伍德拜恩（Woodbine）储层，以及上覆的 Austin Chalk 裂缝型储层。之后，在圣通期—坎潘期发育少量的烃源岩。而古近纪的烃源岩，主要在古新世和始新世，遍布该盆地的大部分地区。随着大型进积型三角洲的发育，丰富的陆缘碎屑物质保存在厚层的泥岩中，成为一套优质的烃源岩。

墨西哥湾盆地从晚侏罗世—始新世共发育六套烃源岩层，其中四套为主要的烃源岩层。陆上及浅水钻井表明，上侏罗统海相泥岩和泥灰岩为主力烃源岩层。墨西哥湾南部盐盆 Kampeche 湾钻井揭示提塘期烃源岩平均厚度超过百米，干酪根类型为 Ⅰ—$Ⅱ_1$ 型，有机碳（TOC）含量为 1.01%~15.6%，平均 4.19%，氢指数（HI）为 397~818mg/g（平均 678 mg/g）。在深水区，揭示深部侏罗系烃源岩的钻井较少，中部钻井样品实测 TOC 含量为 1.7%~13.0%，平均 6.5%，其中 TOC 大于 5%的层段厚度达 93m 以上，HI 为 500~650mg/g。此外，东部水域也有多口井揭示该套海相优质烃源岩（卢景美等，2018）。墨西哥湾盆地上侏罗统主力烃源岩在深水盐盆区广泛发育，埋深较大，局部被盐岩株的底辟隆升所分割，或被盐岩隆起至浅层。此外，受深水地区盐岩的影响，深水区烃源岩热演化程度相对较低。

2. 储层特征

墨西哥湾盆地内的油气主要存储于上侏罗统—第四系更新统的多套储层中，储层主要为碎屑岩，在晚侏罗世—白垩纪发育的厚层碳酸盐岩，也是较好的油气储层。墨西哥湾深水区的油气产层主要集中在盐上的上新统、盐下的中新统和古新统—始新统。深水储层岩石类型主要为浅部的河道砂体和深水浊积砂体（Weimer 等，1998a）。20 世纪中后期的深海钻探计划发现了墨西哥湾现代浊流沉积体系，并对石油勘探提供了重要的启示。墨西哥湾深水浊流体系较为发育，可见侵蚀面、河道、朵叶体及盆底扇等。其中，盆底扇和河道沉积等在垂向上叠置发育成厚层砂体，可达数百米，部分砂体具有完整的“鲍马”序列特征，是典型的深水浊流沉积（Weimer 等，1998b）。

墨西哥湾深水区的盐下古新统—下始新统的 Wilcox 组是一套主力储层，储量规模大。墨西哥湾北部深水盐盆 Wilcox 组储层发育区水深较大，属于深水—超深水范围。该套储层埋深也较大，其中，上 Wilcox 组埋深西浅东深，西部 Perdido 褶皱带埋深为 1600~4500m，中东部埋深为 5000~7000m（卢景美等，2018）。Wilcox 组厚度可达数百上千米，分为上、下两个层组，其中上 Wilcox 组为深水区的主力储层，主要为细粒长石质岩屑砂岩和岩屑砂岩，成分成熟度和结构成熟度中等，岩屑成分以变质岩和沉积岩为主（Taylor 等，2010）。其中，上 Wilcox 组砂岩单层最大厚度可达几十米，以极细—细砂岩为主，分选中等—差，泥屑含量高，孔隙度 10%~30%，储层渗透性一般，在西部盐盆平均渗透率为 90mD，最高可达 800mD，在中东部盐盆平均渗透率为 10mD。下 Wilcox 组埋藏更深，储层物性比上 Wilcox 组差，平均孔隙度为 15%，渗透率为 1mD（图 4-3）。

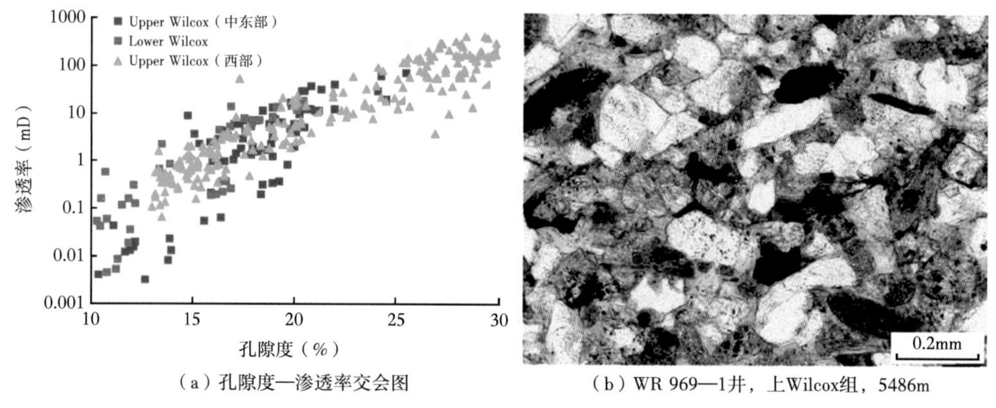

（a）孔隙度—渗透率交会图　（b）WR 969—1井，上Wilcox组，5486m

图 4-3　墨西哥湾北部深水盐盆 Wilcox 组砂岩储层特征（据卢景美等，2018）

四、主要产油层段沉积模式

墨西哥湾盆地碎屑岩主要发育在新生代。晚白垩世—古近纪的拉拉米造山运动导致美国西部地壳抬升，科罗拉多高原及其周缘山脉隆升，盆地北部多条河流汇入，为墨西哥湾深水区的砂质沉积提供了充足的物源输入。在新生代，充足的物质供给导致陆缘区的三角洲沉积不断向前推进，三角洲沉积的快速前积在陆架边缘、陆坡和深水盆地区形成水道、深水扇和深海泥（图 4-4）。中新世早期，三角洲沉积主要在陆架区发育，后期沉积物输入的增加，使得三角洲沉积快速前积，例如陆架边缘区的 Mcaulu 深水扇就在该时期形成（Galloway 等，2000）。

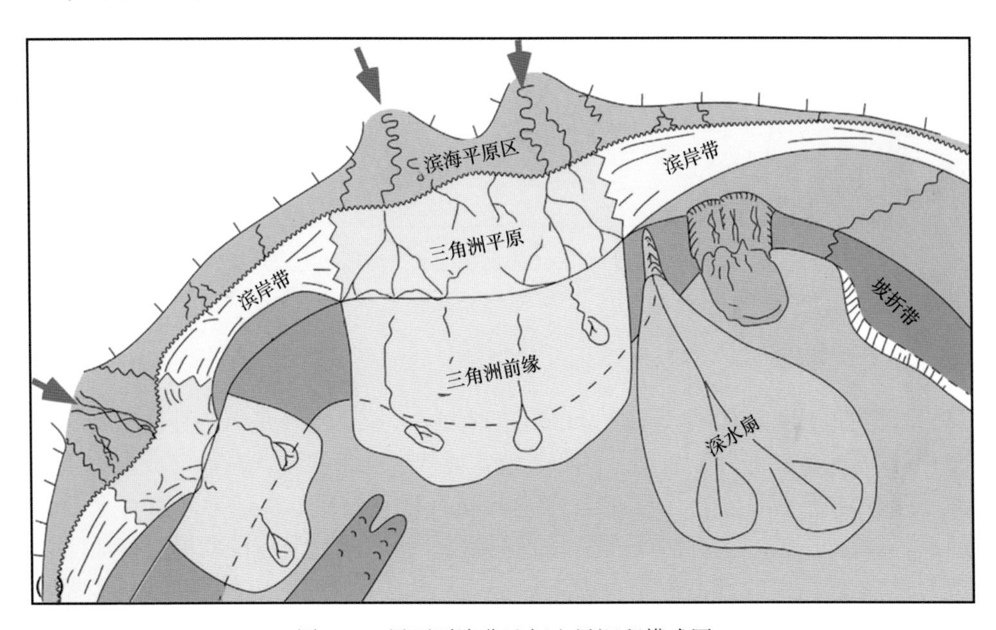

图 4-4　墨西哥湾盆地新生界沉积模式图

目前认为深水区 Wilcox 组为深水扇沉积，在重力作用下，陆缘碎屑物质沿墨西哥湾盆地陆架区深切谷或河道搬运至陆坡和深水区，形成深水扇沉积。墨西哥湾深水区 Wilcox 组地震反射特征表现为上、下低频强反射层夹中间弱反射或杂乱反射，连续性差，具有深水扇沉积体系的反射特征。前人依托深水区钻井资料的分析，将 Wilcox 组深水扇进一步划分出外扇、中扇和内扇（卢景美等，2014）。上 Wilcox 组为深水扇的水道化朵叶体和远端朵叶体的复合沉积，下 Wilcox 组为水道和远端朵叶体沉积（图 4-5）。

墨西哥湾北部新生代的沉积历史主要包括四个演化阶段：（1）古新世—中始新世阶段与拉拉米造山运动导致的构造隆起和剥蚀有关；（2）晚始新世—渐新世阶段与美国西南部和墨西哥地区的火山活动、地壳加热和隆起有关；（3）中新世阶段与北美东部高地和得克萨斯中西部隆升侵蚀有关；（4）上新世早期—第四纪阶段，主要与区域隆升、气候变化、冰川作用和高振幅、高频的冰川升降及海平面变化有关（William，2001）。这些阶段的边界是层次性的，个别沉积事件可能显示出受多个阶段演化的共同影响。

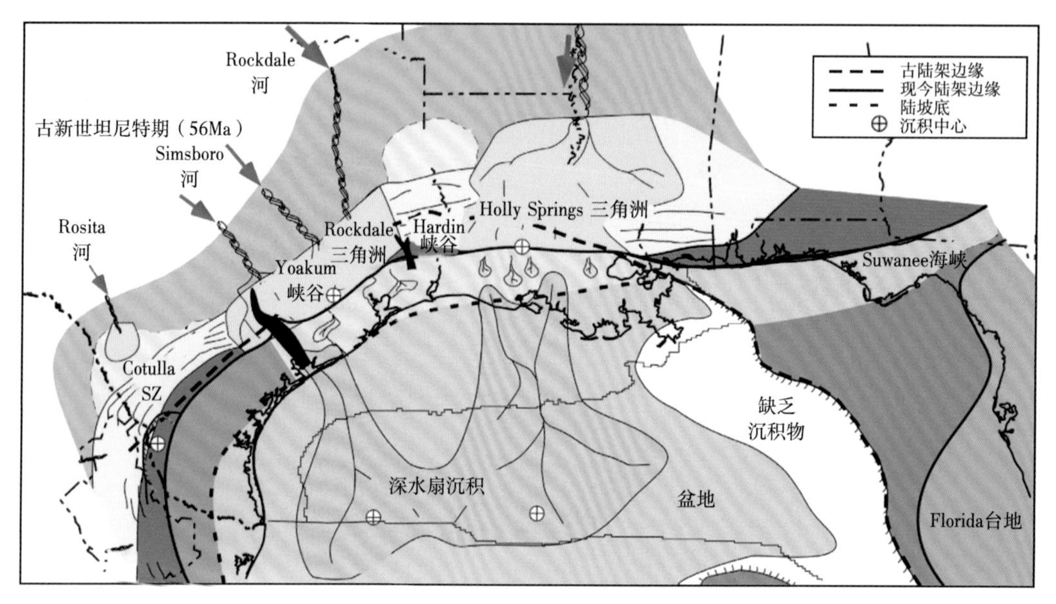

图 4-5　古新世晚期下 Wilcox 组沉积期的古地理和主要沉积体系

五、油气成藏模式

墨西哥湾盆地已发现的油气藏类型以构造型为主，而且主要是与各种盐构造有关的圈闭类型，其次是构造—岩性复合型。墨西哥湾盆地盐岩极为发育，对油气成藏有重要的控制作用。盐岩层在陆架区和深水区的发育模式具有显著差异，在陆架区发育盐丘或盐柱等，往往将油藏分割成多个小油藏，在深水区则易于形成被盐岩包围的局限盆地。

墨西哥湾北部深水盐盆古新统—始新统 Wilcox 组具有优越的成藏条件。侏罗系海相泥岩和泥灰岩为主力烃源岩，大部分处于生油阶段，Wilcox 组深水扇沉积广泛发育，发育中孔低渗型储层，Wilcox 组的直接盖层为中—上始新统泥岩，区域盖层为异地盐蓬，发育构造下倾型和背斜型两大类与盐相关的构造圈闭。墨西哥湾北部深水盐盆 Wilcox 组油气成藏和富集受 Walker、Keathley 和 Perdido 等盐拱褶皱带的控制，与盐拱相关的断裂和微裂隙提供了油气垂向运移通道，盐蓬底部的渗透性地层提供了油气侧向运移通道。

第二节　巴西海域深水重力流油气藏

一、巴西海域深水油气勘探现状

巴西陆上石油资源相对匮乏，但具有丰富的深海油气资源，其国有石油区面积为 $12.38\times10^4km^2$，因沿海大陆架陡峭，其中 60%位于 500m 以深的深海区，离岸百余千米水深即达到千米以上，深水区面积占巴西海域面积的四分之三以上（图 4-6）。巴西东部大陆边缘主要分布着坎波斯（Campos）、桑托斯（Santos）、圣路易斯和雷康卡沃等一系列大型含油气沉积盆地，是全球最重要的油气资源产区之一（陶崇智等，2013）。巴西深水区是近年来油气勘探的热点之一，主要勘探目标是桑托斯盆地、坎波斯盆地和圣埃斯皮里图（Espirito Santo）

盆地，又统称为大坎波斯盆地，该三大盆地贡献了巴西深水油气总发现量的九成以上（图4-7）（张功成等，2015）。20世纪80年代，巴西石油公司引进国际先进深水勘探开发技术，在坎波斯盆地盐上深水碎屑浊积体勘探并开发了深水油田，之后又在桑托斯盆地的盐下碳酸盐岩储层发现了一大批巨型油气田（张功成等，2017；熊利平等，2013）。

图4-6　巴西东部大陆边缘坎波斯盆地和桑托斯盆地位置图（据陶崇志等，2013）

巴西深水盆地的油气田储量规模大，全球深海油田储量排名前20位中超过半数分布在巴西深水区，其可采储量遥遥领先于世界其他海域。在2012—2018年世界油气资源的新发现中，巴西深水占32%。而全球近五年油气储量增长中，巴西贡献了近三分之一。据统计，巴西2017年日均石油产量高达320×10^4bbl，是全球第九大石油生产国，占全球总产量的3%左右。截至2019年，巴西深海领域发现超过115个大型油气田，油气可采储量近千亿桶。巴西深水油气勘探开发的成功实践是多种因素共同驱动的结果，丰富的资源是巴西深海油气勘探开发成功的基础，技术进步则

图4-7　巴西海域主要深水大油气田分布（据张功成等，2017）

是驱动巴西深海油气勘探开发成功的关键，这些成功的经验值得各国油公司借鉴，也对中国深水油气勘探具有很大的启示意义。

二、地质背景

巴西东部大陆边缘发育一系列中—新生代沉积盆地，属于典型的含盐型被动大陆边缘盆地，盆地群北部被大火山省、南部被大洋转换断层所限定（秦雁群等，2015）。这些沉积盆地起源于冈瓦纳古陆解体和南大西洋两岸裂离时期，主要经历了前裂谷发育阶段、裂谷发育阶段、过渡阶段及被动大陆边缘演化阶段，并发育裂谷前、同裂谷、过渡期和裂后期四个主要的沉积层序。

早白垩世受南大西洋由南向北裂离的影响，巴西东部开始发育陆内裂谷盆地，以陆相沉积充填为主，岩性为河湖相的碎屑岩为主。随着裂陷作用加剧，南大西洋早期洋壳开始发育，海水进入，在构造高部位及盆缘地区发育碳酸盐岩，盆地深部位则发育陆相碎屑岩。此外，受环境变化及巨型局限海盆的影响，早白垩世后期发育了巨厚的盐岩层。早白垩世晚期，随着洋壳的不断扩张，南美大陆与非洲分离，进入被动大陆边缘演化阶段。该阶段早期局限海盆逐步从南部打开，盆地内发育浅海陆棚相碳酸盐岩，厚度可达数千米，盆缘则以三角洲相沉积为主。被动大陆边缘演化中期，深海相碎屑岩广泛发育，厚层的海相页岩中发育了大规模的浊积砂岩。始新世—渐新世以后，发生海退作用，主要发育浅海相碎屑岩、碳酸盐岩和深海碎屑岩。

三、油藏地质特征

1. 烃源岩

巴西东部大陆边缘深水盆地主力烃源岩均为裂谷期发育的下白垩统微咸湖相钙质黑色页岩，该套烃源岩在桑托斯盆地和坎波斯盆地广泛发育（Guardado 等，2000）。坎波斯盆地主要形成于白垩纪—古近纪，烃源岩从白垩系—古近系均有发育，主力烃源岩为同裂谷期盐下下白垩统 Lagoa Feia 湖相暗色页岩，夹少量钙质泥岩，整体为一套优质烃源岩，干酪根类型包括Ⅰ型和Ⅱ型，以Ⅰ型为主，总有机碳（TOC）含量为 2%～6%，局部最高可达 9%，氢指数（HI）可达 900mg/g，镜质组反射率和热变指数等表明，该套烃源岩在盆地大部分地区均处在生油窗内，但尚未达到过成熟，整体生烃潜力巨大。

桑托斯盆地烃源岩主要包括裂谷期湖相暗色泥页岩、早白垩世碳酸盐岩和晚白垩世—古近纪的海相泥岩，可划分为盐上和盐下两套。其中，主力烃源岩为盐下下白垩统巴雷姆阶 Guaratiba 组湖相暗色页岩，主要发育于火山边缘以北的裂谷盆地内，主要沉积和有机地化特征与 Lagoa Feia 组烃源岩一致，主要为Ⅰ—Ⅱ型干酪根，总有机碳（TOC）含量为 2%～4%，但成熟度较高，在凹陷区及深水区已处于过成熟阶段。盐上烃源岩主要为塞诺曼阶—马斯特里赫特阶 Itajai—Acu 组深水海相泥岩，为盆地内次要烃源岩（陶崇智等，2013）。该套烃源岩有机质类型为Ⅱ—Ⅲ型干酪根，TOC 为 1%～2.5%，在深水区已进入生油窗阶段。

2. 储层

坎波斯盆地和桑托斯盆地主要储层包括盐下阿普特阶介壳灰岩、盐上上白垩统—新生界浊积砂岩和碳酸盐岩，但二者主力储层存在显著差异。坎波斯盆地的储层主要位于上白垩统、古新统—始新统和渐新统—中新统（表4-1）。盐下和盐上储层的储量规模分别占总储量的16.2%和83.8%。其中，上白垩统—中新统盐上海相浊积砂岩为主力储层，储层物性非常好（张申等，2013）。上白垩统砂岩厚度大，可达100~250m，该套储层主要为富砂浊流沉积，孔隙度普遍为20%~30%，渗透率较高（熊利平等，2013）。盐下储层以巴雷姆阶—阿普特阶Logoa Feia组湖相介壳碳酸盐岩为主，是本区的一套次要储层。整体上，坎波斯盆地油气分布与盐上层系浊流沉积体系密切相关，浊积岩储层是坎波斯盆地盐上油气分布的最重要控制因素（Lacaba等，1990；Bruhn等，2003；朱伟林等，2012）。

表4-1　坎波斯盆地主要储层特征表（据Bruhn等，2003）

构造期次	储层年代	沉积相	储层岩性	孔隙度（%）	渗透率（mD）	厚度（m）
漂移期	新近纪中新世	深水浊积扇	浊积扇和水道砂	—	—	—
	古近纪渐新世*	深水浊积扇	浊积砂岩	25~30	5400	30~100
	古近纪始新世	深水浊积扇	浊积砂岩	24.4~27.0	700~1700	90
	晚白垩世末期*	深水浊积扇	浊积砂岩	20~33	1000~4000	>100
	晚白垩世早期*	海相	石灰岩和浊积砂岩	33	约1000	115
裂谷期	早白垩世	滨浅海相	介壳灰岩	15	120	—

注：*为主要储层。

在坎波斯盆地Marlim油田，土伦阶—全新统坎波斯组地层由超过3km厚的浊质砂岩和页岩层序组成。泥岩段称为Ubatuba段，砂岩段称为Carapebus段（Candido和Cora，1992）。Marlim油田的中新统—更新统油藏主要发育在大陆斜坡部位的浊积岩内（Candido和Cora，1992）。总的砂层厚度在0~125m之间，净砂厚度平均为45m，最高可达110m。储层岩相包括混合砂岩、块状砂岩、细—中细粒砂岩、细粒—极细粒的砂岩，具有典型鲍马层序特征（图4-8）。

桑托斯盆地发育下白垩统—始新统多套储层，主力储层为盐下碳酸盐岩、土伦阶Itajai—Acu组浊积砂岩和始新统浊积砂岩。与坎波斯盆地不同，该盆地下白垩统Guaratiba组盐下碳酸盐岩为最重要储层，油气储量占盆地油气总储量约80%，该套储层沉积于盆地同裂谷发育阶段后期，以介壳灰岩为主，后期压实作用不明显，原生孔隙极为发育，且叠加了后期构造和岩溶作用的影响，孔隙度在10%~20%时，渗透率较高，属于优质储层。土伦阶Itajai组—Acu组浊积砂岩是桑托斯盆地另一套重要储层，主要为粗—细粒岩屑，分选中—差的块状砂岩组成，底部见剥蚀冲刷面，发育不完整的鲍马层序，具有高密度浊流沉积砂岩特征。该套储层原生孔隙保存较好，孔隙度为15%~21%。此外，该盆地还发育始新统浊积岩储层，但规模相对较小。

3. 盖层

坎波斯盆地和桑托斯盆地内均发育盐岩层，在盐岩连续发育的地区，盐岩可作为盐下储层的优质盖层，油气保存条件较好，而盐上储层的主要盖层则为大规模发育的海相页岩。坎波斯盆地Ubatuba组泥岩和Carapebus组页岩是盐上储层的主要盖层，上白垩统浊积岩的成岩作用，如自生矿物在浊积岩孔隙中的充填，也可形成局部盖层（朱伟林等，2012）。Logoa Feia组厚层湖相页岩可作为盐下储层的有效盖层。此外，储层内部发育的薄

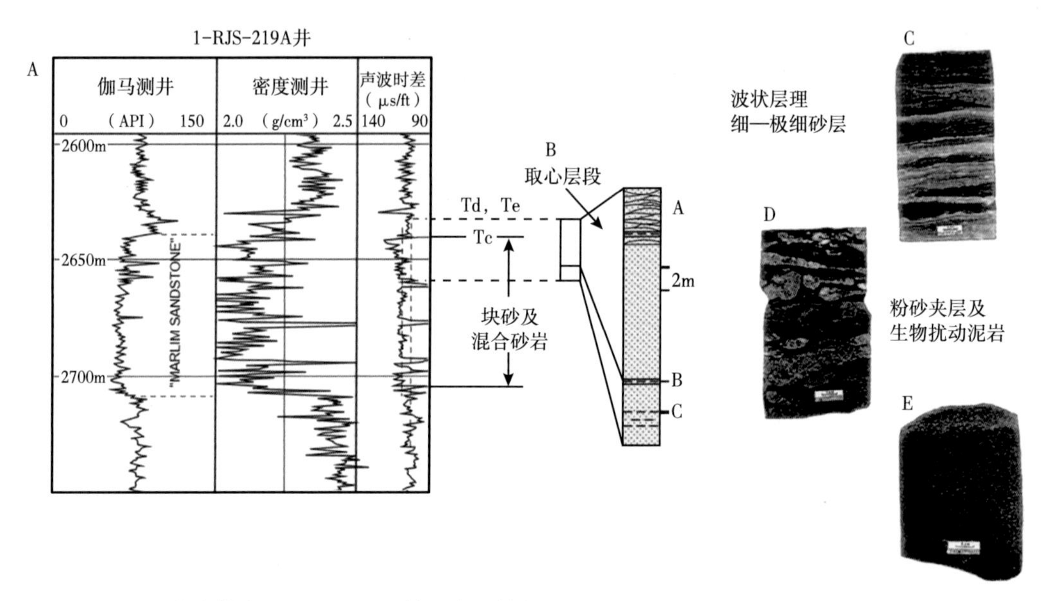

图 4-8 坎波斯盆地 Marlim 油田储层岩相特征（据 Possato 等，1990；Guardado 等，1990）

层泥页岩也可作为局部盖层，例如塞诺曼阶—土伦阶 Namorado 砂岩层与伴生发育的泥页岩具有良好的储盖组合关系。

桑托斯盆地在过渡发育期沉积了一套巨厚的盐岩层，连续性好，是盆地内较为稳定的区域性盖层。巨厚的盐岩层有效封堵油气的垂向运移，这也是桑托斯盆地盐下储层油气富集的重要因素之一。此外 Itajai—Acu 组和 Marambaia 组的浊积砂岩储层可被周围厚层的海相页岩所封堵，可形成局部有利的储盖组合。

4. 圈闭

坎波斯盆地内主要发育构造—地层复合圈闭、地层—岩性圈闭和少量构造圈闭。因为盆地主要储层为浊积岩，所以构造—地层复合圈闭和地层圈闭是最重要的圈闭类型。从层系上，浅海区盐上层系受到裂后期盐岩发育的影响，主要发育地层圈闭，而开阔海域主要发育构造—地层复合圈闭。盐下层系主要受到同裂谷期断裂构造运动的影响，可发育构造圈闭和地层圈闭。

桑托斯盆地主要发育构造—地层复合圈闭、构造圈闭和地层圈闭，其中构造—地层复合圈闭是最重要的圈闭类型，油气储量占总储量的 90%以上，其中又以盐下圈闭为主。特别是在圣保罗高地上，巨厚的盐岩有效阻止油气的垂向运移，基底隆起造成的上覆盐下构造的格局为储层内的油气聚集成藏提供了良好的条件。

四、主要产油层段沉积模式

巴西东部陆缘一系列盆地的主要储层为深水盐上碎屑岩层，其沉积演化具有相似性（秦雁群等，2015；于璇等，2016）。以坎波斯盆地为例，在大陆裂谷早期岩浆岩之上，沉积地层主要包括下白垩统裂谷期陆相沉积，以河湖相三角洲沉积体系为主，该期发育的湖相暗色页岩是坎波斯盆地的主力烃源岩，而介壳灰岩则是重要的储层系之一。该套沉积之上为下白垩统过渡期沉积，可分为下部陆缘层序和上部蒸发岩层序，代表着从陆相到海相沉积环境的过渡（图4-9）。盆地内主要产油层段发育于被动陆缘海相沉积层内，根据岩相特征可划分为浅海碳酸盐岩、半深海碎屑岩及深海碎屑岩共三套主要的沉积层序。

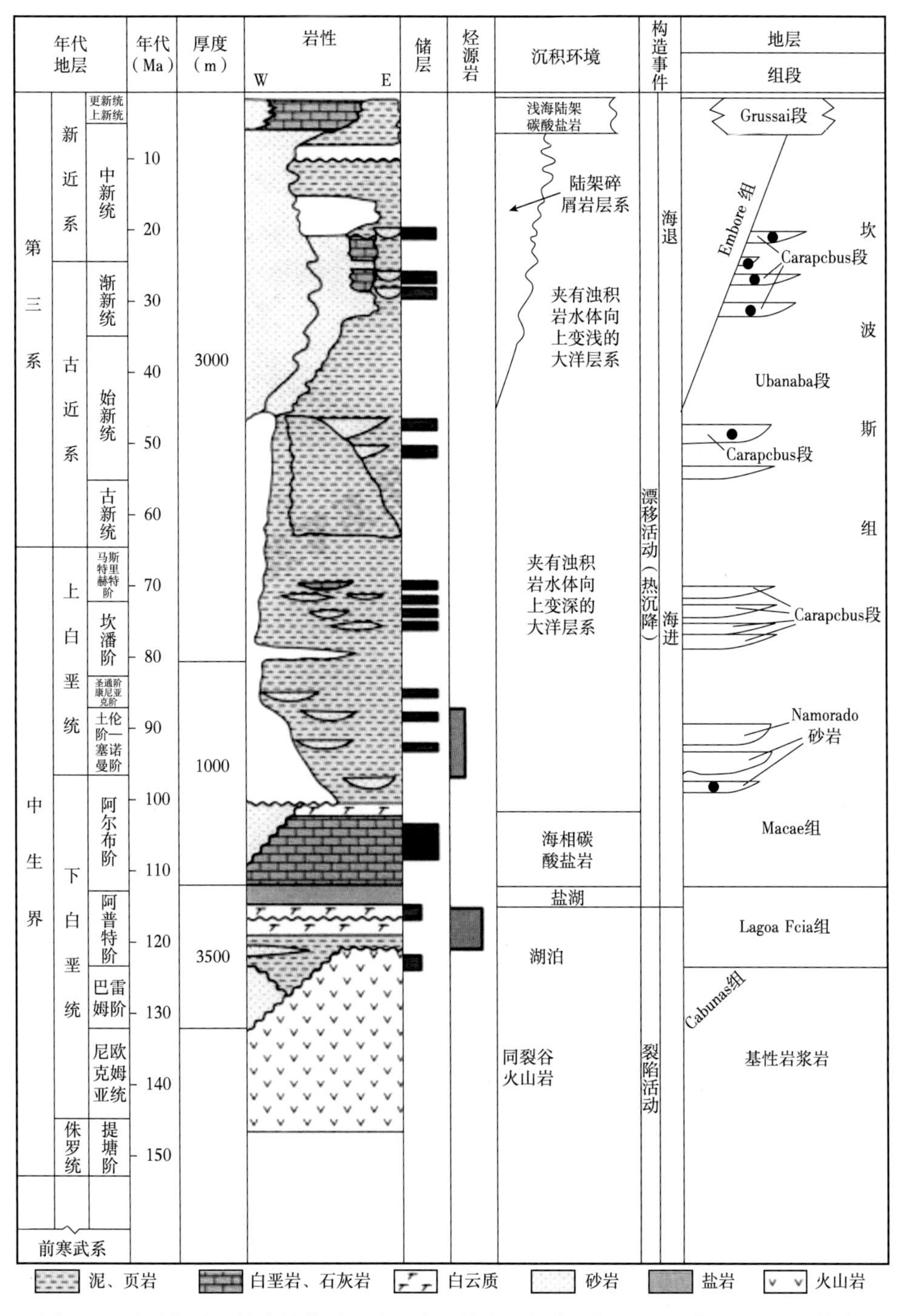

图4-9　坎波斯盆地综合柱状图（取上白垩统之上部分；据Coward等，1999，有修改）

晚白垩世—中新世发育的盐上深水浊积砂体是盆地最重要的储层，储层微相多为深水扇水道复合砂体和朵叶砂体。在海平面上升及大陆边缘海侵作用的控制下，陆缘物质首先沉积于陆架区，在后期海侵、海退、沿岸流、盐岩构造活动及地震活动等外部因素的触发下，发生向海底深水区的二次搬运，形成深水沉积（图 4-10）。

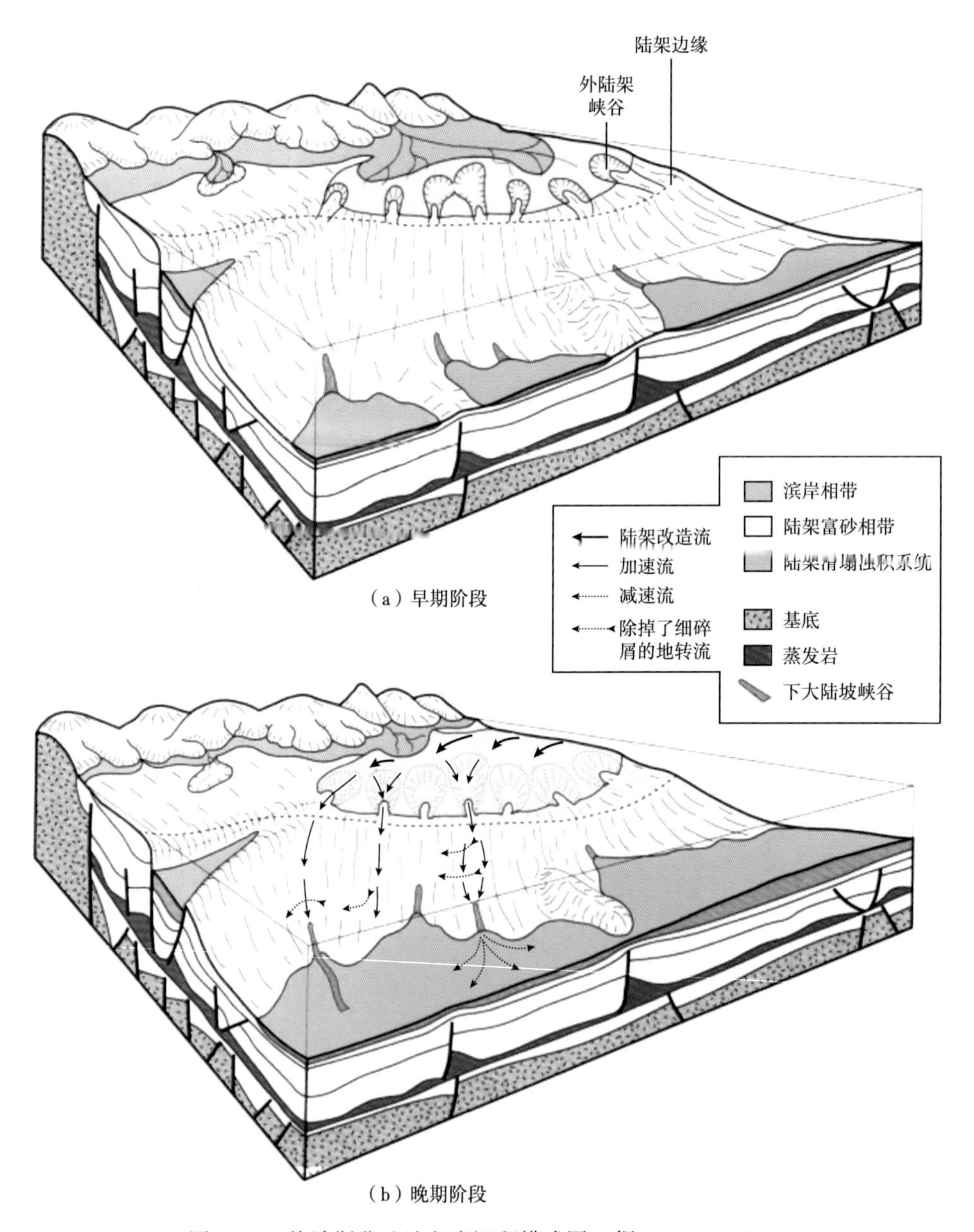

（a）早期阶段

（b）晚期阶段

图 4-10 坎波斯盆地浊积岩沉积模式图（据 Peres，1993）

在坎波斯盆地 Albacora 油田，地震资料表明，渐新统浊积砂岩是古近系进积陆架—斜坡体系的一部分。沉积物来自陆架区先期发育的富砂三角洲相沉积，后期海平面变化及盐岩流动引发了外陆架松散沉积物的滑坡和崩塌，这些沉积物快速向深水区搬运沉积（图4-10）。低水位体系域发育由 I 型层序界面作为边界的下、中、上三套层序分明的浊积岩体系

(图4-11)。Albacora油气藏主要发育于上层浊积岩沉积体系，称为N—540(Carminatti和Scarton，1991)。上部浊积体系表现为向上凸起的地震反射体，底部为双向下超。浊积岩体系的顶部被底流所致南—东走向的河道切割，并被后期薄层砂岩和泥岩相改造填平。

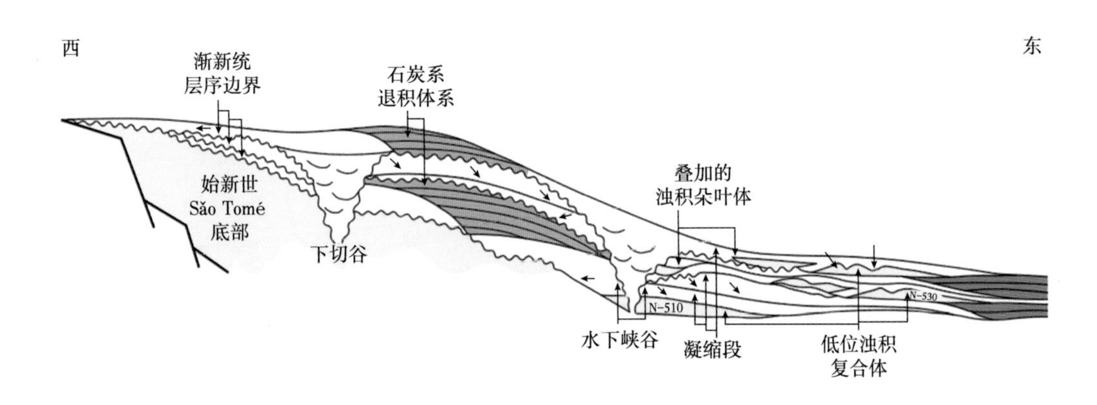

图4-11　坎波斯盆地Albacora油田渐新统陆架及陆坡沉积层序模式(据Carminatti和Scarton，1991)

当较低的相对海平面将陆棚沉积物带到风暴面之上时，沿岸流直接向陆棚外峡谷提供了大量的泥沙(Peres，1993)。在盆地中发育多种类型的浊积体系，包括砂砾充填的河道杂岩体、富砂朵叶体、泥质河道切割的富砂朵叶体及沟谷型富砂岩体等(Bruhn，2002)。这些类型均在斜坡不同部位同时沉积，受到盆地地形、构造和沉积物供给的影响，且在一定程度上又受到盐岩运动的影响。

五、油气成藏模式

坎波斯盆地和桑托斯盆地受裂后期盐岩发育的影响，油气成藏与盐岩的发育密切相关，主要发育盐上和盐下两种成藏模式。盐上成藏组合中各类盐相关圈闭、岩性圈闭极为发育，而盐岩的发育又有利于油气向盐上运移。整体上，坎波斯盆地盐上浊积砂体最发育，盐上油气田分布与上白垩统、始新统及渐新统浊积砂体展布等密切相关。而桑托斯盆地，盐上砂岩储层发育较为局限，盐上油气发现较少。因此，桑托斯盆地以盐下碳酸盐岩油气藏为主，主要分布在外部高部位，而坎波斯盆地以盐上砂岩油气藏为主，主要分布在中部低凸带。

坎波斯盆地盐上油气成藏模式主控因素为裂后期盐构造作用，盐岩构造的发育和断裂活动为油气的垂向运移提供了有利条件，有利于油气从盐下层系运移至盐上层系的下白垩统碳酸盐岩和上白垩统—中新统浊积砂岩储层，形成了上白垩统碎屑岩和碳酸盐岩成藏组合与上白垩统—中新统碎屑岩成藏组合(图4-12)。例如，盆地内已证实的Logoa Feia—Carapebus含油气系统，下白垩统优质盐湖相烃源岩(Lagoa Feia组暗色泥岩)生成的油气，以垂向运移的方式，运移至下白垩统—中新统的Carapebus组浊积砂岩储层中聚集成藏，良好的盖层条件、盐岩发育形成的有效圈闭、垂向优势运移通道，以及油气充注与圈闭发育时间的良好匹配关系等，导致其成为巴西东部陆缘油气最为富集的含油气系统之一。

Albacora油田和Marlim复合油田等均是坎波斯盆地典型深水重力流油藏，主力储层均为深水重力流浊积砂岩类型(图4-13)。

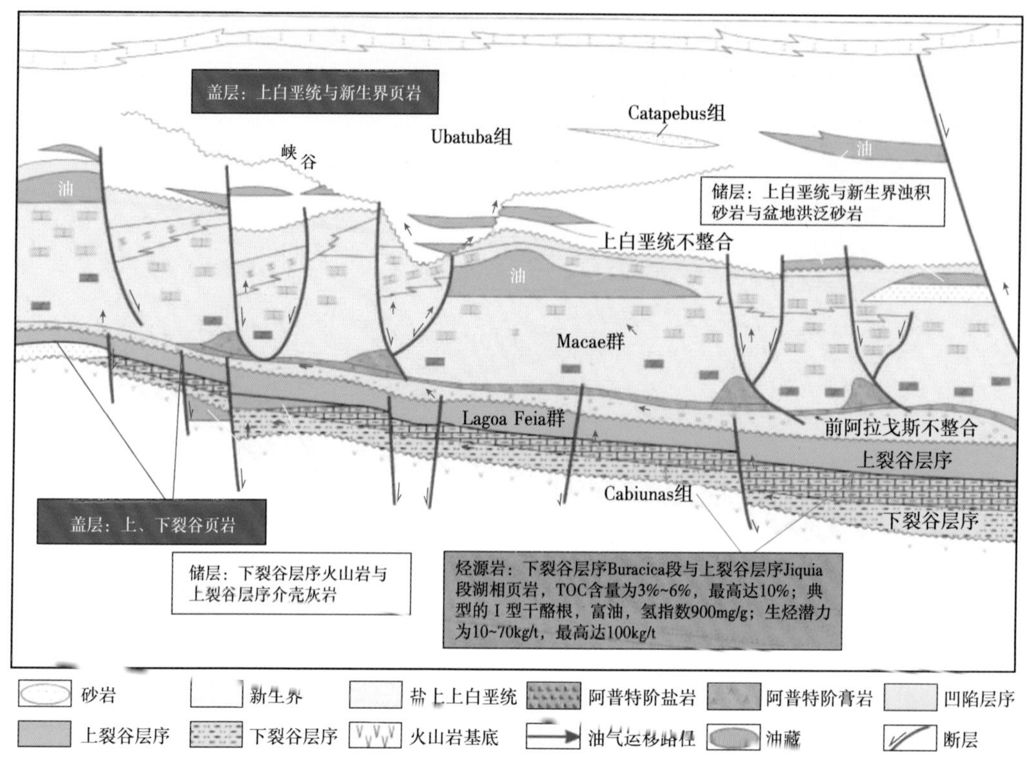

图4-12 巴西坎波斯盆地盐上成藏组合油气成藏模式（据熊利平等，2013）

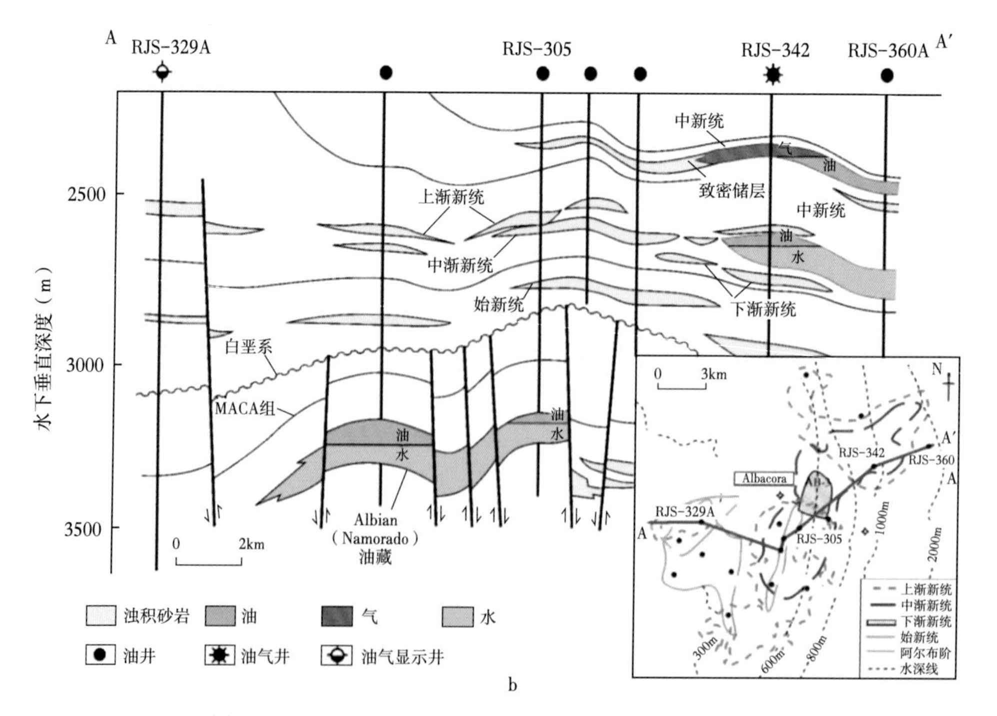

图4-13 Albacora油田剖面示意图（据Souza等，1989）

在桑托斯盆地东部，盐下下白垩统巴雷姆阶 Guaratiba 组湖相暗色页岩作为主力烃源岩，其生成的油气受到阿普特阶 Ariri 组巨厚盐岩层的封堵，主要聚集于盐下储层。而在盆地西部地区，晚白垩世—古近纪发生了盐上重力滑动，盐岩层变形、减薄甚至消失，形成盐窗，从而使盐下烃源岩生成的油气通过断裂系统发生垂向运移，在盐上浊积砂体储层中聚集。

第三节　亚太地区深水重力流油气藏

一、亚太地区深水油气勘探现状

目前，全球深海油气勘探主要集中在墨西哥湾、巴西海域和西非海域，还包括亚太地区、北海及巴伦支海等地区。在西太平洋大陆边缘，尤其是东南亚陆坡深海区，发育 100 余个规模不等的深海沉积盆地，中—新生界油气资源十分丰富，主要分布在越南、马来西亚、文莱、印尼和泰国等地（图 4-14），是世界重要的深海油气资源产区，也是中国石油公司未来在深海勘探开发的重要方向和战略选区之一（迟愚等，2008，张功成等，2019）。东南亚深海沉积盆地多属于被动大陆边缘盆地、弧后盆地或裂陷盆地。与全球其他深水沉

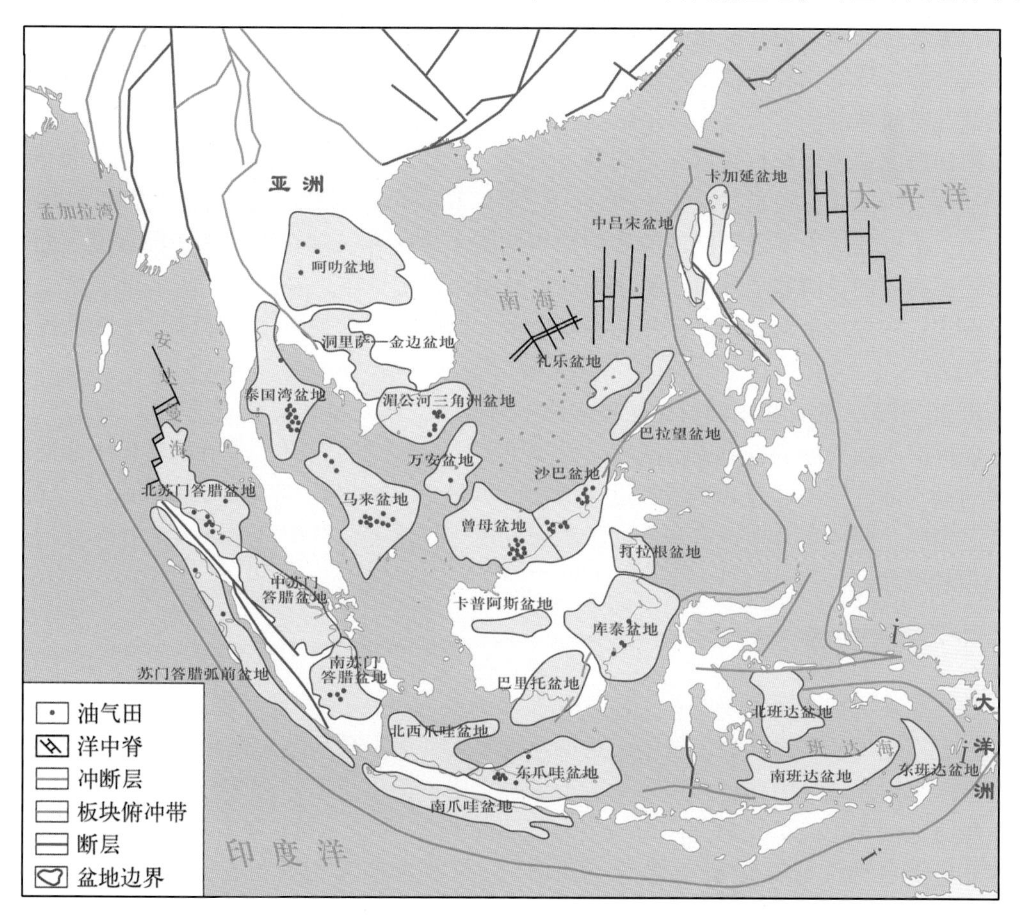

图 4-14　东南亚深水区盆地及大油气田分布（据张功成等，2019）

积盆地相比，水深相对较浅，但地质构造特征极其复杂。深水油气储层主要为白垩系—新近系碎屑岩，尤其是新生界深海浊积砂岩。

马来西亚是东南亚深海油气最为丰富的地区，深海油气主要富集在 Sarawak 州和 Sabah 州，例如 Baram 三角洲地区发现的 Gumusut-Kakap 油气田、Senangin 油田、Malikai 油田及 Petai 油田等，主要含油气层位为新近系浊积砂岩层组。此外，位于中国南海琼台礁的油气主要存在于渐新统—中新统的碳酸盐岩和中新统—渐新统浊积砂岩中。马来西亚海域油气勘探经历了由浅水向深水的逐步过渡，例如，沙巴盆地（Sabah Basin）西北部深水区的 Borneo 褶皱冲断带，位于沙巴近海和最北的沙捞越（Sarawak），该区的浅水勘探始于 20 世纪 60 年代，在 50 口探井之后，才在中新世—上新世三角洲相和浅海相砂岩中发现了油气，到了 20 世纪 90 年代，勘探工作逐渐进入深水区，Kebabangan-1 于 1994 年由壳牌公司在约 180m 的水域中钻探，该井在中新统浊积砂岩中发现了油气（Ingram 等，2004）。

印度尼西亚曾是东南亚唯一的欧佩克组织成员国，其陆地及海上油气资源十分丰富，深海油气潜力巨大，近年来发现的深海可采储量增长较快。目前，印尼发现的深水含油气盆地主要集中在被动大陆边缘的裂谷盆地和弧后盆地地区，主要的深水含油气盆地包括 Kutei、North Makassar、Tarakan、East Java、North Sumatra 和 South Makassar 等。油气主要存在于新近系的浊积砂岩和碳酸盐岩储层中。

越南已在大陆架地区发现几十个油气构造，主要的深水油气田位于中越海上边境的富庆盆地。深水地区比较有潜力的地区还包括南昆山盆地，目前已发现两个天然气田；此外还包括九龙海域等。

缅甸海上油气资源也具有一定的开发前景，主要的深水潜力区包括缅甸西北部的 Rakhin 盆地、Bengal 深海扇盆地、Andaman 盆地及 Mergui 盆地等。缅甸深水含油气盆地以气藏为主，主要储层为下上新统的海底扇砂岩地层。2018 年，通过发展深水沉积油气勘探技术系列，在孟加拉湾盆地开展了系统的砂体及圈闭识别预测，并建立了深水近陆坡生物气成藏模式，在盆地富泥型深水沉积体系获得重大勘探突破，是当年全球深水油气勘探的重要发现之一。

近 20 年来，随着深水油气勘探技术的不断进步，以及全球海洋石油工业的蓬勃发展，亚太地区深水油气勘探也进入活跃期，发现了一大批深海油气田，马来西亚和印度尼西亚等国的深水油气探明储量和产量都迅速增长（迟愚等，2008）。此外，在中国南海、越南、缅甸、泰国及菲律宾等地也有深水油田勘探发现。整体上，目前该地区大部分海域勘探程度仍相对不高。

二、地质背景

东南亚地区构造上位于欧亚、印度—大洋洲及太平洋板块交会处，经历了板块俯冲、增生、碰撞造山、弧后伸展、裂陷、走滑及岩浆活动等一系列地质作用，地质演化过程极其复杂。东南亚地区面积近一千万平方千米，主要包括克拉通构造区、陆架区、微陆块区和边缘海地区等构造单元类型。海域发育近百个规模不等、多类型、多年代的沉积盆地，超过半数为含油气盆地（姚永坚等，2013）。东南亚地区主要发育四种类型的沉积盆地：一是主动陆缘型盆地，包括弧后盆地、弧前盆地和弧间盆地，如南苏门答腊盆地、中苏门答腊盆地等；二是克拉通盆地，如库特盆地等；三是被动陆缘型盆地，如纳土纳盆地和文莱—沙巴盆地等；四是前陆盆地，如宾图尼盆地、巴布亚盆地等（杨福忠等，2014）。其中，油气资源最丰富的盆地是新生代的弧后盆地、裂谷盆地、被动边缘盆地和前陆盆地。

东南亚地区长期处于特提斯构造域的东南端，其地质构造特征与特提斯构造域的发育和演化密切相关。晚白垩世以来，受印度板块和澳大利亚板块漂移的影响，特提斯构造域内各板块或块体发生显著的碰撞与拼合，对该区沉积盆地的形成演化产生了重要影响并增加了复杂性。新生代以来，东南亚地区沉积构造演化主要包括三个阶段：古新世—早渐新世，印度—澳大利亚板块向东北漂移会聚，大陆地壳伸展张裂，为东南亚裂谷盆地发育期，主要发育冲积扇及河湖相碎屑沉积体系，该时期为东南亚中—新生代盆地烃源岩的主要形成时期；晚渐新世—中中新世，洋壳开始发育，海侵加剧，该时期盆地主要充填了一系列海相沉积，为东南亚地区主要的储层形成时期，也是区域性盖层形成的主要时期；中新世末期以来，新生洋壳向陆地俯冲，产生区域性挤压或张扭性断层及构造，并发生多次海退和海进，该时期为东南亚主要的构造圈闭形成时期（杨福忠等，2014）。

三、油藏地质特征

1. 烃源岩

东南亚地区盆地众多，发育古生界、中生界和新生界等多种类型的沉积盆地，但以新生界盆地油气资源最为丰富。烃源岩的发育是决定盆地油气富集程度的关键要素之一。东南亚地区主要的含油气盆地内烃源岩具有多期发育的特点，前新生界烃源岩虽然具有一定的生烃潜力，但分布较局限。新生界盆地主力烃源岩层包括始新统、渐新统和中新统三套，以河流—三角洲近岸沉积的煤系和泥页岩为主，其次为湖相和海相泥页岩，有机质丰度指标为中等—好，干酪根类型以Ⅱ—Ⅲ型为主，各盆地烃源岩成熟度存在差异，多数处于成熟—过成熟阶段。烃源岩有机质类型和热演化程度的差异，是东南亚地区发育多类型油气藏的重要因素之一。例如，马来西亚沙巴（Sabah）州西部始新统—中新统底部的West Crocker组和Temburong组为深水浊积岩，而中新统的Meligan组和Belait组为浅海三角洲相沉积。沙巴盆地主要为富含陆源（型）有机质的烃源岩，在盆地Borneo深水区发现的油气，烃源岩主要为新近系的三角洲相暗色泥岩。在有机质特别富集的地方，发育薄煤层，有机碳（TOC）含量一般为0.5%~2%，在碳质页岩中可达10%，在煤系烃源岩中可达60%，氢指数平均为100mg/g，有机质干酪根类型以Ⅲ型为主，其次为少量的Ⅱ型，具有良好的生烃潜力。

2. 储层

东南亚深水含油气盆地储层包括以新生界深海浊积砂岩为主。储集物性较好，例如2002年在马来西亚沙巴盆地发现的Kikeh油田，其中新统托尔托纳阶浊积砂岩储层平均孔隙度约为30%，渗透率为1000mD。另外，沙巴盆地Tembungo油气田位于一个断背斜内，称为Tembungo断背斜，位于Emerald断裂带和Outboard Belt断裂带之间。该背斜构造发育于中新世晚期—上新世早期，其中最厚的砂体为浊积河道充填，上中新统低斜坡环境下沉积的浊积砂岩为主要储层段，储层被北北西向的断层系统分割，岩性以分选良好的细粒砂岩为主，含少量黄铁矿和碳质物质，孔隙度为16%~33%，渗透率为30~3000mD。

四、主要产油层段沉积模式

东南亚深水沉积盆地主力产油层段为古近系和新近系，古近系储层主要为河流—三角洲相砂岩，储层包括三角洲相砂岩储层、碳酸盐岩生物礁储层及深海浊积砂岩储层。例如沙巴盆地的 Kikeh 油田，该油田位于婆罗逆冲褶皱带约 1320m 的深水区。油气主要聚集在逆冲断层带的上盘背斜堆积砂岩储层中，沉积砂体主要为托尔托纳阶深水朵叶体和盆地扇沉积厚度不等的浊积砂岩（图 4-15）。

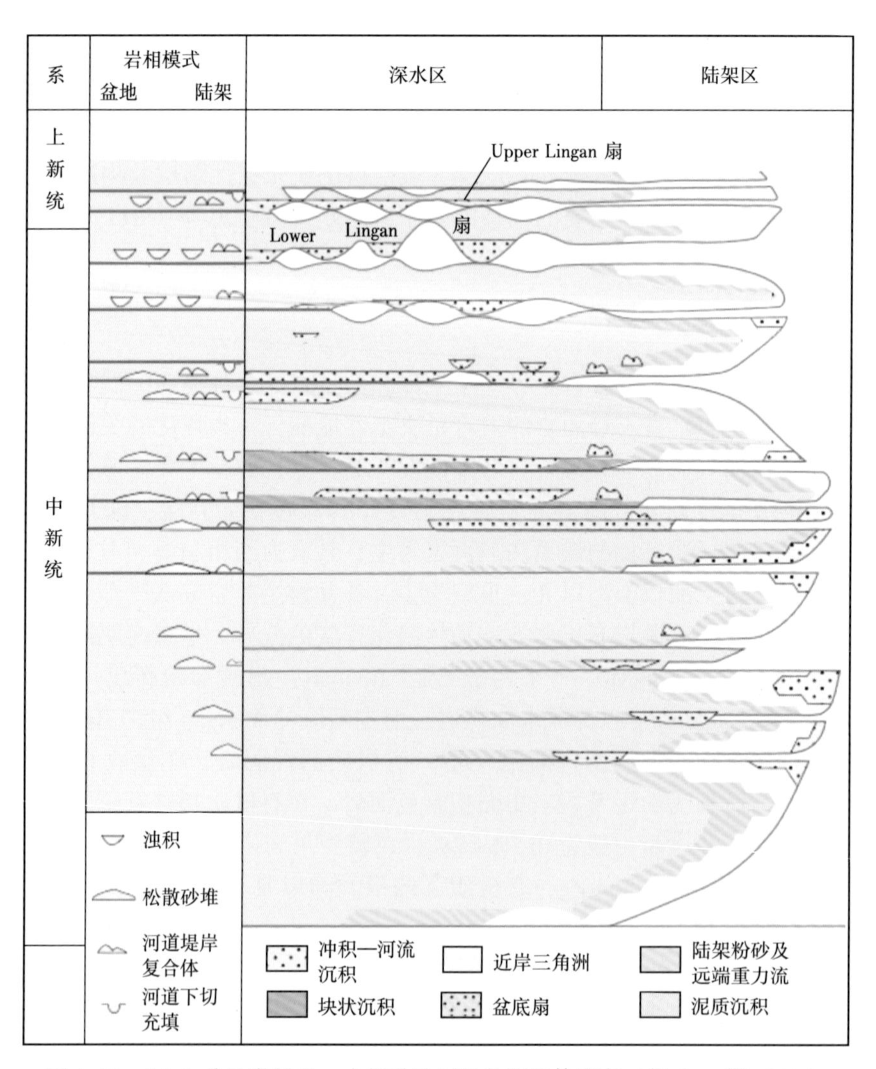

图 4-15　Sabah 盆地渐新世—全新世地层及浊积砂体发育（据 Jong 等，2016）

Sabah 盆地 Borneo 深水区新近纪沉积环境较为开阔，沉积物来自陆架区的富砂三角洲相沉积，在相对海平面较低的时候，外陆架松散沉积物的滑坡和崩塌，这些沉积物被浊流从三角洲复合体输送到深水中（图 4-16）。

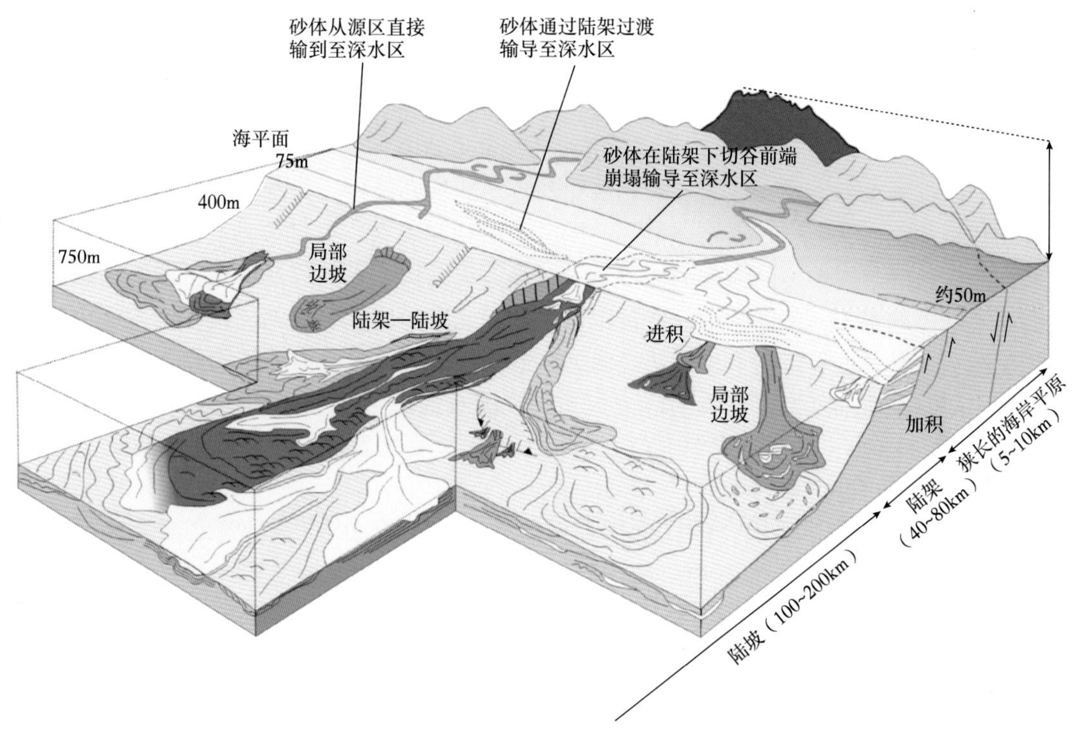

图 4-16　Sabah 盆地 Kikeh 地区渐新世—全新世沉积相模式图（据 Jong 等，2016）

五、油气成藏模式

东南亚地区含油气盆地主要发育古近系和新近系两大成藏组合。古近系成藏组合烃源岩主要为裂谷时期形成的优质湖相泥岩，储层主要为河流—三角洲相砂岩储层，砂岩物性横向变化大，受盆地生烃凹陷的控制，油气沿着油源断裂、不整合或砂体发生垂向及横向运移，并在古近纪末期构造运动所形成的背斜、断背斜和断鼻等构造圈闭中聚集成藏，为典型的自生自储型成藏组合。

其次为新近系成藏组合，各成藏要素与盆地坳陷期沉积构造演化过程密切相关，该时期以海相碎屑岩和碳酸盐岩为主。烃源岩主要是盆地断陷期发育的湖相暗色泥页岩，储层类型多样，主要为三角洲相砂岩、浅海相碳酸盐岩及深海浊积砂岩。油气通过断层及不整合面等组成的运移通道，与上部储层沟通并在有利圈闭中聚集成藏。该套成藏组合是东南亚深水盆地中最主要的成藏组合。

第四节　英国北海深水重力流油气藏

一、北海深水油气勘探现状

北海地区油气资源丰富，油气产量主要来自英国和挪威。作为欧洲最大的含油气盆地，北海盆地油气勘探始于 20 世纪 60 年代，是全球重要的大型产油气区之一。最早在

1959 年，荷兰北部发现了 Groningen 大气田，揭开了北海地区油气勘探的序幕，在此阶段，油气勘探重点主要为北海南部的近岸地区。在北海南部浅水地区发现天然气后，勘探钻井开始向北进入北海中部和北部的深水地区，但初期成效有限，直到 1966 年，在中部地堑的丹麦段上白垩统发现了石油，紧接着在挪威发现了石油，1967 年在 Balder 发现了始新统砂岩油藏。1969 年，在挪威海域的白垩系发现了埃科菲斯克巨型油气田，这是北海油气勘探史的里程碑事件之一。此后，对北海北部盆地油气勘探投入持续加大，相继发现了一大批油气田，例如 Brent、Frigg、Ninian、Forties 和 Eldfisk 等，并随着地震勘探技术的快速发展，勘探目的层逐步转向深部的侏罗系。三维地震勘探技术的广泛应用，极大地促进了北海油气勘探的深入，英国的油气产量迅速攀升，北海的所有区块都已被证实发育多套富油气层系，尤其是世界级的上侏罗统烃源岩。20 世纪 70 年代以前，英国的石油开采规模很小，但随着北海油气勘探开发的巨大成功，英国石油产量在 1985 年达到了高峰，石油产量超过 1.27×10^8t，跃居世界第 5 位，挪威也成为重要的石油输出国之一，北海盆地成为世界十大油气产区之一。

北海地区环境相对恶劣，油气勘探开发成本较高。近 20 年，尽管北海地区具有良好的油气地质条件和丰富的石油储量，但受全球油价波动和其他主要产油气区供给竞争等的影响，北海地区石油产量下降显著，但天然气产量一直保持增长势头，这主要得益于北海独特的地理位置，决定了该地区产出的天然气可以方便经济地输送至欧洲消费市场。

二、地质背景

北海西为大不列颠岛和奥克尼群岛，东邻挪威和丹麦，北邻挪威海，西北以设德兰群岛为界，南接德国、荷兰、比利时和法国等，大致位于北纬 52°~62°海域范围内。北海海域面积近 60×10^4km^2，大多位于西欧大陆架之上，为典型陆缘海，平均水深不超过百米，最大水深位于靠近斯堪的纳维亚半岛西南海槽区，约为 700m。在地质构造上，整个北海盆地以中北海隆起和林克宾—芬隆起为界，分为北海盆地北部与北海盆地南部。北海盆地内构造相对复杂，其中生界裂谷盆地可划分为一系列的地堑系统与台地及盆地结构单元，其中最主要的构造单元包括东设得兰台地、维京地堑、中央地堑、马里—福斯盆地、霍达地台等（图 4-17）。其中，维京地堑、中央地堑和马里—福斯盆地构成了北海三叉裂谷系统。

北海盆地属于多期叠合盆地类型，其中，北海盆地北部为典型的中—新生代大陆裂谷型盆地，盆地奠基于加里东褶皱造山带基底之上，中生代开始，加里东褶皱带和海西褶皱带进入裂谷发育阶段，北海盆地深部地幔柱上涌，诱导三叉裂谷发育，并先后经历裂陷和热沉降的发育过程。三叠纪—早侏罗世期间，受裂陷作用的影响，维京地堑、中央地堑和马里—福斯地堑开始形成，该期主要为裂陷沉积。早侏罗世末期发生热隆升，至中—晚侏罗世又进入裂陷发育期，中—上侏罗统沉积中心最大地层厚度可达 2000m。白垩纪开始，在断陷盆地发育的基础上，盆地整体进入裂后期发育阶段，沉积范围不断扩大，白垩系沉积厚度可达数千米。进入新生代，全盆地广泛接受沉积，其中，在古近纪沉积中心位于盆地北部，新近纪发生南移，沉积厚度均较大（图 4-18）。因此，北海盆地三叠

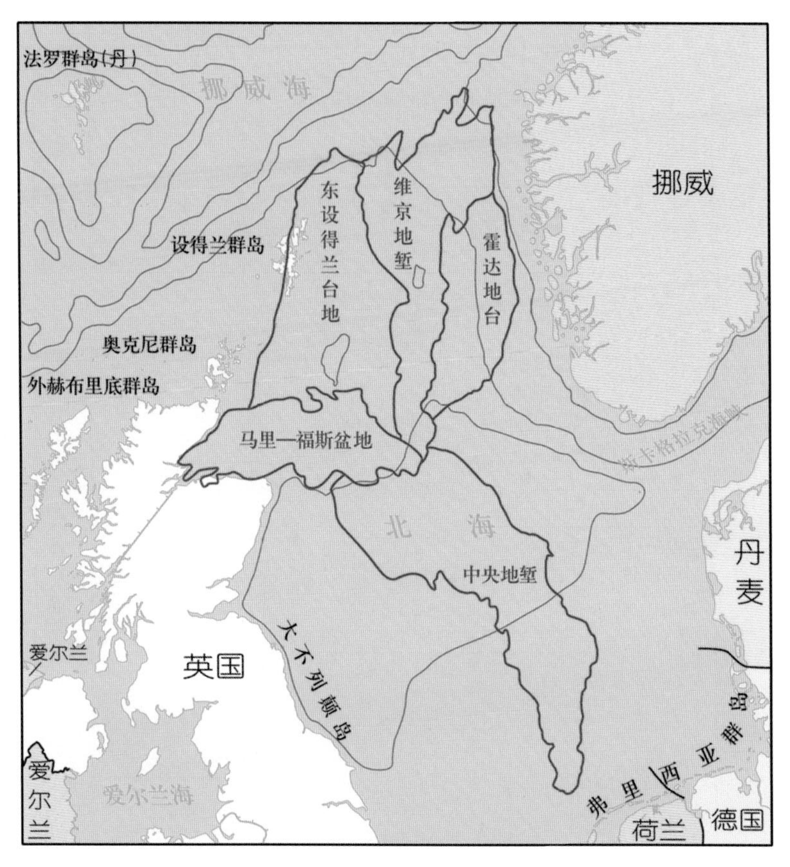

图 4-17　北海盆地构造纲要

系—侏罗系为裂陷沉积，白垩纪以来为坳陷沉积，盆地北部中—新生界最大沉积厚度可达十几千米。

三、油藏地质特征

1. 烃源岩

北海烃源岩主要为中生界和新生界的暗色泥岩，发育层位主要为侏罗系—下白垩统，油源对比等表明，上侏罗统—下白垩统底部的钦莫利阶黏土岩组和 Borglum 组是北海盆地最重要的烃源岩，其中，钦莫利阶黏土岩组具有和北海石油匹配得最好的特性。北海的大多数地区，如维京地堑和中央地堑等凹陷区，上侏罗统—下白垩统均发育着富含有机质的暗色或黑色泥页岩，平均有机碳含量较高，这套岩组的普遍特征是自然伽马测井具有高值，并由此得了“热页岩”的名称。烃源岩干酪根类型以生油的Ⅱ型为主，属于细菌降解过的海生浮游藻屑和已降解的陆生腐殖质混合而成的混合型干酪根。

2. 储层

北海盆地为加里东褶皱带变质基底之上的裂谷型盆地，主要发育海西期泥盆系、石炭系和二叠系，以及中生界和新生界裂谷沉积。北海盆地中生代裂陷发育阶段包括三叠纪—

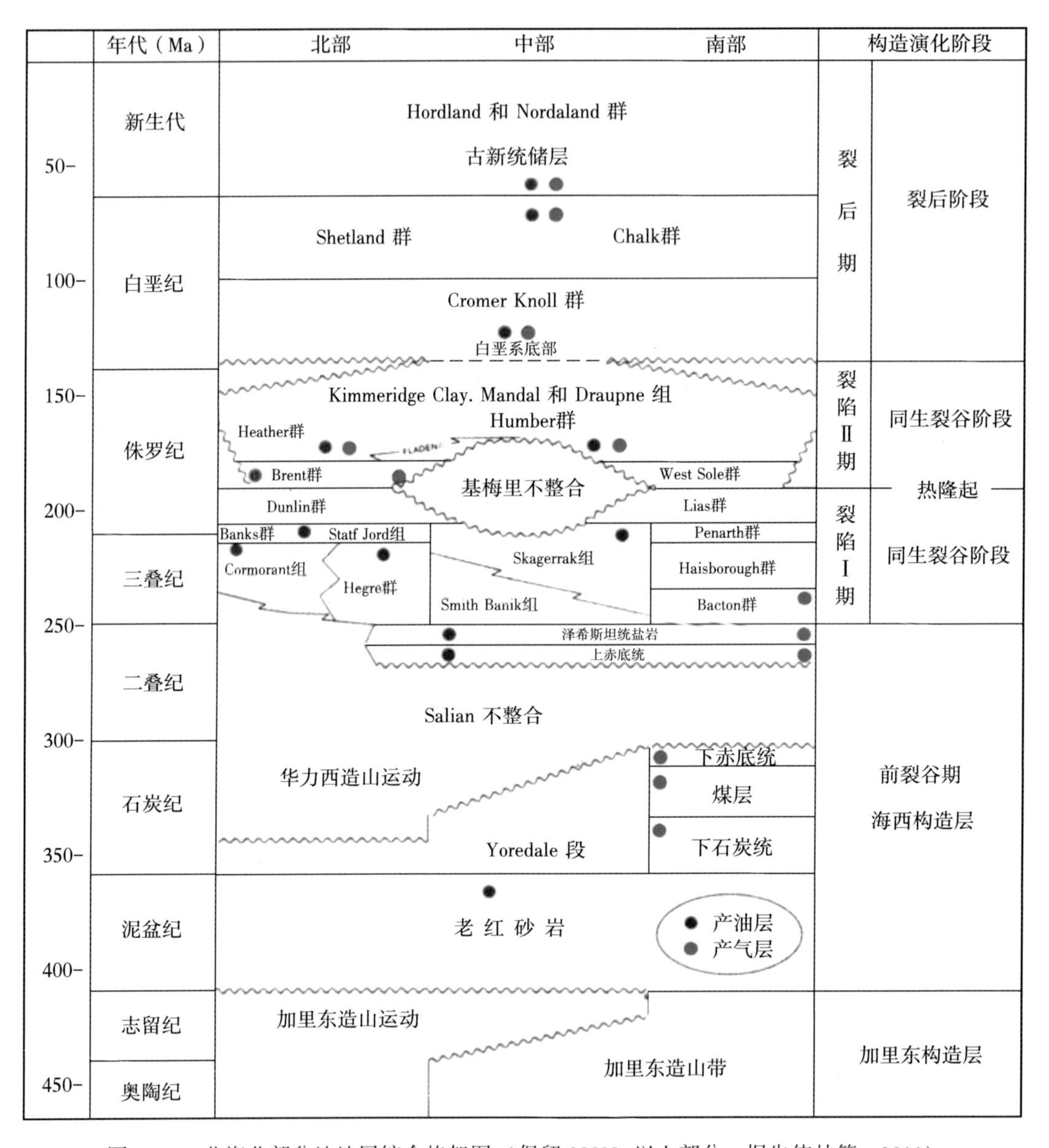

图 4-18　北海北部盆地地层综合格架图（保留 300Ma 以上部分；据朱伟林等，2011）

早侏罗世和中—晚侏罗世两期裂陷发育期，中间以基梅里不整合隔开，白垩纪以后为裂后发育期。北海盆地主要储层段包括二叠系、侏罗系、下白垩统和古近系。

1）二叠系

北海盆地广泛发育二叠系，包括下赤底统、上赤底统和泽希斯坦统。下赤底统主要发育一套中酸性火山岩，上赤底统为河流—湖泊相沉积，其中，英国水域以风成砂岩为主，北部北海地区多口井钻遇该套风成二叠系砂岩。在马里—福斯湾地堑、东设得兰盆地等均发育上赤底统砂岩，为主要储层之一。该套砂岩储集物性差异较大，沙丘砂岩和干谷砂岩为主要储层，厚度大，孔隙度为 10%～20%，渗透率可达 100～1300mD，而河积砂岩较为致密，夹有薄层泥页岩，孔渗性差。

2）侏罗系

侏罗系为北海盆地的主要储层，包括两大类，一是冲积平原相、三角洲相和陆架边缘海相沉积砂岩，典型代表为下侏罗统斯塔福约德砂岩和中侏罗统布伦特砂岩；二是海相浊流相砂砾岩，包括上侏罗统富尔马管状尖型砂岩、布雷马格努期型沉积。下侏罗统斯塔福约德组为布伦特油田和斯塔福约德油田重要的储层单元，储集物性较好。中侏罗统砂岩是北部北海盆地油气储量最富集的储层，主要分布在维京地堑北部和霍达台地等，发现了Brent、Ninian、Statfjord 和 Toll 等一批大型油气田。中侏罗统主力含油层布伦特组以三角洲相沉积为主，岩性以砂砾岩、泥质砂岩夹灰质泥等为特征，受后期成岩作用的影响，储层孔渗性为中等—差。

晚侏罗世为整体海进旋回发育阶段，除了广泛发育海相暗色富有机质泥岩，上侏罗统主要发育浅海相砂岩和重力流砂岩两种储集岩石类型。例如，在南维京地堑，盆地西部边界断层上盘构造高地提供了充足的高能物源，冲积物在断层下降盘深海盆地中发育的断崖扇，扇根和扇中部位发育良好的砂砾岩体，是一套重要的储层，这些深水扇所发育的砂砾岩体被泥岩所包围，而这些泥岩往往是良好的烃源岩和盖层，油气成藏条件十分有利，沿着维京地堑西侧边界断层下降盘，发育了近南北走向长达 40km 的水下断崖扇群，规模巨大，形成了几十个油气田。维京地堑西侧的 Brae 气田，主要储层即为上侏罗统海底断崖扇砂砾岩体，自上基默里奇至中伏尔加—下伏尔加 Brae 组砂砾岩厚度达数千米（图 4-19），扇中部位砂岩孔隙度为 12%~30%，渗透率为 200~2000mD。

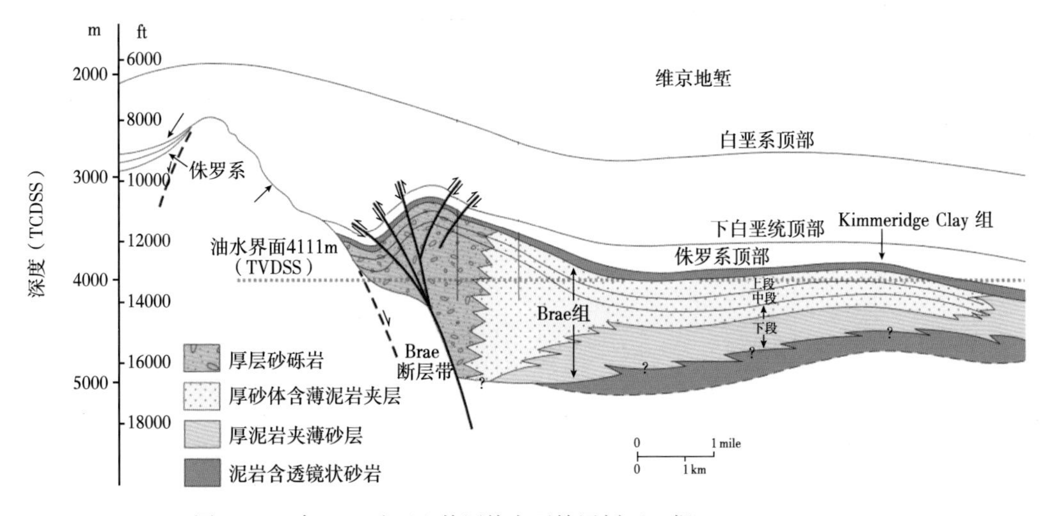

图 4-19　南 Brae 油田上侏罗统主要储层剖面（据 Fletcher，2003）

在北海 Buzzard 油田，油气主要产于上侏罗统（提塘阶）砂岩储层，通常被非正式地称为 Buzzard 砂岩，该套砂岩层厚达 800ft，平均厚度仅 500ft，包含厚达 360ft 的斜坡底部重力流砂岩层。该地层由混合粗—细粒砂岩、薄层极细—中粒砂岩混合砂泥岩及其半深海泥岩和细粒砂岩等组成（图 4-20）。Buzzard 砂岩段储层可进一步划分为四套（图 4-21），底部一套以泥岩为主，一般认为是非储层段，仅在局部地区发育小规模砂体，横向连续性差。砂体发育受断层和构造陡坡的控制，第二段储层在南部较厚，在北部较为局限。第三套主要为厚层的泥岩，属于半深海环境下的低能沉积，泥岩中含有大量的陆缘物质，如植

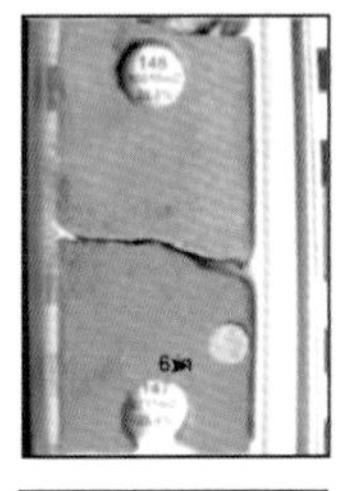

（a）块状砂岩，通常是数十英尺厚，为经历快速沉积的浊积砂体，较为常见，部分可能是高密度浊流沉积

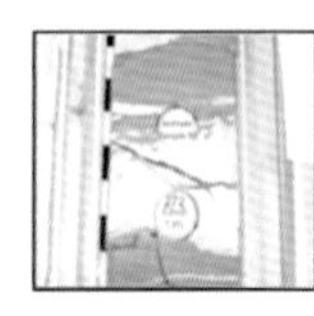

（b）方解石胶结层段，主要局限于细粒砂岩中，横向连续性差，在Buzzard 4段中发育较多

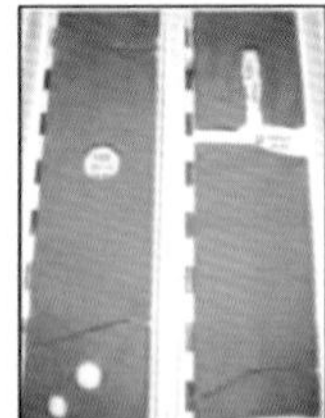

（c）较厚的层状砂岩（主要是细粒，下部为中等粒状），为堆积背景下的持续的浊流沉积

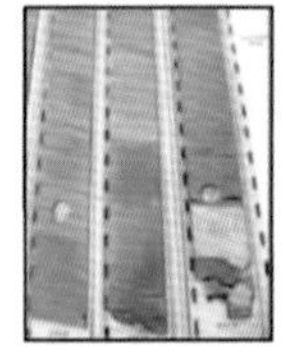

（d）块状泥岩指示近远洋沉积，一些层状泥岩指示了远端泥质浊流的堆积，代表了富泥深水盆地平原环境

（e）层理极为发育，波纹状叠层在保存较好，鲍马序列的Tc和Td段易于识别，为低密度浊流沉积

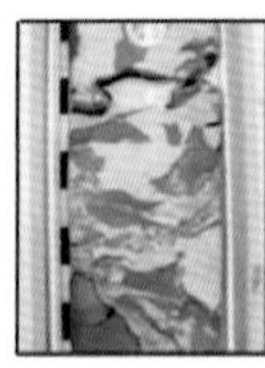

（f）Buzzard油田多数钻井均钻遇混积层，岩石类型多样，指示了盆缘动荡环境

（g）地层压力和砂体液化导致的上覆岩层中的挤入砂体

图 4-20　北海 Buzzard 油田上侏罗统 Buzzard 砂岩组岩相类型（据 Forster，2005）

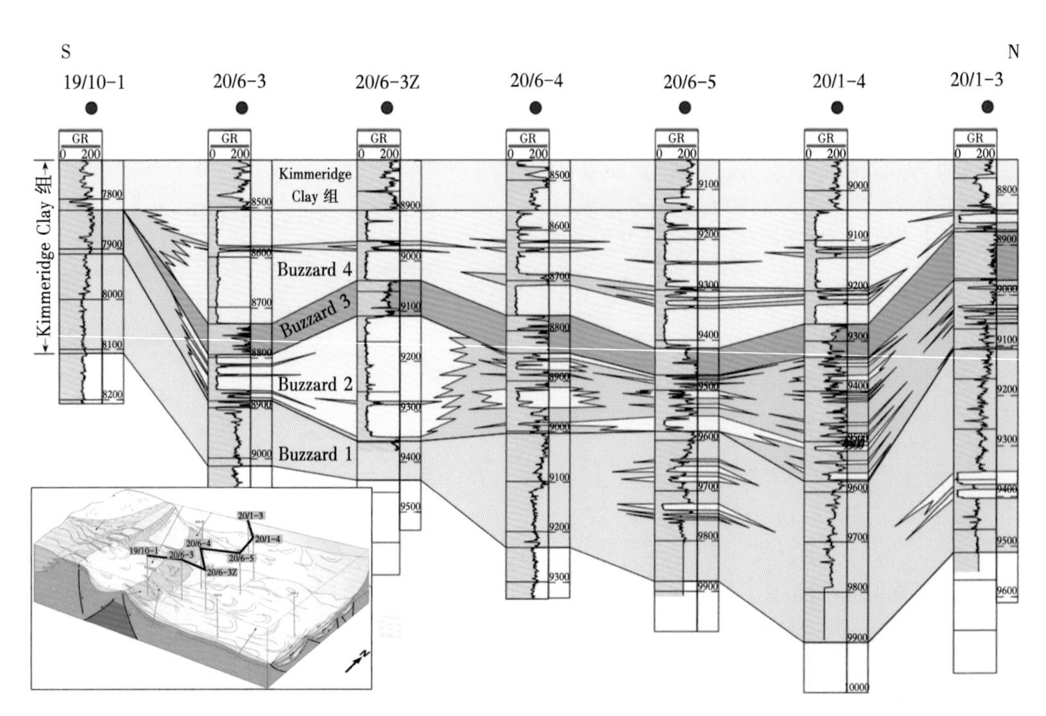

图 4-21　北海 Buzzard 油田主要储层段连井剖面图（据 Doré 和 Robbins，2005）

物碎屑等。最上面一套沉积主要位于地堑南半部，又可细分为三层：最老的一层富砂，含有粒度较粗的砂岩；中间一层以中—细粒砂岩为主，局部发育砂泥岩混合层；最上面一层

发育最为广泛，厚度较大，部分砂岩以块状为主，结构特征不明显，粒度变化大，推断是由高速流沉积，这种高速流可能是由位于 Buzzard 西侧的一个大陆架上被风暴沉积物崩塌而产生的。另一种砂岩为层状，并在垂向上堆叠，厚度可达 100ft，由非常细—中等颗粒砂岩组成，含有薄的、深色的沥青质条带，这些条带指示了从毫米级到厘米级尺度上颗粒大小、堆积和方向的细微变化，其确切的沉积环境还不确定，推测可能受到潮汐影响、持续的浊积流或者河流洪水事件产生。整体上，在 Buzzard 层状砂岩占据近端区域，而块状砂岩则位于更远的盆地内，这种关系可能是近物源端多期物质输入的结果，在近源端坡底地区发生多期重力流事件，并伴随沉积改造，而层间泥岩被认为是半深海沉积物和富泥浊流沉积，横向发育范围有限。

3）白垩系

北海盆地白垩系主要包括下白垩统的 Cromer Knoll 群和上白垩统白垩群。下白垩统在维京地堑、中央地堑和马里—福斯地堑等地局部发育浊积岩，其外围发育有三角洲和滨海相砂岩，并被深海泥岩、泥灰岩和上白垩统泥岩所包围，构成一套良好的储层。

4）古近系

北海新生界发育多套重要的油气储层系，并相继发现了 Maureen、Heimdal、Balder 和 Lomonel 等一批油气田。其中，古新统—始新统深水扇砂岩复合体是该层系最重要的两套储层，受古物源和构造共同控制，主要分布在盆地西侧。古新统主要包括下部的 Montros 组和上部的 Moray 组，下部海底扇砂砾岩、泥岩和泥灰岩交互发育，向上因物源输入减少，主要为扇三角洲沉积，在维京地堑和中央地堑发育小型浊积扇沉积，储集砂体规模相应减小。始新世主要为海进旋回发育期，泥质岩占据主导，主要在北海局部发育低水位扇体，如维京地堑北部的 Frigg 扇体和中央地堑的 Tay 砂岩等。其中，Frigg 扇体分布范围最广，砂岩堆积最厚可达 200m 以上。而在中维京地堑西侧的古新统—始新统浊积沉积层厚度可达 3000m。尽管浊积砂体分布模式复杂，但通过地震地层学的分析，可以较清晰地判别古新统砂岩的浊流沉积层序特征，水下扇复合体内部“丘状”地震反射反映了包卷在扇端页岩中的水道砂体（图 4-22）。

3. 盖层

维京地堑发育的白垩系海相泥岩和渐新统—新近系海相泥岩可作为良好的区域性盖层，例如 Harding 油田始新统 Horda 组半深海泥岩，可作为古近系浊积砂岩储层良好的区域性盖层。

4. 圈闭特征

构造型圈闭是维京地堑的主要油气圈闭类型，其次是岩性圈闭和岩性—构造复合圈闭。维京地堑与深水重力流沉积有关的岩性圈闭主要发育在古近系，主要类型为浊积扇之上的砂体上倾尖灭及孤立水道砂体，例如地堑中部的 Buckland 油田、Harding 油田和 Gryphon 油田等均属此类。其中，Harding 油田位于英国北海北部的绿宝石湾，该油田于 1988 年被发现，1996 年开始生产，主要由上古新统—下始新统的浊积岩在克劳福德脊（Crawford Ridge）上倾端的 6 个岩性尖灭圈闭组成，主力储层为始新统 Balder 浊积砂岩，属于陆坡滑塌远端浊积扇。浊积岩从东设得兰台地向东延伸至深水的维京地堑，至古新世晚期，上侏罗统隐伏的克劳福德脊活化形成凹陷海床，在渐新世，克劳福德脊的持续延伸造成轻微的区域倾斜，并产生多次大的构造闭合，盖层主要为始新统 Horda 组半深海泥岩（图 4-23）。

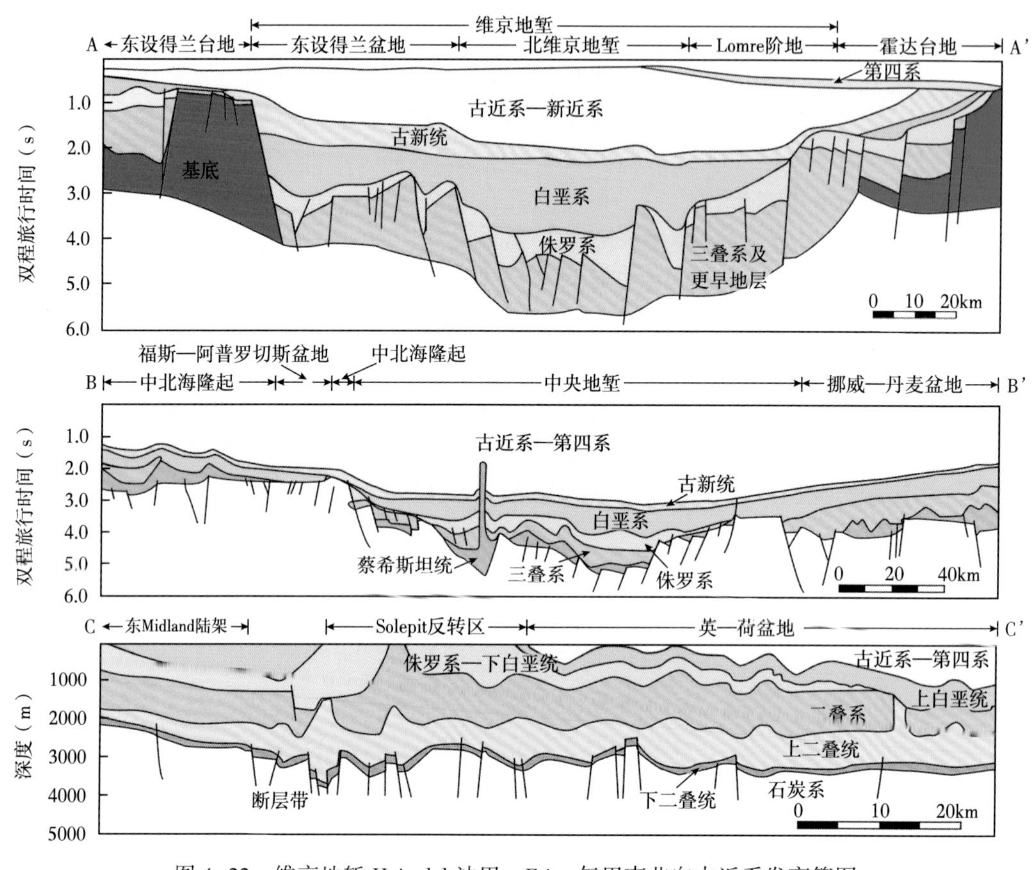

图 4-22 维京地堑 Heimdal 油田—Frigg 气田南北向古近系发育简图

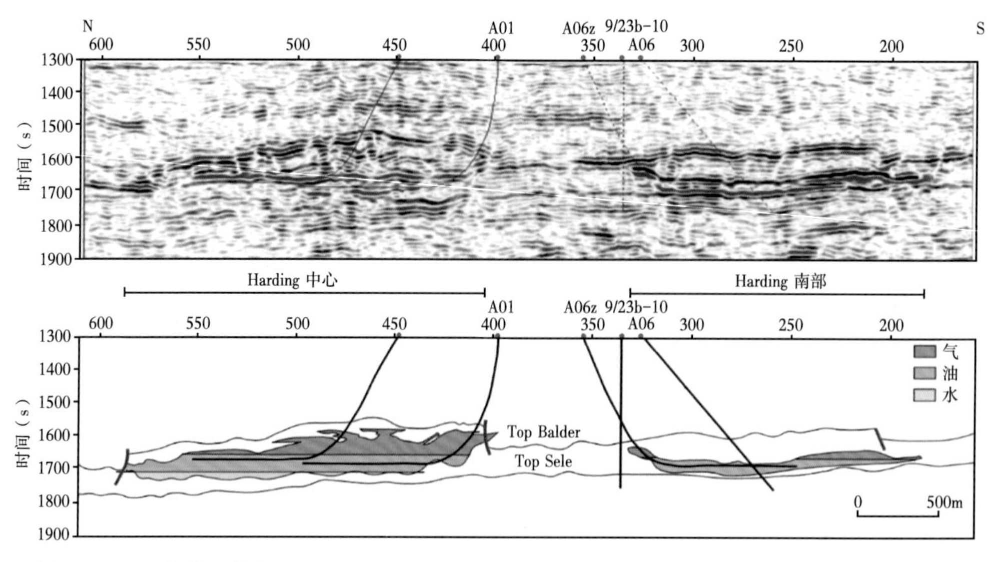

图 4-23 北海盆地维京地堑 Harding 油田 N-S 三维地震剖面及解释结果（据 Beckly 等，2003）

四、主要产油层段沉积模式

侏罗系为北海盆地的主要勘探目的层，研究也较为详细，年代地层研究以 Richards 等（1993）的成果为代表。北海盆地在早侏罗世整体表现为裂陷规模不断减小，下侏罗统主要发育在北部北海盆地除基梅里热隆起顶部以外的区域，在维京地堑、马里—福斯湾地堑、中央地堑以及东设得兰台地等地层层序较为完整（图 4-24）。下侏罗统斯塔福约德砂岩发育于退覆/超覆交替的沉积环境，早期退覆地层发育为主，表现为上部砂岩厚度增加，粒度增大，而海侵地层以河道砂岩为主，夹洪泛平原的泥页岩，顶部为远岸浅海沉积。

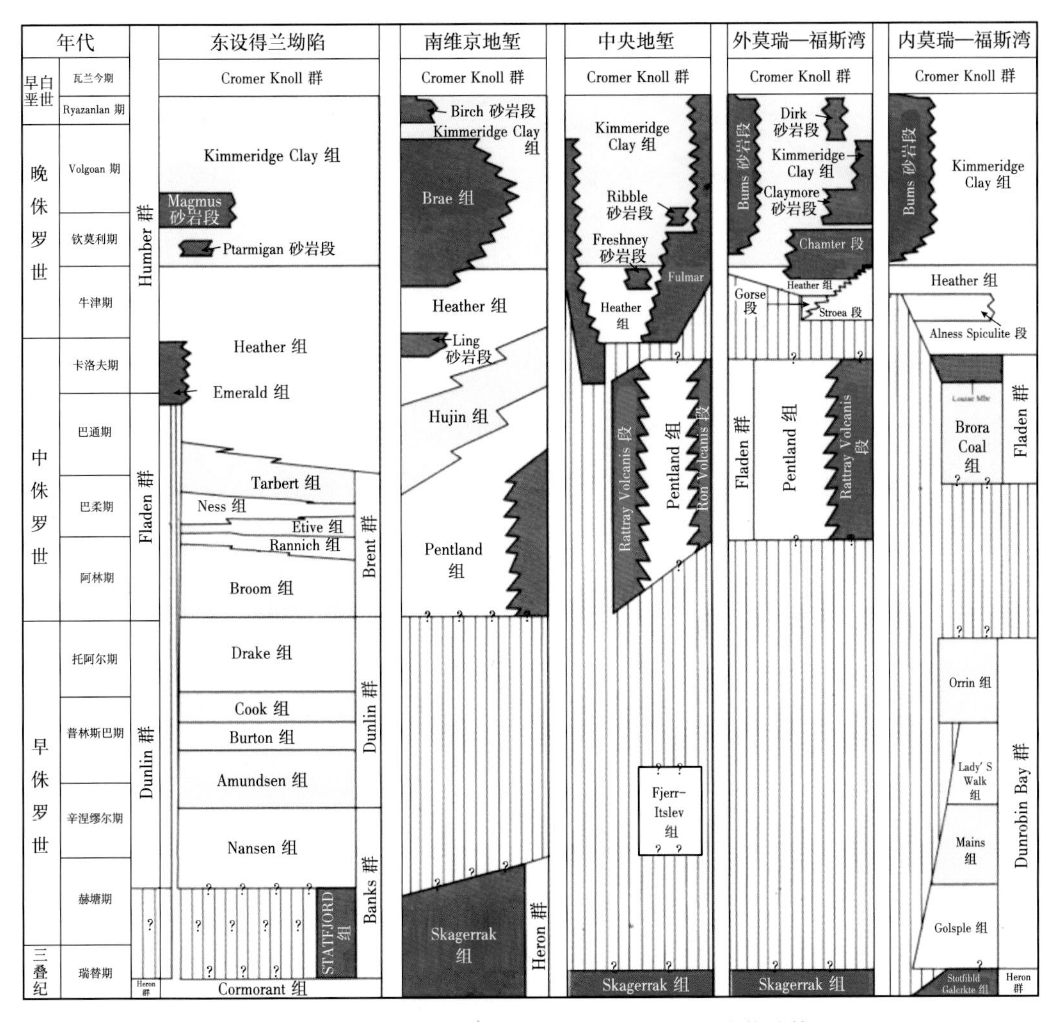

图 4-24 北海北部盆地保罗岩性地层单元对照表（据朱伟林等，2011）

早侏罗世末期热隆升之后，在基梅里热隆起上发育新的三叉裂谷，中—晚侏罗世地层表现为自基梅里热隆起外围向顶部超覆的沉积序列。中侏罗统发育著名的布伦特（Brent）组 Ness 砂岩，油气储量丰富，该套地层主要发育在维京地堑北部、霍达台地和马里—福斯地堑等地，而在中央地堑，即隆起的顶部基本缺失。维京地堑布伦特组 Ness 砂岩为自西南向东北方向的三角洲相沉积，目前主要保留于基梅里隆起以北，维京地堑北部为浅海地区，三角洲整体表现为沿北东向东设得兰凹陷进积。维京地堑北部从南向北由三角洲相沉积过渡为三角洲前缘为主，到最北部的滨海相和潮控三角洲相沉积。

晚侏罗世整体表现为海进旋回特征，沉积范围显著扩大至中央地堑，并扩展至周缘隆起部位。晚侏罗世主要为海相富有机质泥页岩，是该区一套重要的烃源岩。受断层及物源等共同控制，在南维京地堑和中央地堑等局部地区发育边缘海相砂岩。南维京地堑为西断东超的半地堑，由于盆地裂陷期的快速沉降，在地堑中央形成欠补偿的深海盆，早基默里奇期在地堑西侧边界断层的下降盘发育断崖扇，晚基默里奇期随着物源区后退演化为盆底扇（图4-25）。

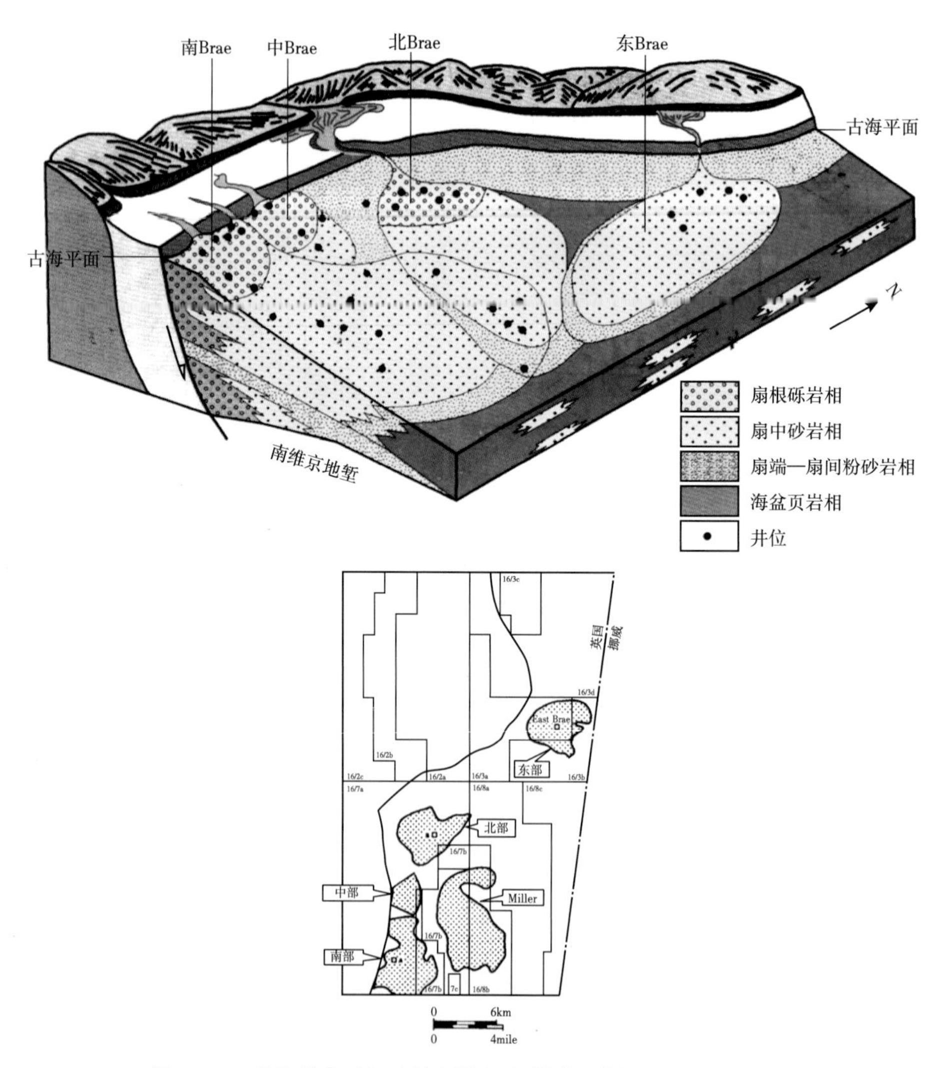

图4-25　北海维京地堑上侏罗统沉积模式（据 Phillips I C，1991）

南 Brae 油田位于英国北海北部维京地堑南部，水深约110m，油气主要产于约数百米厚的上侏罗统布雷（Brae）组内。主要岩石类型为近物源段河道砂和断崖海底扇砾岩，远端处过渡为中—细粒砂和扇前端泥岩互层（图4-26）。主要的储层是由高密度流/重力流沉积而成的细粒到非常粗粒砂岩组成（图 4-27）。

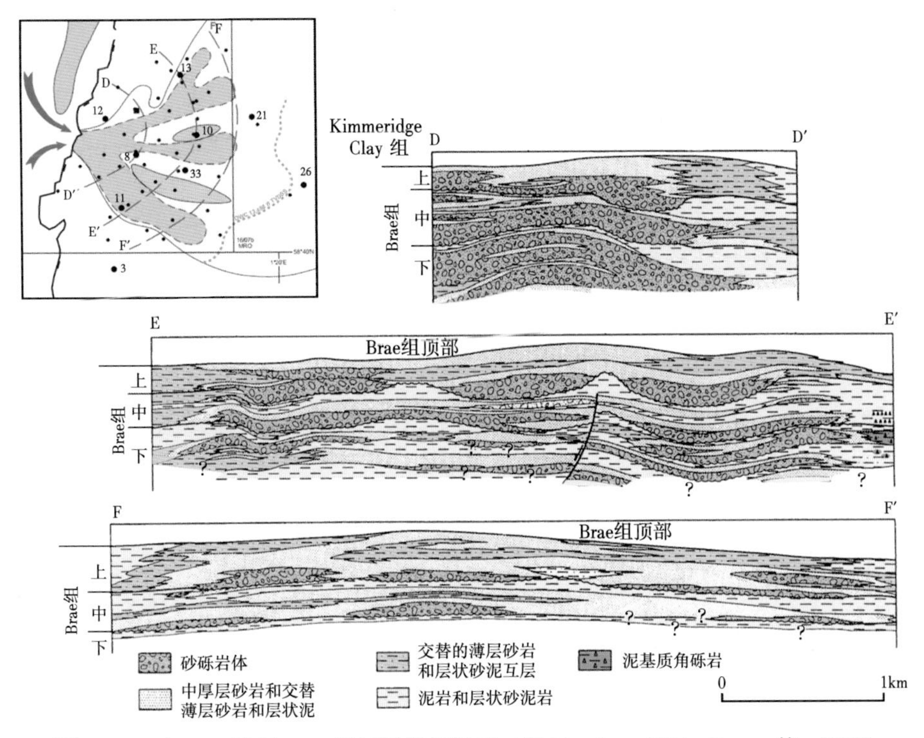

图 4-26　南 Brae 油田 Brae 组储层岩相剖面（据 Fletcher，2003；Turner 等，1987）

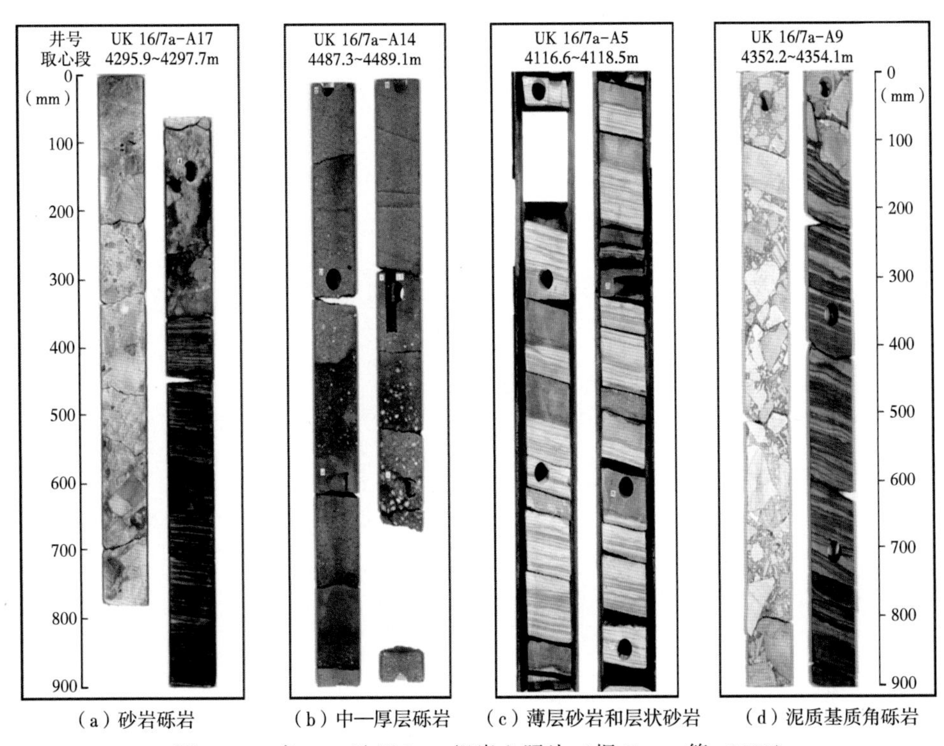

（a）砂岩砾岩　（b）中—厚层砾岩　（c）薄层砂岩和层状砂岩　（d）泥质基质角砾岩

图 4-27　南 Brae 油田 Brae 组岩心照片（据 Fraser 等，2003）

白垩纪为盆地裂后发育期，下白垩统在维京地堑、中央地堑和马里—福斯地堑主要为深海泥岩、泥灰岩和浊积岩，其外围为浅海页岩，周边发育有三角洲和滨海相砂岩；上白垩统主要发育浅海相碳酸盐岩和泥灰岩。

在新生代，北海盆地北端与挪威海和北大西洋贯通，古近纪沉积中心在中央地堑北部，主要物源来自西北方向的设得兰高地，沉积体系自西北高地向东南盆地的维京地堑和中央地堑依序推进，最大沉积厚度可达数千米。在古新世早期，与北大西洋裂开有关的热隆升抬升了苏格兰大陆、挪威西部和格陵兰岛等地，并导致大量硅屑沉积物流入盆地。广泛的三角洲沉积体系得以在东设得兰台地的浅水发育，在南维京地堑、Withch Ground 和中央地堑的深水盆地底部形成了大型海底扇复合体。古新世晚期—始新世早期，在南维京地堑的东部沉积了半远洋泥岩，同时在其他地区沉积了深水浊流海底扇（图 4-28）。整体上，古新世—渐新世自北而南为深海—浅海沉积，沉积中心在盆地北部，至中新世，沉积中心向南移动至中央地堑，上新世沉降速率降低，以浅海沉积为主，盆地中部主要为泥质

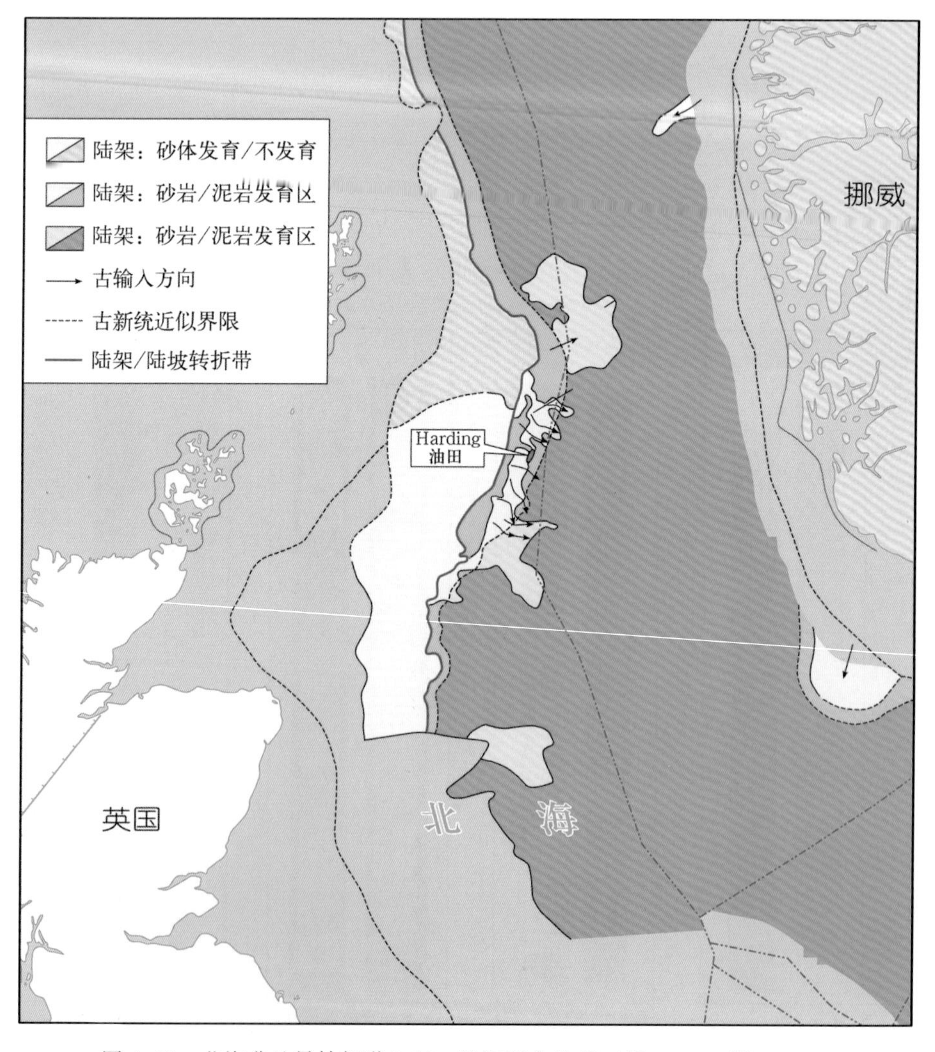

图 4-28　北海盆地早始新世 Balder 组沉积古地理（据 Ahmadi 等，2003）

沉积，边部发育有三角洲或滨岸砂岩。

五、油气成藏模式

北海侏罗系—下白垩统底部暗色泥岩是北海盆地最重要的烃源岩，其中，侏罗系也是北海盆地的主力储层，除了三角洲相及陆架边缘海相砂岩储层，晚侏罗世海进旋回期发育的浊积砂砾岩也是一套重要的储集岩。在油气相对最为富集的南维京地堑，已发现数量众多、规模巨大且以海底断崖扇为主体的油气田，如 Brae 大气田。这些深海盆中发育的断崖扇，扇根和扇中部位往往发育良好的砂砾岩体，并被海相暗色富有机质泥岩所包围，这些热页岩因沉积厚度大，且夹有浊积砂岩，导致烃源岩排烃能力较差，至晚白垩世达到生烃高峰期后，因产生超压而形成微裂缝，才得以发生明显的排烃过程，且附近扇体内发育的砂砾岩体中聚集成藏。此外，受新近纪构造运动影响，这些超压区的油气发生垂向运移，可二次运移至白垩系圈闭，并有部分油气通过白垩层内的裂缝运移至古新统—始新统浊积扇储集体内。

北海盆地下白垩统在维京地堑、中央地堑和马里—福斯地堑等地局部发育浊积岩，并被深海泥岩、泥灰岩和上白垩统泥岩所包围，构成一套良好的储层，其成藏模式与侏罗系相似。此外，盆地西侧古新统—始新统深水扇砂岩复合体，下部古新统以海底扇砂砾岩、泥岩和泥灰岩交互发育为主要特征，上部始新统主要为海进旋回期发育的泥质岩为主，成藏要素配置关系较好，尤其在维京地堑西侧，浊积砂岩厚度可达数千米，成藏潜力巨大。

参考文献

迟愚，孟祥龙，王福合，2008. 东南亚深海油气勘探开发形势及对外合作前景［J］. 国际石油经济，(11)：50-56.

梁杰，杨艳秋，龚建明，等，2009. 墨西哥湾深水油气勘探对我国的启示［J］. 海洋地质动态，25（1）：17-19.

卢景美，李爱山，黄兴文，等，2018. 墨西哥湾北部深水盐盆 Wilcox 组油气成藏条件及有利勘探方向［J］. 中国海上油气，30（4）：36-44.

卢景美，张金川，严杰，等，2014. 墨西哥湾北部深水区 Wilcox 沉积特征及沉积模式研究［J］. 沉积学报，32（6）：1132-1139.

钱伯章，朱建芳，2014. 美国墨西哥湾海上油气发现与生产评述［J］. 海洋石油，34（3）：7-15.

秦雁群，梁英波，张光亚，等，2015. 巴西东部海域深水盐上碎屑岩油气成藏条件与勘探方向［J］. 中国石油勘探，20（5）：63-72.

陶崇智，邓超，白国平，等，2013. 巴西坎波斯盆地和桑托斯盆地油气分布差异及主控因素［J］. 吉林大学学报（地球科学版），43（6）：1753-1761.

熊利平，邬长武，郭永强，等，2013. 巴西海上坎波斯与桑托斯盆地油气成藏特征对比研究［J］. 石油实验地质，35（4）：419-425.

姚永坚，吕彩丽，康永尚，等，2013. 东南亚地区烃源岩特征与主控因素［J］. 地球科学（中国地质大学学报），38（2）：367-378.

杨福忠，洪国良，祝厚勤，等，2014. 东南亚地区成藏组合特征及勘探潜力［J］. 地学前缘，21（3）：112-117.

于璇，侯贵廷，代双河，等，2016. 巴西深水盆地对比及油气成藏规律分析［J］. 海相油气地质，21（1）：61-72.

张功成，屈红军，冯杨伟，2015. 深水油气地质学概论［M］. 北京：科学出版社.

张功成，屈红军，张凤廉，等，2019. 全球深水油气重大新发现及启示［J］. 石油学报，40（1）：1-34.

张功成，屈红军，赵冲，等，2017. 全球深水油气勘探40年大发现及未来勘探前景［J］. 天然气地球科学，28（10）：1447-1477.

张申，张达景，刘深艳，2013. 巴西坎普斯盆地盐下层系油气发现及其勘探潜力［J］. 中国石油勘探，18（2）：59-66.

朱伟林，白国平，胡根成，2012. 南美洲含油气盆地［M］. 北京：科学出版社.

朱伟林，杨甲明，杜栩，2011. 欧洲含油气盆地［M］. 北京：科学出版社.

Ahmadi Z, Sawyers M, Kenyon-Roberts S, et al, 2003. Paleocene, in Evans D, Graham, C, Armour A, and Bathurst P, eds., The Millnnium Atlas: petroleum geology of the Central and Northern North Sea [M]. Geological Society, London, p. 235-259.

Beckly A J, Nash T, Pollard R, et al, 2003. The Harding Field, Block 9/23b [J]. Geological Society, London, Memoir, 20 (1): 283-290.

Bruhn C H L, 2002. Contrasting Styles of Oligocene/Miocene Turbidite Reservoirs from Deep Water Campos Basin, Brazil [J]. AAPG Distinguished Lecture.

Bruhn Carlos, Gomes Jose, Jr Cesar, et al, 2003. Campos Basin: Reservoir Characterization and Management - Historical Overview and Future Challenges [J]. 10.4043/15220-MS.

Candido A, Cora C A G, 1992. The Marlim and Albacora Giant Fields, Campos Basin, Offshore Brazil: Chapter 8 [J]. AAPG Bull: 123-135.

Carminatti M, Scarton J C, 1991. Sequence Stratigraphy of the Oligocene Turbidite Complex of the Campos Basin, Offshore Brazil: An Overview [M]// Weimer P, Link M H. Seismic Facies and Sedimentary Processes of Submarine Fans and Turbidite Systems. New York, NY: Springer New York: 241-246.

Coward M P, Purdy E G, Ries A C, et al, 1999. The distribution of petroleum reserves in basins of the South Atlantic margins [J]. Geological Society of London Special Publications, 153 (1): 101-131.

Cunningham R, Snedden J W, Norton I O, et al, 2016. Upper Jurassic Tithonian-centered source mapping in the deepwater northern Gulf of Mexico [J]. Interpretation, 4 (1): C97-C123.

Doré G, Robbins J, 2005. The Buzzard Field, in Doré, A. G., and Vining, B. A., eds., Petroleum Geology. North-West Europe and Global Perspectives: Proceedings of the 6″Petroleum Geology Conference: Geological Society, London, p. 241-252.

Fletcher K J, 2003. The South Brae Field, Blocks 16/07a, 16/07b, UK North Sea [J]. Geological Society, London, Memoir, 20 (1): 211-221.

Forster C, 2005. Reservoir facies of the Jurassic Buzzard Field, North Sea, United Kingdom, p. 107-121: www.cspg.org/conventions/abstracts/2005Core/forster_c_reservoir_facies_uk.pdf.

Fraser S, Robinson A, Johnson H, et al, 2003. Upper Jurassic, inEvans D, Graham C, Armour A, and Bathurst P, eds. The Millennium Atlas: petroleum geology of the central and northern North Sea: Geological Society, London, p. 157-189.

Galloway W E, Ganey-Curry P E, Li X, 2000. Cenozoic depositional history of the Gulf of Mexico Basin [J]. AAPG Bull, (84): 1743-1774.

Guardado L R, Gamboa L A P, Lucchesi C F, 1990. Petroleum geology of the Campos Basin, Brazil, a model for a producing Atlantic type basin, Divergent/passive margins [J]. AAPG, 48: 3-79.

Guardado L R, Spadini A R, Brando J S L, et al, 2000. Petroleum System of the Campos Basin [J]. Aapg Memoir, 73: 317-324.

Ingram G M, Chisholm T J, Grant C J, et al, 2004. Deepwater North West Borneo: hydrocarbon accumulation in an active fold and thrust belt [J]. Marine and Petroleum Geology, 21 (7): 879-887.

Jong John, Khamis Mohd Asraf, Wan Embong Wan Mohd Zaizuri, et al, 2016. A Sequence Stratigraphic Case Study of An Exploration Permit in Deepwater Sabah: Comparison and Lesson Learned from Pre- Versus Post-Drill Evaluations [C] //Proceedings of the 40th IPA Convention and Exhibition.

Lacaba R, Gambôa L, Lucchesi C F, 1990. Petroleum geology of the Campos Basin, Brazil, a model for a producing Atlantic type basin [J]. Divergent/passive margin basins, 48: 3-79.

Peres W E, 1993. Shelf-Fed Turbidite System Model and its Application to the Oligocene Deposits of the Campos Basin, Brazil [J]. AAPG Bulletin, 1 (77): 81-101.

Phillips I C, 1991. Reservoir Gas Management in the Brae Area of the North Sea, SPE Annual Technical Conference and Exhibition. 10. 2118/22918-MS.

Possato S, Rodrigues S M, Scarton J C, et al, 1990. The Discovery and Appraisal History of Two Supergiant Oil Fields, Offshore Brazil [J]. 10. 4043/6268-MS.

Richards P C, Lont G K, Johnson H, et al, 1993. Jurassic of the central and northern North Sea. In; Knox RW, Cordey W G, eds. Litho-stratigraphic Nomenclature of the UK North Sea. Nottingham: BGS.

Souza J M, Scarton J C, Candido A, et al, 1989. The Marlim and Albacora Fields: Geophysical, Geological, and Reservoir Aspects, Offshore Technology Conference.

Taylor T R, Giles M R, Hathon L A, et al, 2010. Sandstone diagenesis and reservoir quality prediction: Models, myths, and reality [J]. AAPG Bulletin, 94 (8): 1093-1132.

Turner C C, Cohen J M, Connell E R, et al, 1987. A depositional model for the South.

Weimer P, Crews J R, Crow R S, et al, 1998a. Atlas of petroleum fields and discoveries, northern Green Canyon, Ewing Bank, and southern Ship Shoal and South Timbalier areas (offshore Louisiana), northern Gulf of Mexico [J]. AAPG Bulletin, 82: 878-917.

Weimer P, Varnai P, Budhijanto F M, et al, 1998b. Sequence stratigraphy of Pliocene and Pleistocene turbidite systems, northern Green Canyon and Ewing Bank (offshore Louisiana), northern Gulf of Mexico [J]. Aapg Bulletin, 82 (5): 918-960.

Whittle A P, Short G A, 1978. The Petroleum Geology of the Tembungo Field, East Malaysia [J]. AAPG, Offshore South East Asia Conference: 29-39.

William E G, 2001. Cenozoic evolution of sediment accumulation in deltaic and shore-zone depositional systems, Northern Gulf of Mexico Basin [J]. Marine and Petroleum Geology, 18 (10).

Winker C, 2007. Paleogene stratigraphic revision and tectonic implications, Gulf of Mexico, abyssal plain: 27th Annual GCSSEPM Foundation Bob F. Perkins Research Conference, p. 376-396.

第五章　国内典型深水重力流油气藏特征

第一节　南海深水重力流油气藏

一、南海深水油气勘探现状

南海是西太平洋最大的边缘海盆，面积约为 $350\times10^4km^2$，共发育25个沉积盆地。南海探明石油储量巨大，是全球重要的海洋油气聚集区之一，也是环太平洋富油气盆地群的重要组成部分（张强等，2017，2018）。按全国第二轮油气资源评价结果，整个南海盆地群地质资源量高达 300×10^8t，天然气总地质资源量为 $15.84\times10^{12}m^3$，占我国油气总资源量的三分之一，其中70%油气资源蕴藏于深海区域，因而享有“第二个波斯湾”的美誉。近年来，周边国家显著加大了在南海油气勘探的投入，大批油气田被发现。据不完全统计，南海迄今共发现各类油气田百余个，累计探明石油可采储量过亿吨，天然气可采储量可达万亿立方米，油气资源主要位于南海北部的珠江口盆地、琼东南盆地、莺歌海盆地以及南海中南部的湄公盆地、万安盆地、曾母盆地和文莱—沙巴盆地等（图5-1）。

当前，南海发现油气储量规模较多的国家分别是马来西亚、中国、越南、文莱和印度尼西亚等，以深水沉积体为储层的岩性油气藏为主，其次为生物礁岩性油气藏。从富集层位看，油气主要富集于中中新统，其次为上新统与上中新统（图5-2）。其中，马来西亚与文莱油气勘探发现主要位于曾母盆地南康台地和文莱—沙巴盆地深水区，曾母盆地以中新统生物礁岩性油藏为主，文莱—沙巴盆地以深水沉积岩性油藏为主。越南油气勘探主要位于湄公盆地、莺歌海盆地、万安盆地和中建南盆地等，深水沉积岩性油气藏主要在湄公盆地和万安盆地。

中国海洋石油工业是从南海起步的，中国对南海北部大陆架的油气勘探始于20世纪50年代末，但初期受技术和资金限制，勘探投入有限。近年来，随着中国综合国力不断提升，加之不断增长的能源需求背景，加快了南海海域油气勘探和开发的步伐，在南海深水区开展了一系列油气勘探及资源调查活动，并获得了一系列重大突破。中国在南海北部湾盆地、珠江口盆地、琼东南盆地和莺歌海盆地等相继有了重大油气发现，尤其在深水区油气储量规模大，主要富集于新近系，已成为南海北部新增储量的主要来源。例如，在南海北部珠江口盆地白云凹陷深水区，发现了由众多盆底扇、斜坡扇、低位楔和下切水道构成的深水扇体，于2006年在珠江口盆地29/26区块水深1500m的水域，发现了LW3-1井大型深海天然气田，之后又相继在白云凹陷发现一系列高产气田，累计新增探明可采储量达亿吨油当量。荔湾气田是中国海域最大的天然气发现，加快了南海深水油气勘探开发的步伐，标志着中国海洋石油工业实现了由浅水向深水的跨越。2009年12月，距LW3-1气田东北方向水深约1145m海域又发现了流花34-2气田。此外，在琼东南盆地，自1983年发

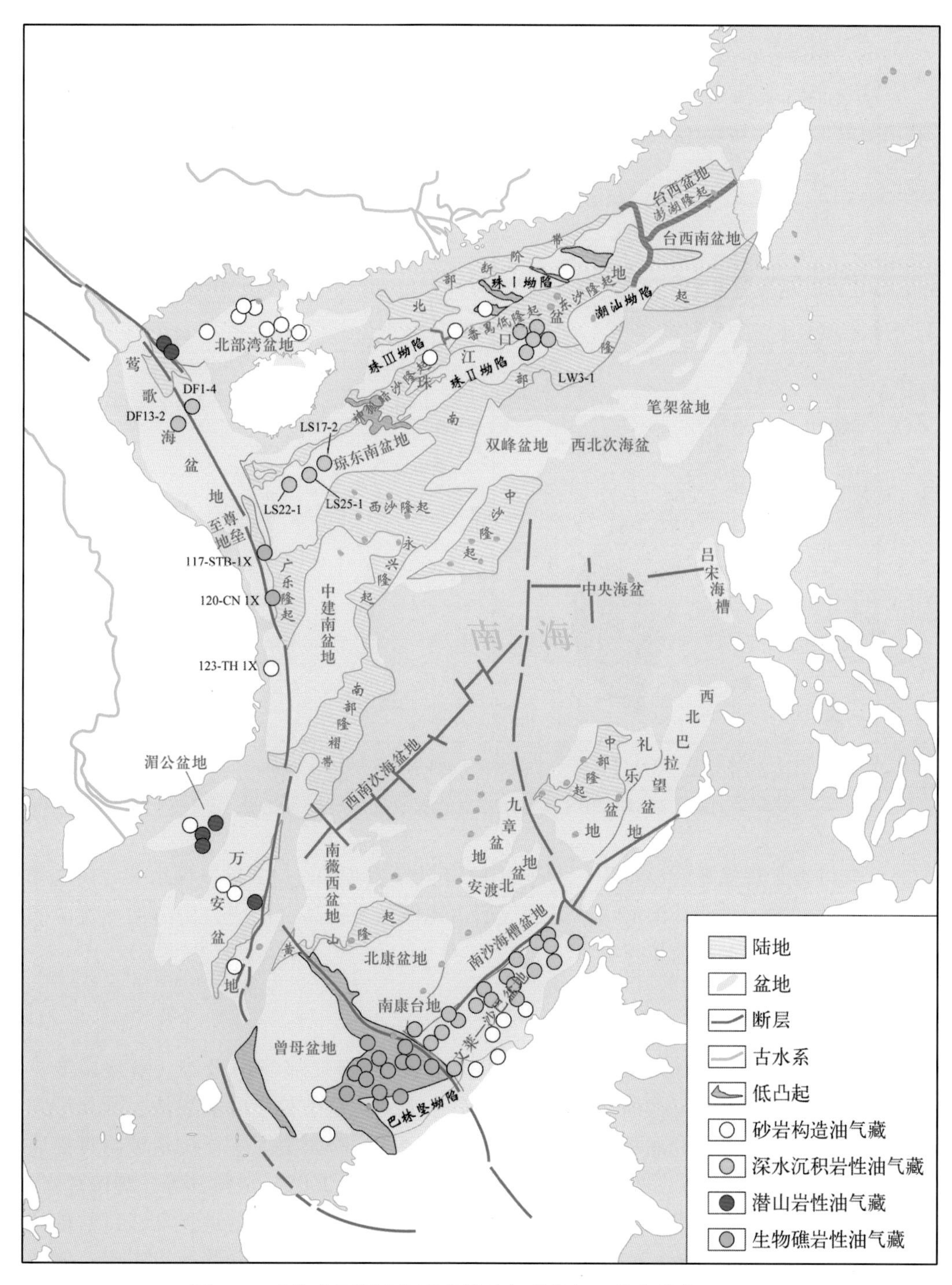

图 5-1　南海主要深水沉积岩性油气藏分布（据张强等，2018）

现崖城 13-1 千亿立方米气田以来，至 2010 年多家外方公司参与但一直未获得重大油气突破。从 2010 年发现 LS22-1 气田开始，琼东南盆地内莺歌海组的中央峡谷水道陆续有新发现，2014 年发现 LS17-2 气田和 LS25-1 气田，三级储量均超过千亿立方米。在莺歌海盆

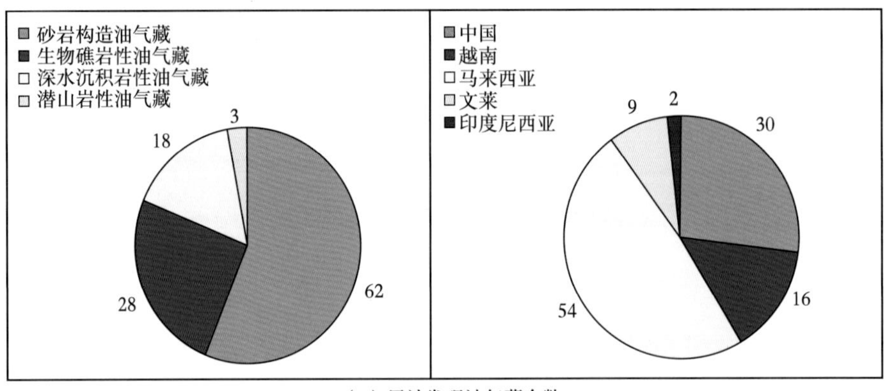

（a）累计发现油气藏个数

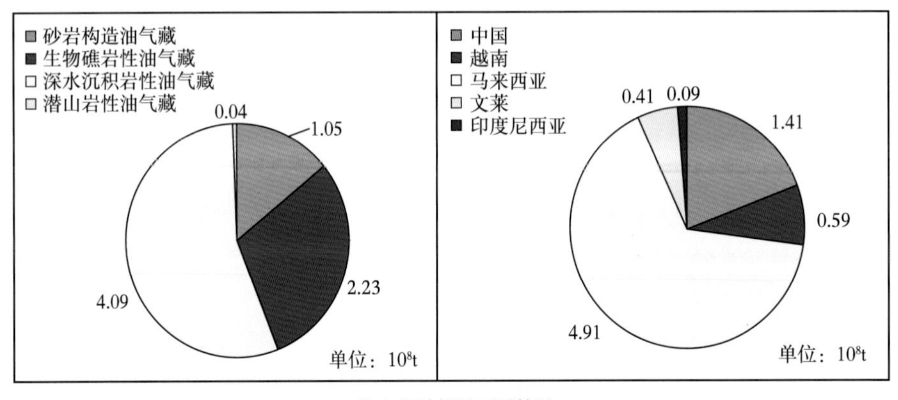

（b）累计探明可采储量

图 5-2 南海 2014—2018 年各国油气新发现统计（据张强等，2018）

地，已证实发育大规模海底扇沉积，并于 2012 年陆续发现 DF13-2 等以深水朵叶体沉积为储层的岩性油气藏。当前，南海深水区油气所占比例显著提高，已成为南海油气资源的重要战略接替区，油气勘探前景巨大。

二、地质背景

南海因在中国大陆南方而得名，亦称南中国海。南海北靠华南板块，南至加里曼丹岛，东临中国台湾、菲律宾群岛，西至中南半岛，大地构造上位于欧亚板块、西太平洋—菲律宾板块和印度—澳大利亚板块共同作用的关键区，同时也是太平洋构造域与特提斯构造域的连结地带（图 5-3），构造演化过程复杂（陈洁等，2007；朱伟林等，2010）。作为西太平洋最大的边缘海，南海北缘以伸展构造为主，发育的北部湾盆地、珠江口盆地和琼东南盆地等均为伸展型盆地；南海西侧大陆边缘为转换型被动大陆边缘，以走滑—伸展构造为主，主要发育走滑拉分盆地，如莺歌海盆地等；南部和东部为俯冲碰撞区，由南沙块体和古南海南部大陆边缘拼贴而成，分别发育断坳盆地和前陆盆地；而中央海盆则为海底扩张区，发育新生的洋壳并有清晰的海底磁异常条带。

晚中生代早白垩世开始，随着澳大利亚板块的北漂，新特提斯洋向北俯冲引起弧后扩张，古南海开始形成。中生代末开始，弧后拉张并开始发育陆缘裂谷，其中，始新世—渐

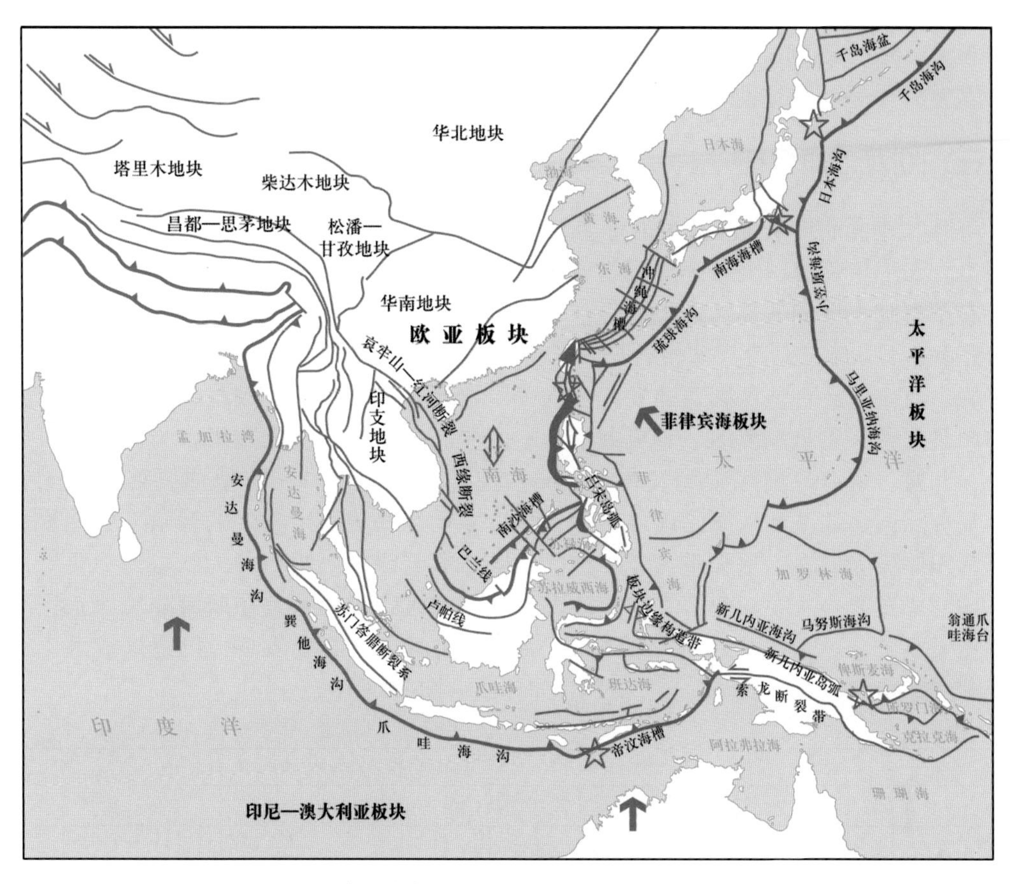

图 5-3　南海及邻区构造背景（据李学杰等，2020）

新世中晚期为主要的断陷发育期，在早渐新世，受菲律宾海板块西缘大型左旋走滑影响，在原有裂谷的基础上从东向西海底扩张。渐新世晚期—中中新世为断—坳转换期，渐新世末，受俯冲后撤的影响，扩张中心向南跃迁，同时受西缘断裂左旋活动的影响，扩张轴从东西向逐步转为北东向，早中新世晚期，南沙地块—北巴拉望地块与卡加延脊碰撞，南海扩张停止，中中新世以来主要为坳陷发育期（张强等，2017）。前人关于南海的形成演化，提出了多种成因模型，包括挤出模型、弧后扩张模型、大西洋型扩张模型、右行走滑拉分模型、综合作用下的被动扩张模型、古南海俯冲拖曳模型和弧后扩张—左旋剪切模型等（李学杰等，2020），其中，影响最广的是中南半岛挤出模型和古南海俯冲拖曳模型（Tapponnier 等，1982，1990；Hall，1996；张功成等，2015）。因此，南海在古近纪早期以被动大陆边缘沉积为主，发育较为局限，在靠近华南块体一侧的珠江口盆地、琼东南盆地、中建南盆地等以冲积扇沉积为主，而靠近古南海的北康盆地、礼乐盆地等则以滨浅海沉积为主。

古近纪中—晚期开始，南海海盆开始扩张，前期的地堑—半地堑构造继续发育，南海北部湾盆地、珠江口盆地等盆地边缘以三角洲—扇三角洲沉积为主，盆地中央发育半深湖—深湖沉积，而靠近古南海的盆地，如曾母盆地等由于南缘碰撞发育半封闭潟湖—沼泽沉积。随着南海的持续扩张，在古近纪末期—新近纪早期进入断坳转换期，由于南沙块体漂移，古南海逐渐萎缩，盆缘三角洲沉积体系大规模发育，在台地区则以生物礁碳酸盐岩发育为主。晚中新世以来，南海海底南北扩张处于停滞状态，其整体进入区域热沉降阶段，以半深海—深海相沉积为主。

三、油藏地质特征

南海盆地含油气系统主要发育于新生界，其中包括古近系成藏组合、下—中中新统成藏组合和上中新统—上新统成藏组合三套（图 5-4）。现阶段探明的古近系成藏组合主要在南海陆架区的北部湾盆地、珠江口盆地、琼东南盆地和湄公盆地等，如崖城 13-1 气田等。下—中中新统成藏组合形成于南海大规模海侵期，近岸滨海砂岩与大型三角洲砂岩广泛发育，台地区则普遍发育生物礁、滩等，造成该套成藏组合在南海大部分盆地均颇具规模，是最重要的一套成藏组合。上中新统—上新统成藏组合与深水沉积密切相关，此时，南海除南缘碰撞发育文莱—沙巴前陆盆地之外，其他主要处于坳陷发育期，发育陆架、陆坡和深海盆地各构造单元，在周缘物源稳定输入的背景下，深水区重力流沉积体极为发育，深水重力流水道、朵叶体等与深水沉积相关的砂岩均为良好的储层，该套成藏组合主要在南部文莱—沙巴盆地深水区，近年来，在南海陆坡深水区陆续获得重大突破，琼东南盆地中央坳陷带、莺歌海盆地等均有新发现，已逐渐成为南海油气资源战略接替区。

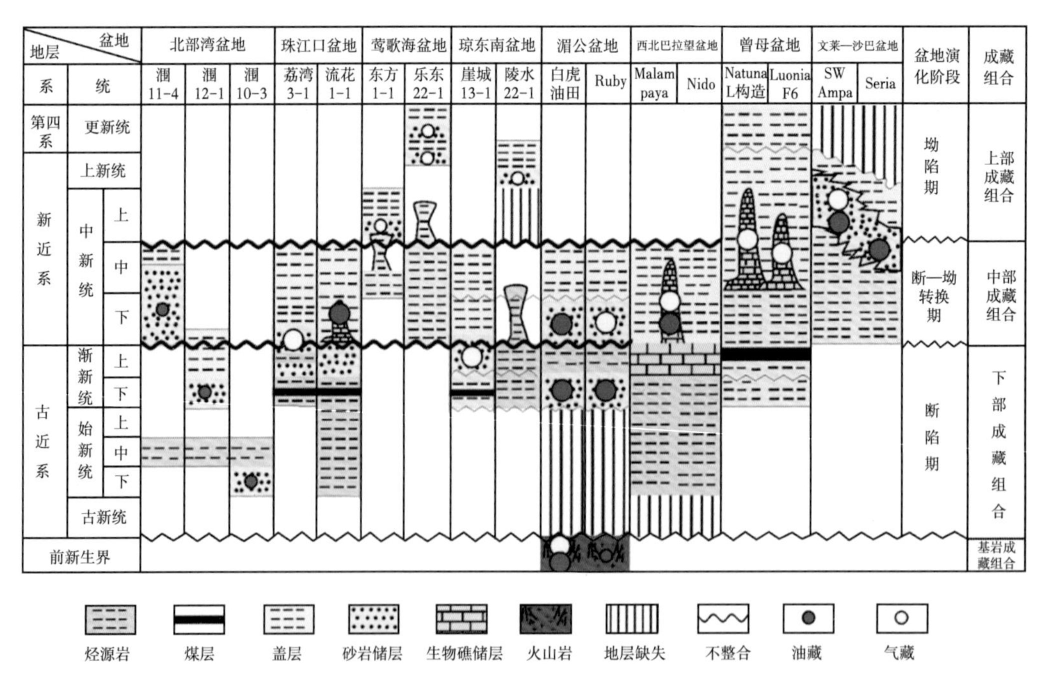

图 5-4 南海及邻区构造背景（据张强等，2017）

南海各沉积盆地主要发育始新统湖相泥岩、渐新统海陆过渡相煤系地层和中新统海相烃源岩三套（李友川等，2011，2012），其中，始新统湖相泥岩发育范围较为局限，干酪根类型为 Ⅰ—Ⅱ$_1$ 型，成熟度较高，处于成熟—过成熟阶段；渐新统煤系烃源岩分布广泛，在南海北部及南部均普遍发育，有机碳含量较高，干酪根类型为Ⅱ—Ⅲ型，热演化程度为成熟—过成熟，是目前南海勘探发现最重要的烃源岩层系；第三套为中新统海相烃源岩，也是南海极具潜力的一套烃源岩。

南海地区油气储层主要在新生界，其中，以渐新统、中新统和上新统最为富集。渐新统主要发育三角洲或扇三角洲砂岩储层，主要分布于陆架区；下—中中新统主要发育三角洲相砂岩和生物礁碳酸盐岩储层，前者主要分布于靠近物源输入端的盆地凹陷区，生物礁碳酸盐岩储层主要分布于中新统远离水系的低隆起带，且南海南部盆地较北部盆地更发育，如曾母盆地等。晚中新世以来主要发育深水沉积砂岩储层，区域上主要分布于南海陆坡深水区（陈洁等，2007；朱伟林，2010）。南海中新统海相泥岩为一套较好的区域盖层，同时在始新统—渐新统、中新统上部等发育多套层间盖层，对局部油气聚集成藏起到封盖作用。

1. 文莱—沙巴盆地

文莱—沙巴盆地为南海南部陆架之上的新生代沉积盆地，盆地面积约 $10\times10^4km^2$，盆地基底为中生界变质岩和岩浆岩混杂体（杨明慧等，2015；刘世翔等，2018）。文莱—沙巴盆地油气资源丰富，以深水油气田为主，其中水深超过千米超深水气田 12 个，最大水深超过 2000m（张强等，2018）。

文莱—沙巴盆地发育中新统海相烃源岩和煤系烃源岩，前者主要分布在盆地北部，后者主要分布在盆地南部，干酪根类型为Ⅱ—Ⅲ型，煤系烃源岩 TOC 含量较高，生烃潜力好，海相烃源岩综合评价为中等—好。文莱—沙巴盆地深水油气藏主要位于盆地陆坡区，主要发育中中新统和上中新统两套重要储层，包括三角洲相砂岩储层和深水浊积扇砂岩储层两类，其中上中新统砂岩储层是主力储层，油气藏圈闭类型主要为岩性差异压实岩性圈闭，储层主要为水道—朵叶体及其复合体，储层物性好，以位于深水区 Kelidang North East 1 气田为例，孔隙度为 21%～23%，渗透率为 126～630mD（张强等，2018）。沙巴盆地 Tembungo 油气田位于一个断层背斜内，主要储集砂体为上中新统深水浊积砂岩（图 5-5），储集砂岩孔隙度 16%～33%，渗透率 30～3000mD。文莱—沙巴盆地缺乏区域性盖层，主要发育三角洲相泥岩和半深海—深海相泥岩两种局部盖层。

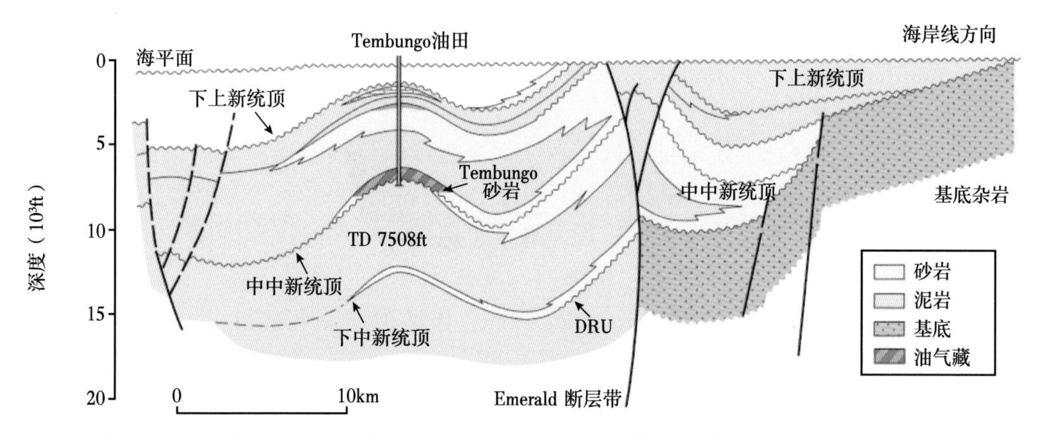

图 5-5　沙巴盆地 NW-SE 地质剖面及 Tembungo 油田位置（据 Whittle 和 Short，1978）

2. 珠江口盆地

位于南海北部大陆架上的珠江口盆地是中国重要的石油生产基地。珠江口盆地主要发育三套古近系主力烃源岩，分别是文昌组、恩平组和珠海组。据估算，这三套烃源岩在白云凹陷总烃资源量约为 30×10^8t 油气当量，具有极大的油气勘探潜力（庞雄等，2007）。例如，白云凹陷西北部钻井揭示了千余米厚的恩平组，河流—三角洲相暗色泥岩发育，有机质以 $Ⅱ_2$型为主，平均 TOC 值达到 1.76%（庞雄等，2007）。白云凹陷东南部钻井揭示了文昌组半深湖相沉积的存在（庞雄等，2014a，2018）。W4 探井文昌组钻遇近 50m 厚且富含淡水浮游藻类和孢粉化石的泥岩，有机质类型为 $Ⅱ_1$ 型，总有机碳含量为 1.36%~1.72%，氢指数达到 408~565mg/g。此外，白云凹陷南部受构造背景控制，湖盆沉积体系具有面积大、水体深的特征，发育广泛的半深湖相—深湖相烃源岩。

盆地南部白云凹陷处于距离物源区较远、富砂古珠江水系的下方，新生代沉积厚度巨大。受沉积体系的控制，白云凹陷主要发育浅水陆架三角洲—滨岸砂泥岩和深水重力流沉积砂泥岩两套储盖组合，后者以大型岩性圈闭和复合型圈闭为主，优质的古近系烃源岩为上覆富砂深水扇砂岩储层提供了充足的油源，综合地层埋深、储层物性及砂体规模等各成藏条件，认为白云凹陷深水重力流沉积勘探前景巨大。

白云凹陷垂向叠置发育的大型深水扇砂体是重要的储层，近年来发现的天然气储量主要来自深水沉积的砂岩储层（庞雄等，2014b）。2006 年南海北部荔湾 3 井成功钻探，取得了重大天然气突破，在荔湾 3-1 气田、流花 29-1 气田和流花 34-2 气田等，深水陆坡重力流水道和朵叶体砂岩储层均已证实天然气储量极其丰富。

四、主要产油层段沉积模式

1. 文莱—沙巴盆地

文莱—沙巴盆地是南海油气最为富集的盆地之一，该盆地是在始新世以来古南海向婆罗洲之下俯冲形成的增生楔背景下发育起来的海沟—斜坡盆地，主要经历古近纪俯冲增生和新近纪—第四纪快速沉降两期演化阶段。

在始新世—渐新世受古南海俯冲和西南部物源的共同控制，文莱—沙巴盆地西南缘主要发育陆架浅海相，向东北远端过渡为浊积扇、半深海—深海相沉积。该时期浊积扇以砂岩为主，发育鲍马序列，常见块状层理、流体逃逸和碟状构造等，具有典型的深水重力流沉积特点（刘世翔等，2018）。

中新世时期，婆罗洲的逆时针旋转导致陆架坡折带的迁移，物源由西南方向转变为东南向，此时，盆地的主体部位以深水沉积为主，储层主要为近岸三角洲砂体和浊积扇砂体，其中，浊积扇砂体在盆地东北部广泛发育。上新世—第四纪沉积期间，由于沉积物的快速供给，又在陆架坡折带之下的三角洲前端发育大规模沉积滑塌体。Tembungo 油田位于马来西亚沙巴盆地西北婆罗洲近海，水深 277ft，该油田发现于 1971 年，并在 1974 年投产，储层为上中新统低斜坡环境下沉积的浊积砂岩（图 5-6）。浊积砂岩主要沿着斜坡的下部沉积，沿着倾斜陆坡输入的浊流在坡底延伸距离可达 30km 以上，横向较为连续，沉积厚度可达 650ft（Ibrahim N A，2003）。

Tembungo 油田储层在纵向上由多个横向分布广泛的页岩划分为互不连通的层段，浊积河道充填的砂体最为发育，主力储层段横向非均质性较强（图 5-7）。在局部地区，横

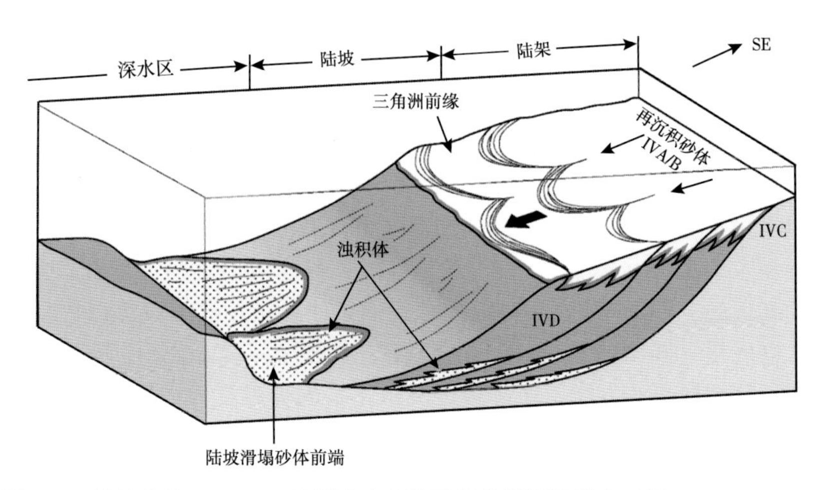

图 5-6　沙巴盆地 Tembungo 油田上中新统浊积砂岩沉积模式（据 Mat-Zin，1992）

向连片发育的浊积砂体贯通了原本孤立的河道砂体，使其合并为良好的储集单元。受物源和构造背景影响，往西北方向砂体规模减弱，例如在 Esso 2 组，其砂层厚度从东南方向的 300ft 下降到西北方向的 100ft，呈明显的双叶状，可能反映了两个浊积岩朵叶体沉积位置。

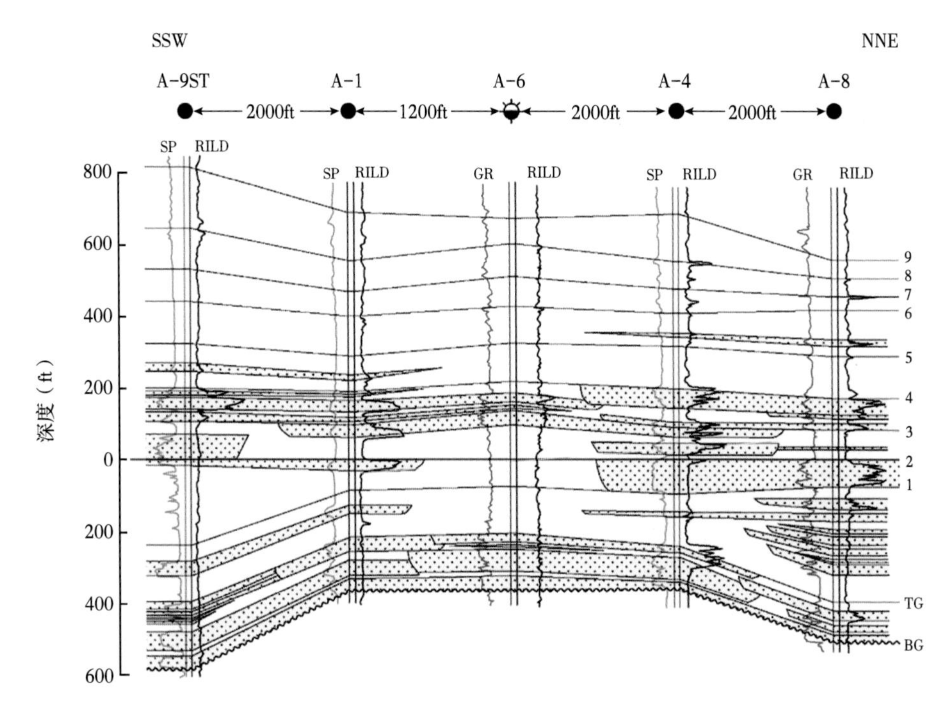

图 5-7　沙巴盆地 Tembungo 油田浊积岩砂体连井对比（据 Whittle 和 Short，1978）

2. 珠江口盆地

南海北部珠江口盆地白云凹陷位于香港以南 250km 外的深水海域，水深 200～3000m，白云凹陷是珠江口盆地南部的巨型凹陷，面积近 $2\times10^4km^2$，新生界厚度近万米，包括神狐组、文昌组、恩平组和珠海组等裂陷背景下的陆相沉积，以及珠江组、韩江组、粤海组、万山组和第四系等海相沉积。

近几年，南海北部深水沉积地层内的重力流沉积单元已引起国内学者的关注（庞雄等，2007）。珠江口盆地白云凹陷深水区发育大型盆底扇和斜坡扇沉积（图 5-8），平面上呈朵叶状，并与下切水道相连，受周期性海平面下降、古珠江大河充足的沉积物供应和白云凹陷长期热沉降作用所形成并保持的陆坡深水条件共同控制，白云凹陷垂向上各层序体系域内均发育深水扇沉积（彭大钧等，2005；庞雄等，2012）。南海珠江口盆地深水扇沉积主要形成于新近纪，厚度 4000~8000m，包括低位体系域发育的深切谷和海底峡谷充填、深水滑塌体、盆底扇（丘状体）、斜坡扇与低位进积复合体等。白云凹陷高分辨率三维地震资料显示，沿陆坡向深水方向，块体搬运沉积体系逐步过渡为水道、水道—堤岸复合体及朵叶体沉积（李磊等，2012）。

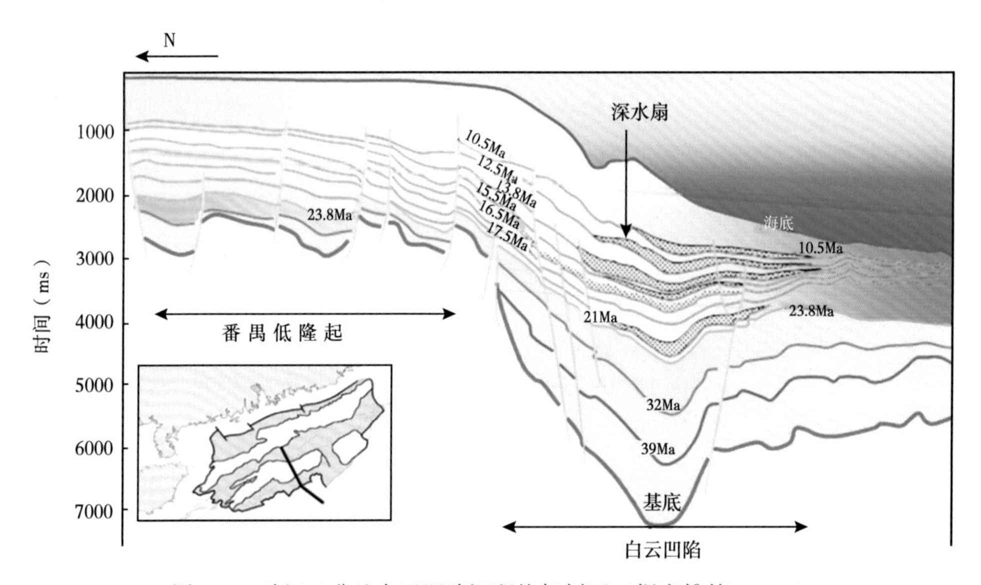

图 5-8　珠江口盆地白云凹陷沉积格架剖面（据庞雄等，2006）

深水沉积发育条件方面，在古近纪末期，中国西部强烈隆升剥蚀，巨量沉积物通过古珠江大河向海域输送，在广阔的南海陆架堆积，是珠江口盆地发育大型深水扇最重要的物质基础。其次，海平面的周期性升降，导致陆坡堆积在低水位时期向深水陆坡及海盆二次迁移，为深水区重力流沉积提供了必要的外在条件。前人研究表明，南海北部边缘珠江口盆地三级层序与相对海平面变化体现了二者的响应关系（庞雄等，2006）。此外，持续的盆地沉降史，保证了稳定的深水沉积条件。

荔湾 3 井获取的岩心揭示了重力流沉积特征，第一段岩心显示出砂岩层被夹持在巨厚的富含黄铁矿深灰色泥岩之中。岩性以浅灰色块状中—细粒岩屑长石砂岩和中—粗粒长石岩屑砂岩组成的韵律层为主，砂岩的成分成熟度低而结构成熟度较高，粗粒砂岩韵律层中呈漂浮状产出的同生泥砾和生物碎片含量较高，并由同生泥砾或生屑含量变化显示出正粒序和逆粒序到正粒序层理及块状层理（图 5-9）。垂向上往往由数个砂体连续叠置形成大砂体，在单砂体底部常发育冲刷面（庞雄等，2012）。

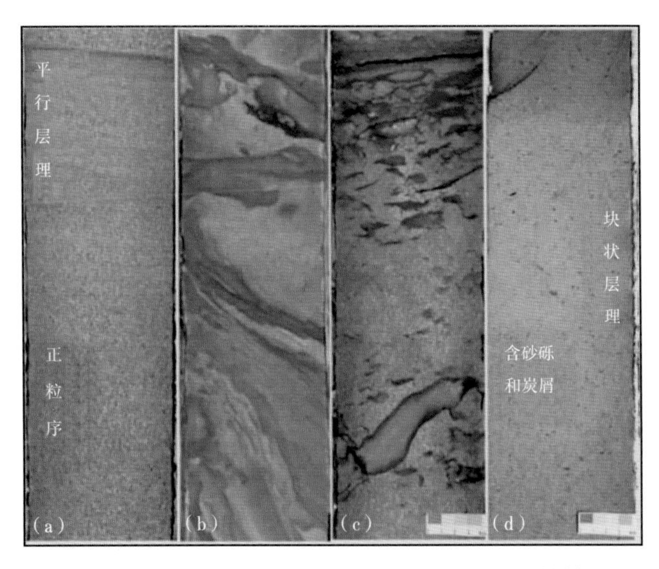

图 5-9　白云凹陷荔湾 3 井深水沉积岩心照片（据庞雄等，2006）

五、油气成藏模式

1. 文莱—沙巴盆地

南海盆地南部文莱—沙巴盆地深水区发育浊积扇—半深海—深海沉积体系，并有大量重力滑脱形成的挤压褶皱，该类圈闭是盆地内深水区油气富集的主要圈闭类型（图 5-10）。中

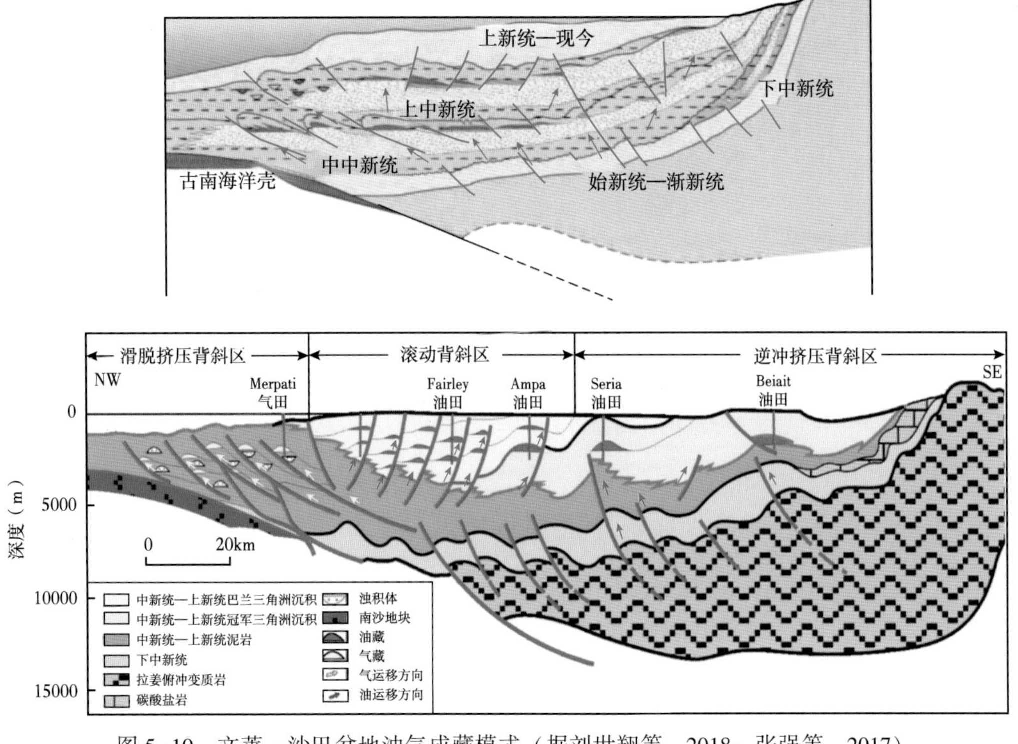

图 5-10　文莱—沙巴盆地油气成藏模式（据刘世翔等，2018；张强等，2017）

新统海相烃源岩和煤系烃源岩在晚中新世以后逐渐成熟，生成的油气沿砂体和断层进行大规模的运移或就近聚集在砂岩储层中，盖层以层间泥岩夹层为主，具有自生自储或近源聚集特征。

2. 珠江口盆地

珠江口盆地深水区发育面积大，湖相—半深湖相优质烃源岩，尤其是文昌组和恩平组烃源岩，埋藏深，厚度大，成熟度中等—高，生排烃潜力巨大。生成的油气沿着断层或底辟构造通道等发生垂向运移，至上覆深水重力流砂岩储层，或沿着砂体和断层组成的输导体系在陆架三角洲—滨岸砂岩储层中聚集成藏（图 5-11）。

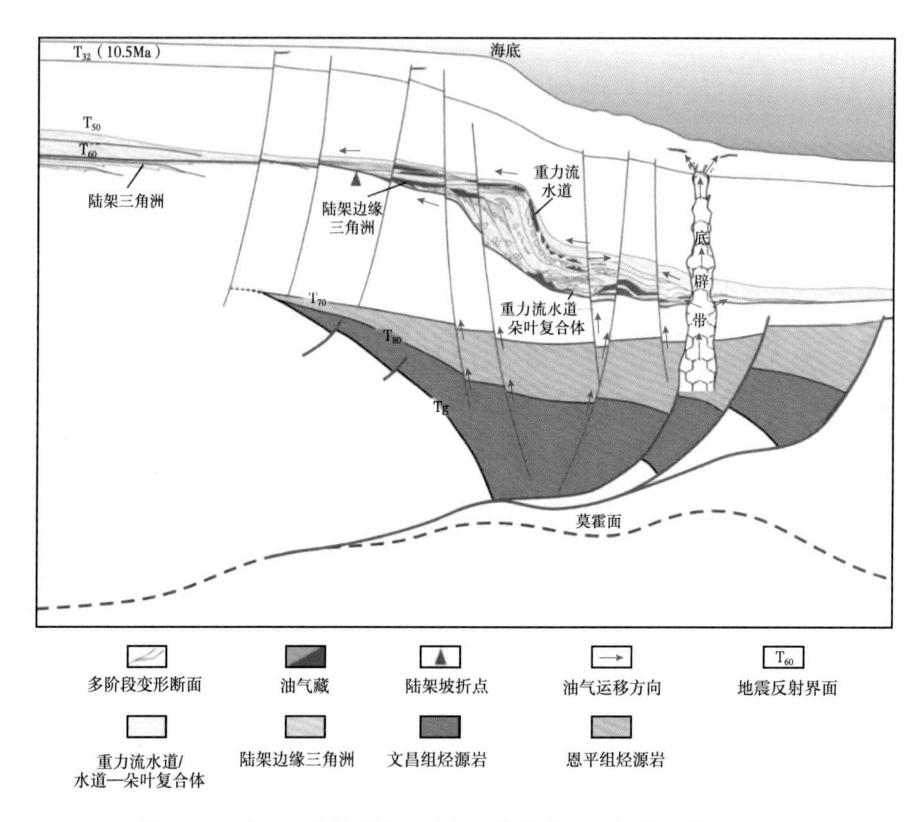

图 5-11　珠江口盆地深水区油气成藏模式（据柳保军等，2019）

第二节　鄂尔多斯盆地延长组深水重力流油气藏

一、鄂尔多斯盆地延长组深水油气勘探现状

鄂尔多斯盆地是中国重要的油气产区之一，分布着数量众多的油田，也是大气田分布最为密集的区域，分布着苏里格气田、榆林气田、靖边气田、大牛地气田、东胜气田和神木气田等。靖边气田是长庆油田天然气开发的起源地，截至 2017 年，该气田累计生产天然气 $910.1\times10^8m^3$，2016 年，苏里格气田天然气产量达 $230\times10^8m^3$，是中国目前产气量最大的整装气田，也是中国首个探明储量超万亿立方米的大气田。鄂尔多斯盆地发育中生代

大型陆内湖盆沉积体系，中—上三叠统延长组为一套陆内河流—三角洲—湖盆相沉积，厚度可达千米，是一套重要的油气产层。

近年来，随着勘探的不断深入，鄂尔多斯盆地油气勘探领域不断向湖盆中心推进，勘探目标由低渗透率、特低渗透向超低渗透率储层转变。通过大量的野外观察、对比和钻井岩心详细描述，明确了在深水区大规模展布的滑塌沉积砂体、碎屑流沉积砂体、浊流沉积砂体及深水三角洲沉积砂体。改变了以往认为湖盆中心砂体不发育、砂层连续性差和油藏规模小的传统认识。经过进一步的勘探，在三叠系延长组发现了大量半深湖—深湖区域的重力流砂体，这些砂体被深水沉积的烃源岩所包围，具备有利的生储配置条件，是形成岩性地层油气藏的有利场所（李相博等，2010；邓秀芹等，2011；王建民和王佳媛，2017；刘芬等，2020）。鄂尔多斯盆地重力流沉积研究始于20世纪70年代，并陆续在盆地内的半深湖—深湖相沉积层中发现了大规模的厚层储层，包括在盆地东侧、南缘和西缘等发现了深水重力流沉积砂岩，尤其以长7油层组深水相砂岩最为典型，前人将这种富砂的深水沉积解释为浊流沉积、砂质碎屑流沉积、滑塌沉积及液化流沉积等（郑荣才等，2006；夏青松和田景春，2007；傅强等，2008；赵俊兴等，2008；李相博等，2009；邹才能等，2009；杨仁超等，2014；刘芬等，2020）。虽然重力流发育模式认识各异，但均认为延长组发育深水重力流沉积，并具有巨大的油气勘探潜力，重力流沉积砂岩已成为鄂尔多斯盆地油气勘探开发的重点，也是当前中国油气资源的重要勘探接替目标。

二、地质背景

鄂尔多斯盆地东抵吕梁山，西至贺兰山，南抵秦岭，北至阴山，面积约$37\times10^4km^2$。鄂尔多斯盆地由晋西挠褶带、西缘冲断带、渭北隆起、北部伊盟隆起以及天环坳陷和伊陕斜坡等构造单元组成（图5-12）。盆地边缘断裂褶皱较发育，盆内构造相对简单，其主体部分伊陕斜坡为一地层坡度一般不足1°的不对称单斜构造（杨仁超等，2014）。鄂尔多斯盆地中—上三叠统延长组是主力含油层系，自上而下发育长1—长10油层组（庞军刚等，2009；邓秀芹等，2011）。延长组为陆内盆地演化背景下的河流—三角洲—湖泊相沉积，除盆地边缘发育粗碎屑沉积外，以中、细砂岩和泥岩为主，厚度超过千米，与上覆的下侏罗统富县组和下伏的中三叠统纸坊组在盆地边缘角度不整合接触，但在盆地内部呈假整合或整合接触。

鄂尔多斯盆地长6段—长7段广泛发育深水重力流沉积（杨仁超等，2014；刘芬等，2020）。三叠系延长组沉积期，受印支运动的影响，华北板块与华南板块全面碰撞造山，导致华北克拉通收缩，鄂尔多斯盆地进入陆内坳陷演化阶段。延长组沉积期，鄂尔多斯盆地为北宽南窄，并向东南开口的大型箕状坳陷，盆地面积大、水域广、地形平坦，周围发育有多个古陆，如北部阴山古陆、西部阿拉善—陇西古陆、南部北秦岭古陆向盆地持续供源，并以北东和西南方向两大物源体系为主，具有多源输入特征。充足的物源输入和稳定而广阔的沉积空间奠定了盆地三角洲沉积体系的发育基础。三角洲前缘前端斜坡处堆积物，在一定的触发机制作用下发生二次搬运，在湖盆深水区形成大面积复合浊积体（陈全红等，2006；付金华等，2005；郑荣才等，2006；赵俊兴等，2008；傅强等，2008；尚婷等，2013）。

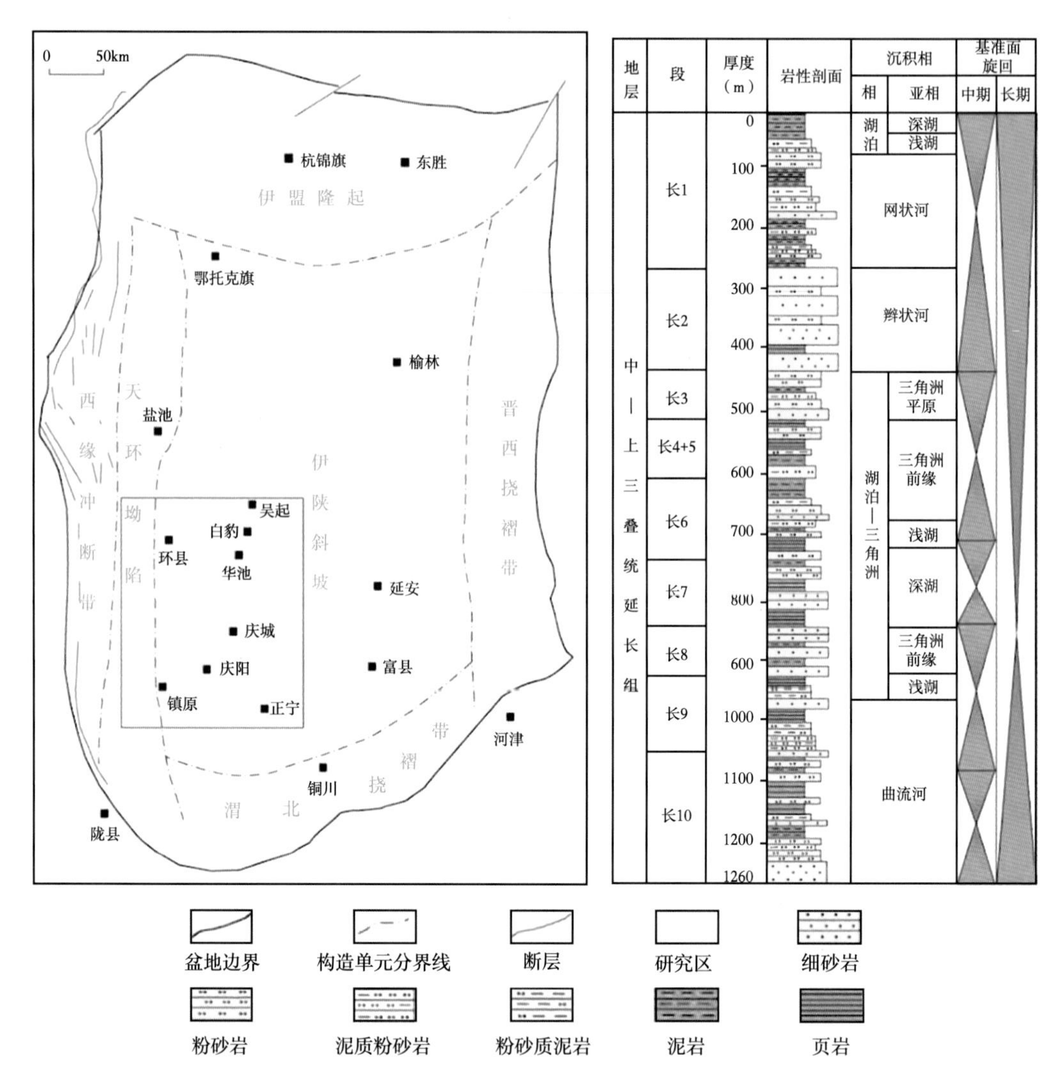

图 5-12 鄂尔多斯盆地构造单元划分及延长组地层柱状图（据刘芬等，2015）

三、油藏地质特征

1. 烃源岩

鄂尔多斯盆地延长组是盆地最重要的烃源岩层系，延长组沉积期是湖盆发育的鼎盛期，半深湖—深湖相富有机质烃源岩较为发育，其中，长 7 段和长 9 段为盆地的优质烃源岩主要发育层段。长 7 段位于延长组中段，此时湖盆面积大，水体深，沉积了一套以半深湖—深湖相暗色泥岩和黑色页岩为主、厚达百米以上的生油岩系。长 7 段整体以泥质岩为主，砂地比普遍小于 20%，自下而上可进一步划分为长 7_3 亚段、长 7_2 亚段和长 7_1 亚段。以延长组底部长 7_3 亚段张家滩页岩为典型代表，平均 TOC 含量、氯仿沥青“A”、总烃含量、产油潜量等均达优质烃源岩标准，有机质类型为 $Ⅱ_2$ 型，成熟度较高，生烃潜力巨大。长 9 段沉积于湖退阶段，主要在盆地中南部发育富有机质烃源岩，有机碳含量高，有机质类型为 $Ⅱ_2$ 型，成熟度较高。

2. 储层

1）岩相特征

鄂尔多斯盆地三叠系延长组内广泛发育半深湖—深湖相浊积岩，并已成为盆地延长组油气勘探的重要领域之一。受盆地沉降及构造演化过程控制，长 7 段沉积期以深湖沉积环境为主，浊积沉积体系最为发育，长 7_2 亚段沉积期和长 7_1 亚段沉积期随着湖盆的萎缩，因河流注入，受重力流沉积作用，建造了一套以砂质碎屑流为主的沉积砂体，是油气富集的主要场所。随着盆地构造抬升，长 6 段浊积扇规模缩小，此后，在长 6 段沉积期深湖浊积扇发育的基础上，长 4 段沉积期和长 5 段沉积期仍发育一定范围的浊积扇。因此，在平面上，浊积岩从长 4 段—长 7 段发育规模逐步变大，剖面上则表现为迷宫状、拼合板状、席状互层浊积砂体、浊积独立砂体或侧向叠置(付金华等，2020)。整体上，长 7 段—长 6 段沉积了丰富的重力流沉积，地层厚度可达数百米，岩性主要包括灰色砂岩、含砾砂岩、粉砂岩、黑色泥岩、页岩等。延长组内广覆式分布的泥页岩与大规模浊积砂岩紧密接触或互层共生，源储配置好，油气近源高压充注，勘探潜力巨大（图 5-13）。

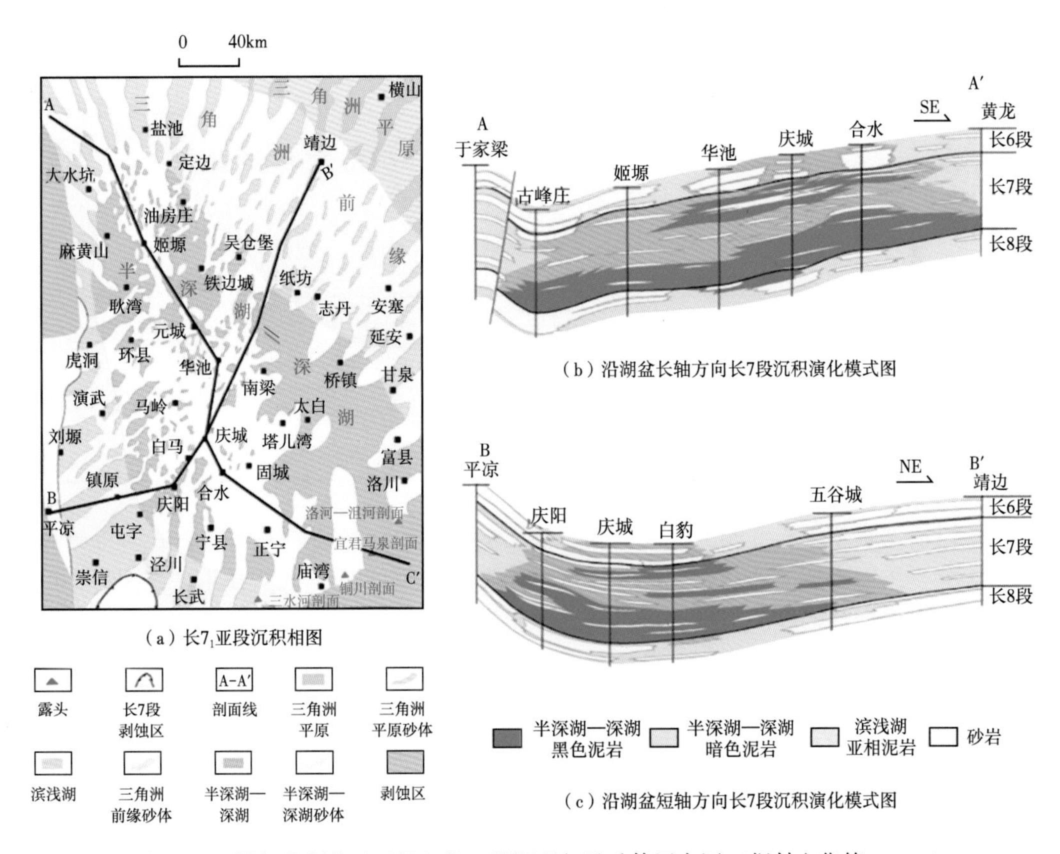

（a）长7_1亚段沉积相图

（b）沿湖盆长轴方向长7段沉积演化模式图

（c）沿湖盆短轴方向长7段沉积演化模式图

图 5-13　鄂尔多斯盆地延长组长 7 段沉积相及砂体展布图（据付金华等，2020）

刘芬等（2020）基于鄂尔多斯盆地陇东地区长 7 段—长 6 段的钻井岩心分析，结合测井和录井资料，对重力流沉积岩相的类型、成因、特征和发育规律进行了研究，首先将重力流岩相划为砂岩相和泥岩相两大类，在此基础上，进一步识别出 8 种岩相类型，包括滑动砂岩相、滑塌砂岩相、滑塌泥岩相、中—薄层块状含砾砂岩相、中—薄层块状纯净砂岩相、厚层块状含砾砂岩相、块状含砾泥岩相和中—薄层具层理砂岩夹泥岩相（表5-1）。在此基础上，按照Shanmugam基于重力流沉积过程的分类方法，识别出滑动成因、滑塌成因、碎屑流成因以及浊流成因共四种主要沉积成因类型（刘芬等，2020）。

表5-1 鄂尔多斯盆地陇东地区延长组重力流岩相类型及其特征（据刘芬等，2020）

代号	岩相	粒度	单层厚度	沉积特征	成因类型	流体类型
Sl	滑动砂岩相	细砂、粉砂	0.15~1.3m，平均0.54m	顶底突变接触面、底部剪切带、内部二次滑动面、微断层	滑动沉积	块体搬动
Ss	滑塌砂岩相	细砂、粉砂	0.25~1.8m，平均9.75m	包卷层理、砂质褶皱、滑塌角砾	滑塌沉积	块体搬运
Sm	滑塌泥岩相	泥质、粉砂质泥	0.1~1.5m 平均0.64m	砂泥搅泥、砂质注入体	滑塌沉积	块体搬运
Sc	中—薄层块状含砾砂岩相	含泥岩撕裂屑或砂质团块的中、细砂	0.12~4m，平均0.59m	块状构造、侵蚀底面、变形砾屑	砂质碎屑流	层流
Sp	中—薄层块状纯净砂岩相	纯净细砂	0.1~3.1m，平均0.78	块状构造、侵蚀底面、重荷模	砂质碎屑流	层流
St	厚层块状含砾砂岩相	含砾或含撕裂屑的中粗砂	4.2~7.9m，平均5.84m	块状构造、侵蚀底面、重荷模	砂质碎屑流	层流
Mc	块状含砾泥岩相	含撕裂屑的粉砂质泥、泥质	0.05~1.3m 平均0.71m	块状构造、砂质闭块	泥质碎屑流	层流
Tb	中—薄层具层理砂岩夹泥岩相	细砂、粉砂	0.05~0.85m 平均0.43m	正递交、平行层理、波状交错层理、水平层理、火焰构造	浊流	紊流

长7段滑动岩相极为普遍，主要是由三角洲前缘的细—粉砂岩、泥质粉砂岩等转化而来，由于处于重力流形成的初始阶段，搬运距离短，规模往往较小，岩性主要为粉—细砂岩夹泥岩条带，少量的砂泥互层。可见部分原生沉积构造，如层理、韵律等，高角度顶底接触面、底部剪切带、层内断层和砂体二次滑动面等（图5-14a至d）。

滑动沉积前端主要发育滑塌沉积和碎屑流沉积。滑塌岩相包括滑塌砂岩相和滑塌泥岩相，前者通常是介于滑动岩相与砂质碎屑流间的过渡沉积岩相，未能保存原始沉积的特征，同时发育砂岩的同生变形构造，通常认为这是深水坡折的良好识别标志。以粉—细砂岩夹泥质条带为主，滑塌砂岩顶、底界面与泥岩常呈突变接触，且发育滑动面，内部发育大量的软沉积构造变形，包括包卷层理、砂质褶皱、底面重荷模和滑塌角砾等（图5-14e至g）。滑塌泥岩相沉积主要反映了前缘远端的富含泥沉积在塑性状态下强烈的软沉积物变形，其形成原理与滑塌砂岩相类似。长7段滑动泥岩相内主要发育粉砂质泥岩和泥质粉砂岩，夹砂质条带并发生强烈扭动变形，砂泥混杂度高，发育球枕构造、混杂构造和砂质注入体等（图5-14h至j）。

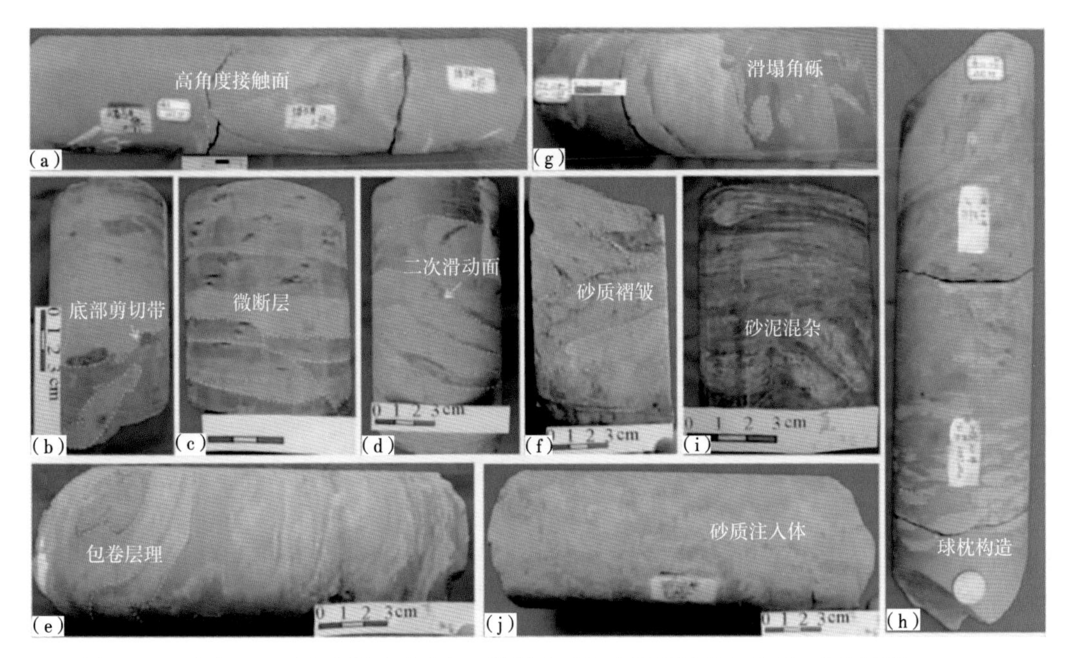

图 5-14 陇东地区重力流滑动砂岩相、滑塌砂岩相和滑塌泥岩相特征（据刘芬等，2020）

（a）塔 5 井，1157m，滑动砂岩相，高角度接触面；（b）西 52 井，1981.4m，砂岩底部剪切带、不规则泥砾；（c）镇 320 井，2253.6m，微断层；（d）西 52 井，1970.3m，砂岩内部二次滑动面；（e）镇 381 井，2341.1m，包卷层理；（f）镇 333 井，1975.6m，砂质褶皱；（g）环 78 井，2621.0m，滑塌角砾；（h）演 22 井，2587.4m，砂泥搅混，球枕构造；（i）山 133 井，2162.1m，砂泥混杂；（j）西 121 井，2111.2m，砂质注入体

2）储集物性特征

岩石储层物性在宏观上受到岩相类型控制。杨仁超等（2014）通过对鄂尔多斯盆地南部地区延长组重力流沉积的大量岩心观察和钻井资料分析，揭示了重力流沉积体系不同岩相储层的物性特征，认为碎屑流的运动主要依靠杂基和颗粒之间的相互支撑，粒度相对较粗，沉积物分选差。上部的浊流沉积粒度逐渐变细，泥质含量增高，砂岩的原始孔隙度较低，统计发现研究区单一旋回砂岩中下段孔隙度为 8%~13%，渗透率为 0.5~2.0mD，砂体上部沉积物粒度细，泥质含量增加，砂岩物性逐渐变差，孔隙度为 5%~9%，渗透率为 0.05~0.5mD。

刘芬等（2020）对陇东地区延长组长 7—长 6 油层组 774 个重力流样品物性进行了统计分析，样品孔隙度为 1.0%~20.7%，平均为 9.8%，渗透率为 0.01~5.53mD，平均为 0.2mD，属于致密储层类型。此外，不同重力流岩相的物性差异较大，厚层块状含砾砂岩相储层物性相对最好，平均孔隙度和渗透率分别为 11.9% 和 0.61mD，其次为块状砂岩相储层，平均孔隙度和渗透率分别为 10.8% 和 0.25mD，二者均属于低孔超低渗储层，其他岩相储层多属于特低孔超低渗储层或超低孔超低渗储层。

整体上，鄂尔多斯盆地延长组重力流沉积以致密储层为主。付金华等（2020）综合岩性组合、砂地比和砂体厚度等指标，将盆地长 7 段油藏划分为三大类，即多期叠置砂岩型、厚层泥页岩夹薄层粉—细砂岩型和纯页岩型。其中，深水相叠置砂岩主要分布在长 7_2 亚段和长 7_1 亚段，该套储集砂岩类型主要为岩屑长石砂岩和长石岩屑砂岩，储层孔隙主要包括粒间孔和溶蚀孔，孔喉尺度小，微米孔隙、纳米喉道多尺度分布，砂岩中石英、长石含量一般为60%~70%，长石含量占优势，通过压裂改造，可有效改善储层物性。此外，长 7 段砂岩各种尺度裂缝均较为发育，野外露头中多见高角度裂缝，在钻井岩心中也可观察到大量裂缝，以高导缝为主，部分裂缝呈充填或半充填状态。裂缝发育有利于通过压裂形成复杂的缝—网系统，从而实现致密储层的油藏规模开发。

3）储盖组合特征

鄂尔多斯盆地延长组沉积期包含多个中、长期基准面旋回，经历多期次湖侵和湖退演化过程，湖盆振荡发育为多种成藏组合奠定了基础。湖盆沉积期砂质碎屑流与浊流沉积多期次发育，形成了以长 7 段为典型代表的半深湖—深湖相的富有机质泥岩与粉—细砂岩相互层的沉积组合，平面上砂体叠合连片，分布广，厚度大，纵向上形成砂质碎屑流与浊流或多期砂质碎屑流叠加的砂体组合。成藏组合方面，长 7 段沉积期最大规模的湖侵过程促使了该段优质烃源岩的发育，可为长 7 段、长 6 段和长 4+5 段等的储层提供油气源。而长 4+5段沉积期以湖泊沉积为主，以泥岩为主夹少量砂岩，厚度较大，构成了延长组中下部油藏的区域盖层。长 6 段位于长 7 段优质烃源岩之上，三角洲和重力流沉积砂体发育，而长 7 段本身发育较大规模的重力流砂体，成为又一套重要的含油层系。因此，延长组发育源下组合、源上组合和源内组合等多种成藏组合类型。

四、主要产油层段沉积模式

鄂尔多斯盆地三叠系延长组沉积组合为大油田的形成奠定了物质基础。受盆地构造背景控制，沉积物源主要来自东北部、西北部和西南部，不同沉积期的主物源及规模存在差异。延长组以三角洲、湖泊和重力流沉积为主，早期和晚期具有浅水沉积特征，三角洲和滨浅湖沉积体系较为发育，中期为湖盆发育鼎盛期，半深湖—深湖分布范围广，重力流砂体较为发育，是盆地最重要的储层类型，以长 7 段重力流砂岩最为典型，其他还包括长 6 段和长 4+5 段等。

1. 沉积相标志

王建民和王佳媛（2017）对鄂尔多斯盆地西南部 LM 井区长 7 油层组深水浊积体系发育及储层特征进行了研究。根据岩心观察描述，在与砂岩伴生的泥岩中可识别出大量深水沉积特征，并揭示了典型的鲍马序列及丰富的沉积构造及组合类型，主要包括水平层理、波状层理、递变层理和块状层理等，层面构造包括波痕和底冲刷等，以及液化变形层理、包卷层理、滑塌构造及同生变形构造等（图 5-15）。

通过大量岩心观察和钻井资料分析，杨仁超等（2014）对鄂尔多斯盆地南部三叠系延长组长 7 段—长 6 段重力流沉积进行了全面解析，通过对岩性、沉积构造、旋回特征、地球物理特征和沉积相带展布等分析，揭示了从滑动、滑塌、液化流、砂质碎屑流至浊流等成因单元组成的完整重力流沉积序列。岩性及其叠置组合关系分析表明，盆地南部长 7 段—长 6 段以粉砂岩、细砂岩和泥岩互层为主，砂岩底界面与泥岩为突变接触，顶部则呈渐变接触，块状砂岩内部见漂浮撕裂状泥砾，并具有砂质碎屑流上部为浊流沉积、顶部为深湖泥岩的组合特征。在野外露头剖面和钻井岩心中，可识别滑塌角砾岩、包卷变形构造、火焰状构造、泄水构造、球枕构造和液化砂岩脉等滑塌—变形—液化的标志，以及槽模、刻蚀模、沟模、重荷模等底模构造。此外，单旋回可识别不完整鲍马序列中的块状构

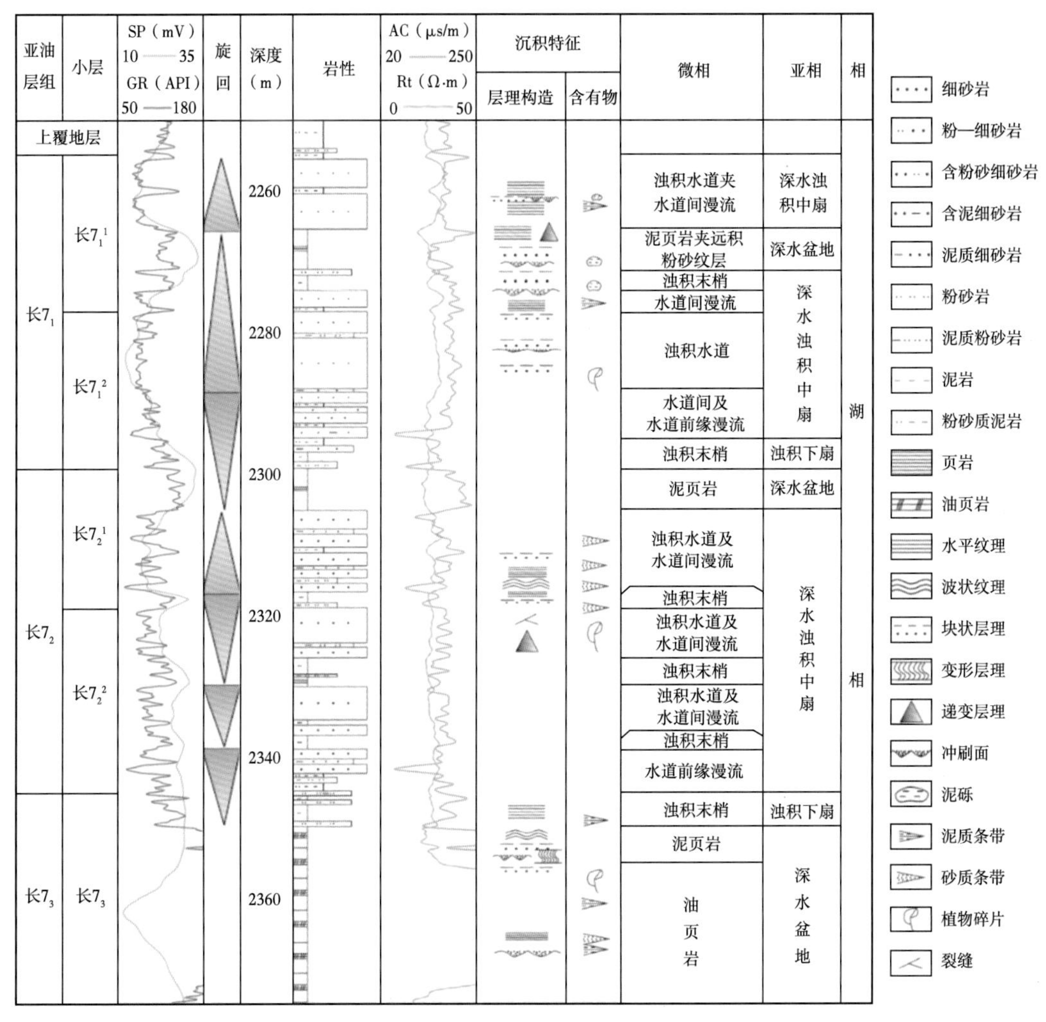

图 5-15　鄂尔多斯盆地 LM 井区长 7 段单井相分析（据王建民和王佳媛，2017）

造、粒序层理和水平层理组合，但平行层理和砂纹层理相对不发育（图 5-16）。

此外，延长组长 6 段—长 7 段单砂体的测井曲线形态多呈钟形或箱形，长 7 段深湖相泥页岩地震反射特征稳定，连续性好，而长 6 段地震反射相对不连续，近北东向地震剖面上，湖底扇的多期次前积结构清楚（杨仁超等，2014）。

2. 沉积相带与砂体展布

重力流沉积受东北部、西部和西南部等主物源的控制，在三角洲前缘前方的半深水—深水区发育扇体或朵叶体。由于各沉积期主物源方向有所差异，物源供给充足的扇体发育规模大，砂体延伸距离远（刘芬，2016）。延长组沉积期，湖盆东北部坡度缓，物源供给充足，三角洲前端深水区湖底扇可延伸到湖盆中部，湖盆南部坡度较陡，但南部物源充足，湖底扇规模较为局限，向湖盆内部延伸距离稍短。相比之下，湖盆西部地形坡度最陡，辫状河三角洲发育规模小，且物源供给能力有限，导致湖底扇相对不发育，仅发育小规模的滑塌体。

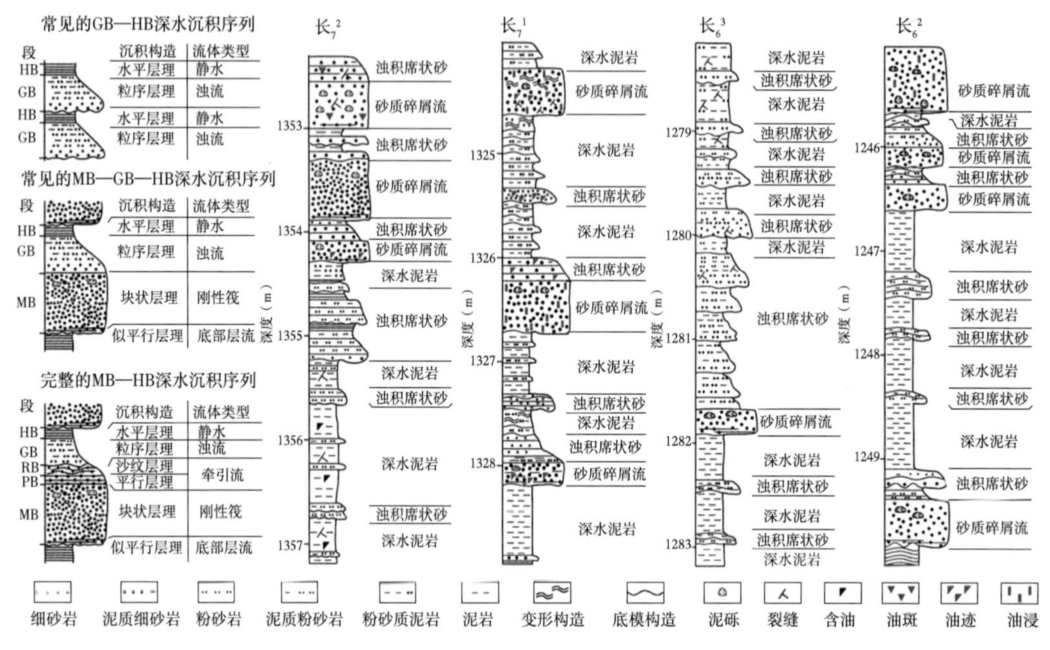

图 5-16 鄂尔多斯盆地典型深水重力流沉积序列与 X13 井岩心素描（据杨仁超等，2014）

以长 6_2 亚段为例，东北部曲流河三角洲前缘前方的深水扇可识别出 3 个大型朵叶体，砂体延伸距离可达 75km，而南部辫状河三角洲前缘前方的深水扇仅发育一个朵叶体，砂体延伸距离稍短（邹才能等，2009；刘芬等，2015）。砂体展布特征方面，主水道及分支水道砂体多呈条带状，以砂质碎屑流为主的单砂体厚度可达几米，水道两侧砂体平面展布范围更广，但厚度较薄，多为碎屑流、浊流和湖相泥质沉积的复合体。在外扇或朵叶体前缘，多以席状砂为主，层多而薄，粒度较细。此外，湖盆边缘破折带前端往往发育滑塌体，非均质性极强。

整体上，延长组长 7 段重力流砂体发育最为典型，根据 LM 井区连井剖面对比分析，显示长 7_3 亚段以发育深水湖盆泥页岩为主，横向发育稳定，连续性好，半深湖—深湖重力流沉积主要在长 7_2 亚段—长 7_1 亚段，在纵向上发育浊积水道和漫流砂体等的浊积中扇组合（王建民和王佳媛，2017）。砂体剖面形态多为顶平底凸，发育规模不等，少数为透镜体状，单层厚度多为几米，叠合厚度可达数十米，砂体垂向上多层复合连通，表现为更大规模的砂体连通体（图 5-17）。

3. 沉积模式

重力流沉积发育于三角洲前缘向湖盆中心方向，以深湖—半深湖沉积环境为主，杨仁超等（2014）依据沉积特征将鄂尔多斯盆地南部重力流沉积划分为扇根、扇中和扇端三个亚相类型，以及砂质碎屑流、浊积席状砂和深水泥岩等微相类型，并在综合分析重力流沉积的沉积特征、形态与分布规律、成因及触发机制的基础上，建立了鄂尔多斯盆地南部深水湖相重力流沉积模式（图 5-18）。湖底扇的近源端沉积物多以滑块、滑塌、砂质碎屑流沉积为主，扇中以砂质碎屑流、浊积岩和湖相泥岩组成的块状层理—粒序层理—水平层理组合为特征，扇端则以浊积岩和湖相泥岩的粒序层理—水平层理组合为特征。

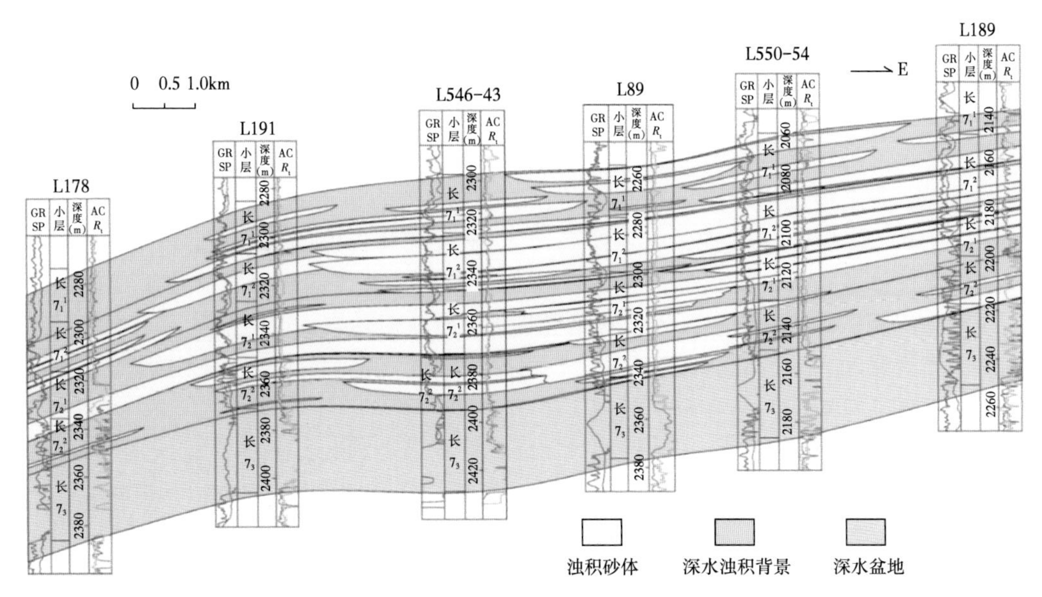

图 5-17　鄂尔多斯盆地 LM 井区长 7 段沉积相连井剖面及浊积砂体展布（据王建民和王佳媛，2017）

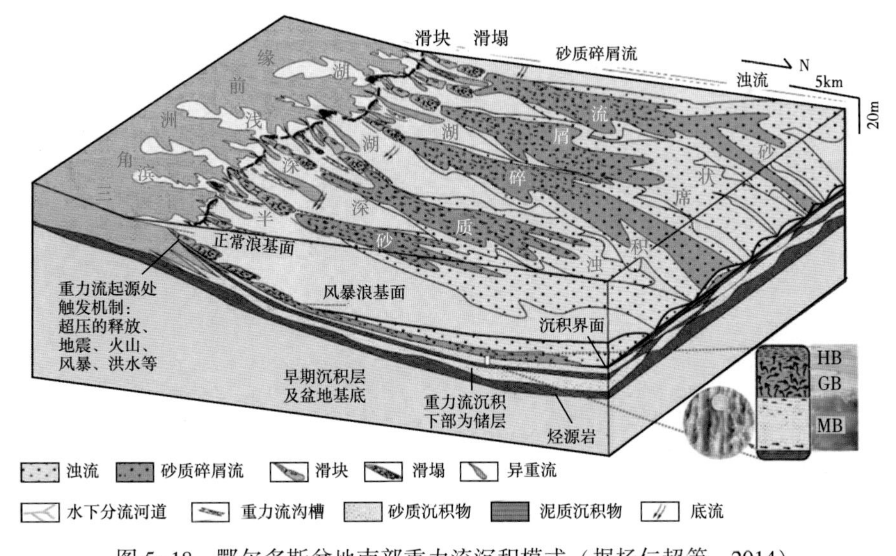

图 5-18　鄂尔多斯盆地南部重力流沉积模式（据杨仁超等，2014）

刘芬等（2015，2016）基于岩心、测井资料和重力流相关理论分析，对鄂尔多斯盆地西南部陇东地区重力流沉积特征、物源体系、湖盆底形和触发机制等进行了系统研究，并在沉积相、亚相和微相刻画的基础上，建立了研究的重力流沉积相模式，认为盆地陡坡和缓坡均发育重力流沉积，主要包括湖底扇和滑塌体，二者均受古地貌和物源的共同控制，湖底扇主要由洪水控制，并对半深湖—深湖内的先期沉积物有二次搬运和改造作用，洪水携带的砂泥沉积物在地形较陡的坡折带通过侵蚀下伏未固结软沉积物而形成水道，并作为输砂通道或卸载场所，碎屑流进入湖盆中部后，因地形坡度变缓，主水道分叉成分支水道，主要充填砂质碎屑流成因的多期叠置块状砂体，进入湖底平原以后，分支水道消失，主要发育宽广的席状砂。而滑塌体主要发育于坡折带，由火山、地震或相关构造事件触发，引起坡折带沉积物垮塌，主要在坡折角处沉积，向前端可发育碎屑舌状体等。

五、油气成藏模式

鄂尔多斯盆地延长组沉积厚度大，烃源岩条件好，源储互层共生，配置优良，源内成藏条件优越，长 7 段沉积期独特的地质条件和有利的成藏匹配形成了源内油藏的规模富集（周翔，2016；李涛涛，2018）。以延长组长 7_3 亚段泥页岩为代表的深水相优质烃源岩，提供了充足的油源条件，生成的油气沿着高角度裂缝、微裂缝和叠置砂体组成的运移通道，至重力流沉积砂体储层中，受致密储层及非均质性的影响，这些油气又可发生二次运移调整，当运移动力小于毛细管阻力时，便可聚集成藏，从而形成大面积连片分布的高产致密油藏（图 5-19）。

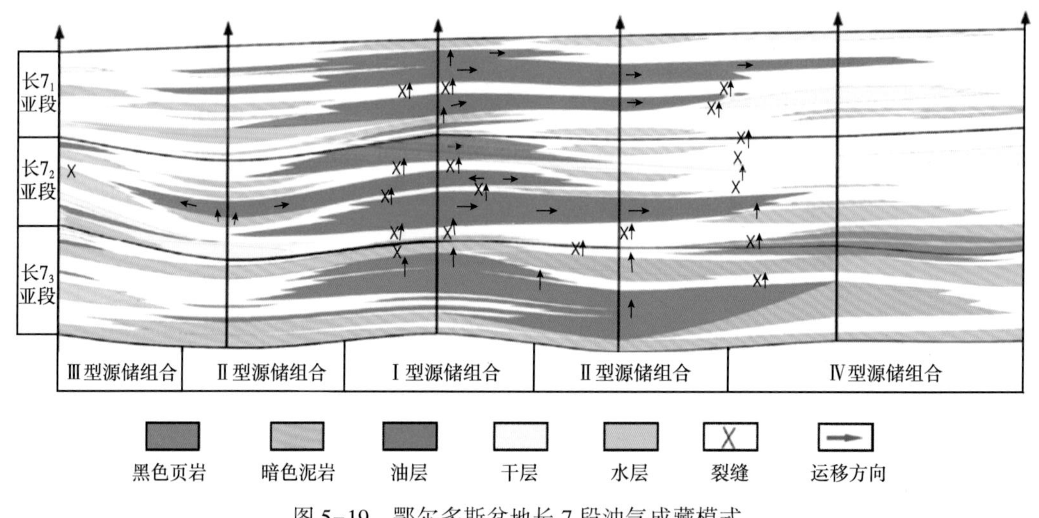

图 5-19 鄂尔多斯盆地长 7 段油气成藏模式

第三节 渤海湾盆地古近系—新近系深水重力流油气藏

一、渤海湾盆地深水油气勘探现状

渤海湾盆地是中国大型含油气盆地之一，随着油气勘探开发的进行，在常规和整装油气资源逐渐减少的背景下，盆地油气勘探重点已由构造油气藏转向岩性油气藏。在 20 世纪 80 年代末，在东营凹陷古近系沙河街组第三段（沙三段）前三角洲暗色泥岩中，发现了大量长条状或透镜状砂质碎屑岩体，以富含大量内碎屑为显著特征，可见泥质撕裂块，并具有韵律沉积特征，部分学者将其归为泥石流（碎屑流）沉积，并探讨了其形成发育机制（王德坪和刘守义，1987）。根据现有勘探认识，渤海湾盆地发育深水沉积的典型凹陷包括东营凹陷、辽西凹陷、南堡凹陷和歧口凹陷等，最大沉积水深超过 500m，主要的深水发育期为古近系沙河街组沉积期。

近年来，随着中国陆相断陷湖盆隐蔽油气藏勘探的持续深入，在陆相湖盆重力流沉积研究上取得了巨大成功，重力流储层在产能上的贡献比例日益加大（刘赛君，2017；张青青等，2017；赵贤正等，2017；钟建华等，2017；陈柄屹等，2019）。针对陆相断陷盆地深水重力流的相关研究已经提升到了一个新的阶段，认为中国陆相断陷湖盆的深洼区内发育部分浊流成因的浊积岩，而大规模发育的块状砂岩是典型的砂质碎屑流沉积（刘鑫金等，2017）。例如，通过系统的研究，前人在济阳坳陷揭示了陡坡三角洲前端滑塌浊积岩和深陷区湖盆重力流沉积等，这些发现及相关理论有效指导了油气勘探，例如樊160井、樊154井等，均证实了研究区重力流沉积储层的巨大勘探潜力。

二、地质背景

渤海湾盆地位于华北板块之上，北接燕山褶皱造山带，东南为鲁西隆起，西侧以太行山隆起带为界，东至郯城—庐江断裂带，是在太古宇变质结晶基底之上发育起来的叠合盆地，面积约为 $20\times10^4km^2$。渤海湾盆地燕山期以来主要发育早期继承性的北东向、北北东向和晚期近东西向共三组主要断裂体系，这些断裂继承性发育，控制了盆地隆起和坳陷的演化，以这些主要的控坳断裂可以把整个渤海湾盆地划分为辽河坳陷、渤中坳陷、济阳坳陷、冀中坳陷、黄骅坳陷和临清—东濮坳陷等，以及沧县隆起、埕宁隆起、邢衡隆起和内黄隆起等，总体呈“东西分带、南北分块”的构造格局（图5-20）。

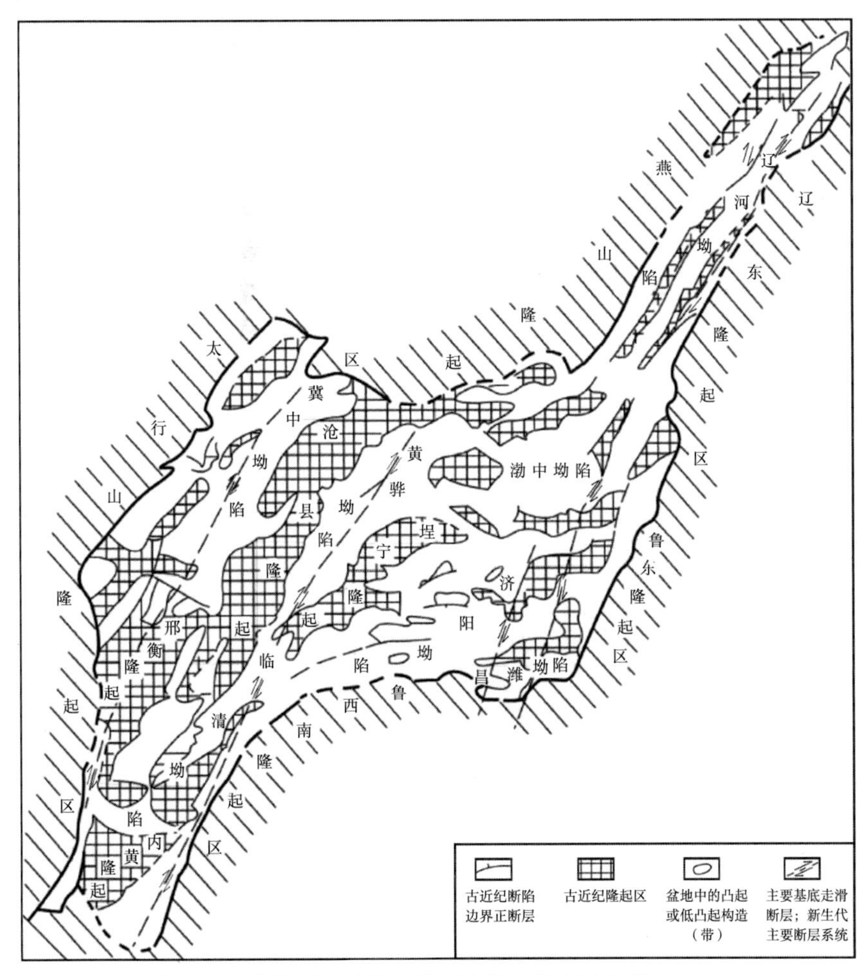

图5-20　渤海湾盆地构造单元略图（据李丕龙等，2003）

渤海湾盆地新生代发生剧烈沉降，盆地内部发育众多凹陷和凸起。其中，古近纪是盆地构造演化最重要的时期，其现今的构造格局就是在古近纪盆地基础上演化而来，古近系沙河街组沉积期为断陷湖盆发育的鼎盛期，沉积范围广、水体深、地层厚度大，在盆地内部发育多个深水凹陷，例如济阳坳陷的东营凹陷、辽河坳陷的辽西凹陷以及冀中坳陷的南堡凹陷等，均发育湖相深水重力流沉积，并成为当前油气勘探的重要目标。

东营凹陷位于渤海湾盆地济阳坳陷的东南端，为一典型不对称复半地堑式断陷盆地，盆地整体呈北东向展布，表现为“北断南超、西断东超”；其周围环绕多个凸起，东面为青坨子凸起，西部临近青城凸起；北部包括陈家庄凸起和滨县凸起，并且北部发育陡坡带作为边界，南靠广饶凸起和鲁西隆起（图 5-21）。凹陷内部发育一系列二级构造带，包括北部陡坡带、利津洼陷、民丰洼陷、中央隆起带、牛庄洼陷、博兴洼陷及南部缓坡带等二级构造单元，近东西走向的中央断裂背斜带就发育于深洼陷之中。

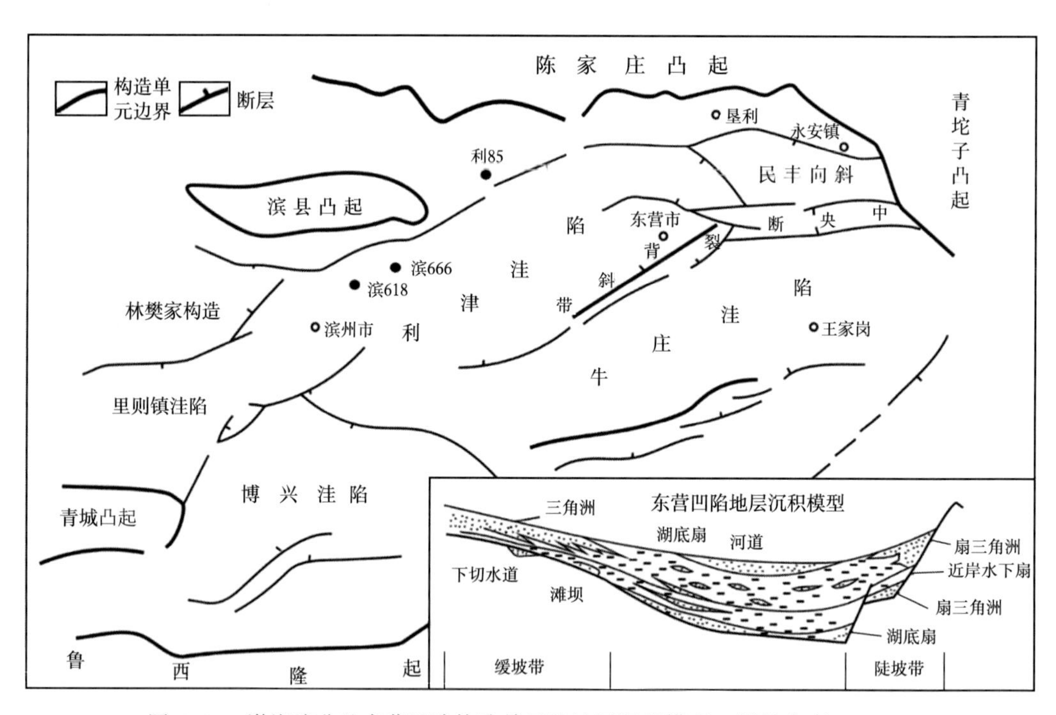

图 5-21　渤海湾盆地东营凹陷构造单元及地层沉积模型（据林会喜，2005）

东营凹陷古近系—新近系以湖相碎屑岩为主，古近系由老至新发育孔店组、沙河街组和东营组，沙河街组包括沙四段、沙三段、沙二段和沙一段，其中，沙三段是烃源岩最为发育的层段，也是目前油气勘探中寻找岩性圈闭最有利的层段。沙三段沉积于东营凹陷演化的主断陷期，对应于断陷湖盆的最大扩张期，岩性以暗色或深色泥岩为主，并含有砂岩透镜体，主要形成于湖底扇、扇三角洲、三角洲等沉积环境。

东营三角洲位于东营凹陷的东部，形成于断陷伸展期构造演化阶段，基本控制了沙三段沉积体系发育。东营三角洲是一个沿凹陷长轴方向发育的典型河控三角洲，主要发育在沙三段和沙二段，以沙三段中亚段为鼎盛时期，分布在牛庄洼陷、中央隆起带和部分利津洼陷，厚度近千米，与之相关的砂岩形成了东营凹陷许多重要的储层。

三、油藏地质特征

1. 烃源岩

渤海湾盆地主力烃源岩包括沙四段上亚段和沙三段下亚段，烃源岩以湖相暗色泥岩为主（图 5-22）。以东营凹陷为例，沙四段为一套优质烃源岩，TOC 含量普遍高于 1.5%，干酪根类型为Ⅰ型和$Ⅱ_1$型，分布范围较广；沙三段下亚段包括深灰色厚层泥岩、灰质泥岩和褐灰色油页岩等，有机质含量丰富，有机质丰度在中部湖扩展体系域最高，TOC 含量最高可达 5%。干酪根类型以$Ⅱ_1$型为主，厚度 100~300m。

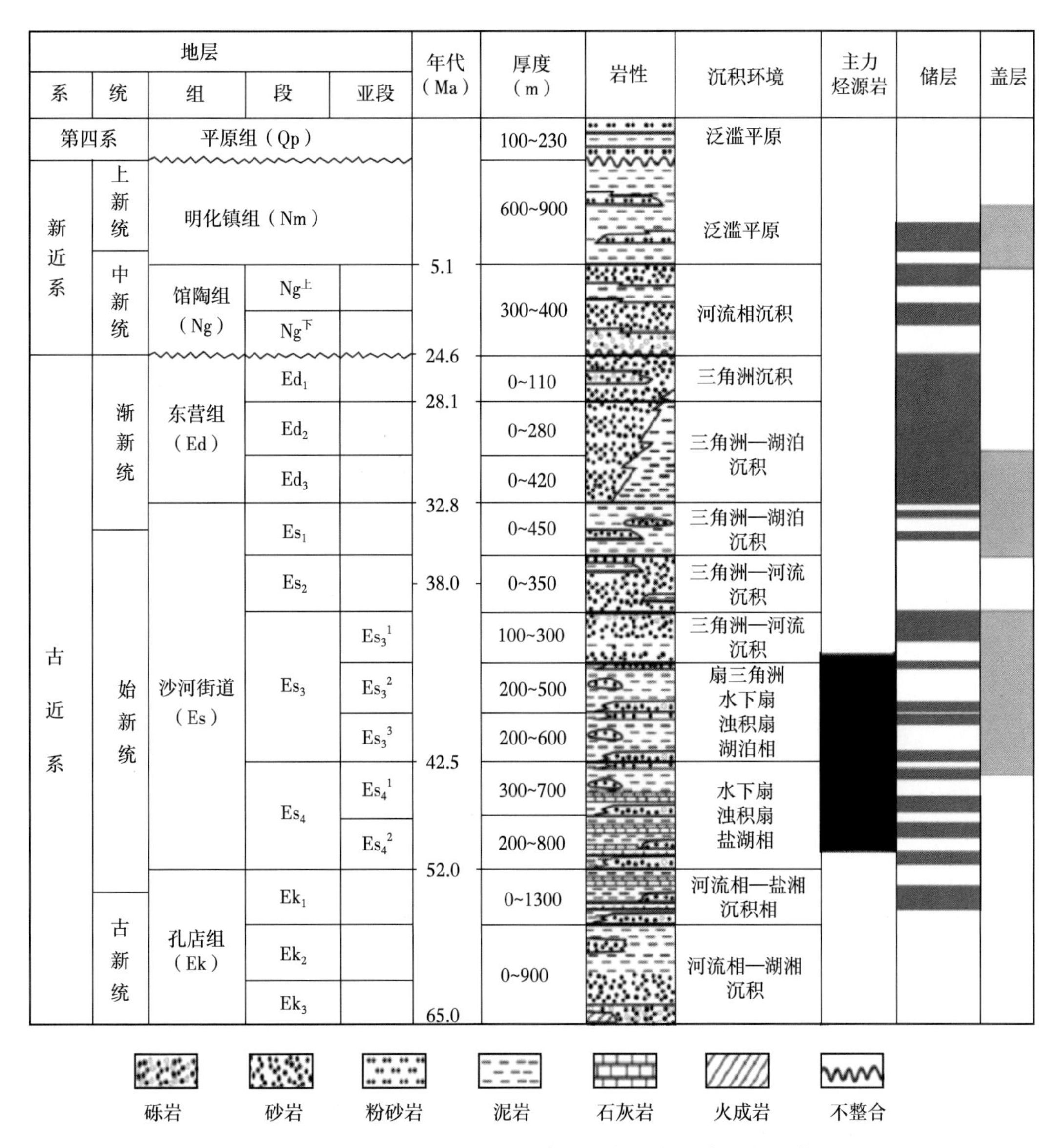

图 5-22　渤海湾盆地东营凹陷地层发育及油气成藏要素（据孟伟，2018）

2. 储层

渤海湾盆地重力流成因储层主要分布在几个古近纪深水断陷凹陷，例如东营凹陷、辽河凹陷、南堡凹陷和歧口凹陷等，尤其以沙四段和沙三段最为典型，是当前盆地隐蔽油气藏勘探的重要目标。在东营凹陷，储层段涵盖了从孔店组到明化镇组所有地层，其中最重要的储层是沙四段、沙三段和沙二段（孟伟，2018）。重力流沉积砂体主要发育在北部斜坡带、洼陷带和部分南部缓坡带。其中，中央隆起带的沙四段深水浊积扇砂体是一套重要的储层，而洼陷带和斜坡带的重力流成因砂体主要发育在沙三段。

针对东营凹陷胜坨地区沙四段上亚段陡坡带深水重力流沉积，陈柄屹等（2019）通过岩心、测井、录井和地震等资料的系统分析，认为东营凹陷胜坨地区沙四段上亚段深水沉积体系主要发育砂质滑动—滑塌沉积、砂质碎屑流沉积、底流改造沉积、浊流沉积和深湖泥岩五种类型，并对其岩相特征进行了系统分析。其中，砂质滑动—滑塌沉积主要发育灰色、灰黄色中—细砂岩和含砾泥质中细砂岩；砂质碎屑流沉积主要发育灰色、灰褐色、灰黄色的含砾中—细砂岩、中细砂岩，含泥岩撕裂屑和砂质碎屑，砂岩内的基质主要为泥质；浊流沉积主要发育灰色粉细砂岩，呈正递变层理或块状层理等。

刘赛君（2017）统计了东营凹陷沙三段中亚段滑塌型重力流储层岩石类型，按照四组分三端元的砂岩分类方案，沙三段中亚段储层岩性主要为岩屑质长石砂岩，其次为长石砂岩和长石质岩屑砂岩；整体以中、细砂岩为主，粒度细，局部含粗粉砂岩、粉砂岩以及泥质砂岩，分选差，磨圆度次棱角状—次圆状（图 5-23）。

图 5-23　东营凹陷沙三段中亚段滑塌型重力流储层岩石磨圆及分选特征（据刘赛君，2017）

储集物性方面，前人对此开展了大量的研究。牛栓文（2015）基于 38 口取心井的 400 余块样品孔渗性数据统计，揭示东营凹陷隆起带沙三段中亚段滑塌型重力流沉积储层孔隙度平均为 19.6%，部分砂层组孔隙度高于 30%，属于中高孔隙度。但是，不同成因砂体渗透率差异较大，整体上，三角洲沉积及其前缘滑动砂岩的渗透率为 10～5790mD，砂质碎屑流沉积储层的渗透率范围在 10～581mD，浊流沉积储层的渗透率为 2～8mD，而泥质碎屑流由于物质组成中以杂基支撑为主，导致孔隙度和渗透率都较差。刘赛君（2017）通过对东辛地区沙三段中亚段滑塌型重力流不同沉积单元的孔隙度和平均水平渗透率进行对比，认为重力流水道与碎屑舌状体为优质储层单元，其次为朵叶体；滑动体和碎屑流块体为一般的储层单元，滑塌体和浊积薄层的储层物性相对较差（表 5-2）。

表 5-2 东营凹陷东辛沙三段中亚段滑塌型重力流沉积单元孔隙度与水平渗透率（据刘赛君，2017）

沉积单元类型	井数（口）	样品数（个）	孔隙度（%）			水平渗透率（mD）		
			最大值	最小值	平均值	最大值	最小值	平均值
滑动体	2	13	23.00	7.90	13.87	49.00	0.23	5.04
滑塌体	7	22	28.10	3.60	10.76	149.97	0.05	8.95
碎屑流块体	3	68	28.10	5.40	13.47	149.97	0.05	5.46
重力流水道	5	163	29.60	3.20	21.35	581.30	0.31	88.71
朵叶体	5	111	25.60	2.50	15.76	232.01	0.04	34.33
碎屑舌状体	6	547	29.85	7.61	22.45	298.07	0.11	60.76
浊积薄层	2	12	23.90	4.20	11.66	40.03	0.08	6.28

3. 盖层

盖层对于确保油气聚集成藏且不被破坏十分关键，根据发育的规模可分为区域性盖层和局部性盖层。渤海湾盆地沙一段发育厚层泥岩，厚度大，最厚超过400m，分布范围广，加上明化镇组泛滥平原相的泥岩，构成了东营凹陷的一套区域性盖层。而针对沙四段—沙三段的深水湖相重力流砂岩储层，层内广泛发育的湖相泥岩即可作为烃源岩，又可作为有效的局部盖层。

四、主要产油层段沉积模式

1. 典型沉积相标志

相标志是最能反映沉积相的特征标志，是沉积相和沉积体系分析的基础。史126井位于济阳坳陷东营凹陷西部，沙三段中亚段埋深超过3000m，其中，沙三段中4小层深度位于3458~3522m，厚度为64m，以含砾砂岩和泥质细砂岩为主，岩心中可见变形构造和泥质撕裂屑等，自然伽马曲线为箱形，均指示碎屑流沉积特征（图5-24）。

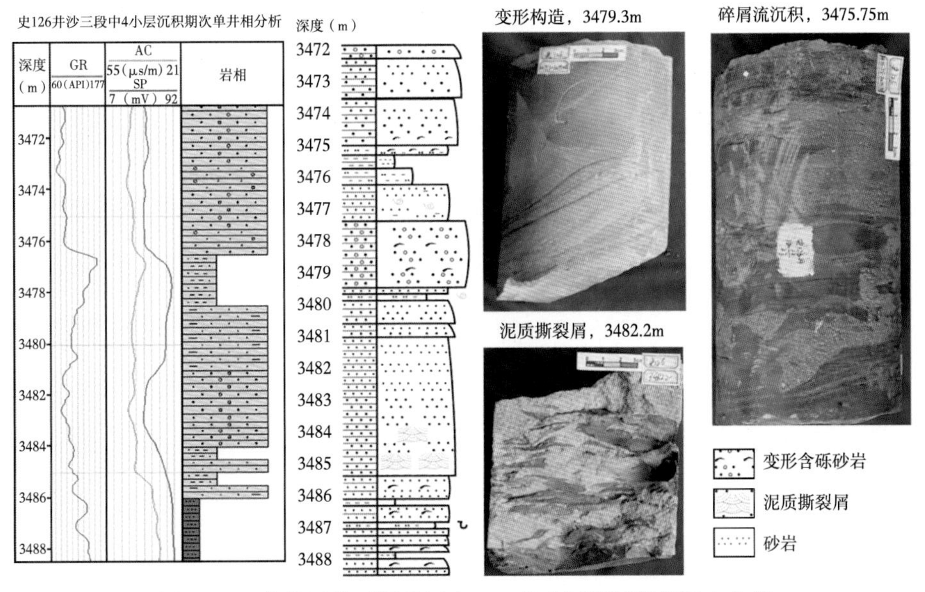

图 5-24 东营凹陷西部地区史126井碎屑流沉积相标志分析

史136井位于研究区西南部，该井沙三段中4小层位于3082～3122m，地层厚度为40m，钻井岩心可观察到大量变形构造，泥岩团块呈明显的撕裂状，周缘参差不齐，完全被细砂悬浮，呈漂砾状，这种特殊的构造多发育在碎屑流中，整体岩性以泥质砂岩，细砂岩和灰质细砂岩为主，自然硫团块反映强还原环境，自然伽马曲线呈钟状，综合解释为深水相的浊积岩（图5-25）。

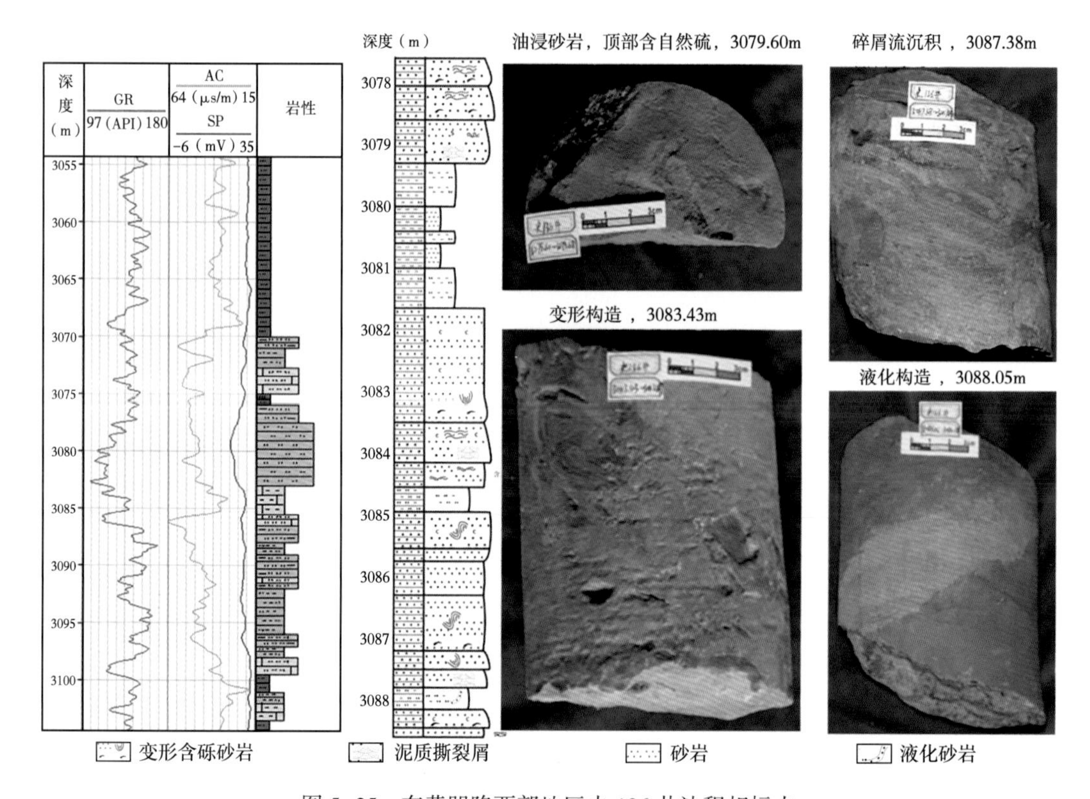

图5-25　东营凹陷西部地区史136井浊积相标志

史122井位于研究区西部湖盆边缘，该井沙三段中2小层发育薄层浊积砂岩、泥质碎屑岩等重力流沉积，岩心中可见包卷构造、槽模构造和球枕构造等，自然伽马曲线呈指状或钟形，砂岩粒度较细（图5-26）。

刘鑫金等（2017）对东营三角洲前缘和重力流沉积的地震相特征进行了系统分析（图5-27）。整体上，三角洲前缘砂体以连续性好的前积反射为主要特征；滑动砂体表现为前积层靠近根部断开，波形为单波，中强反射、连续性好；滑塌砂体表现为前积层内伴生同沉积断层，开始出现复波，中强反射、延伸广；碎屑流成因砂体在地震相上位于底积层之上，单波或复波，中弱反射、连续性差；浊积岩在地震相上位于底积层附近，中弱反射，延伸窄。

2. 沉积相带与砂体展布

刘军锷等（2014）通过对录井、测井和高分辨率三维地震资料的解释，对东营凹陷沙三段中亚段沉积期的三角洲进积单元进行了详细刻画，共划分出9个四级层序，分别对应9个三角洲进积单元（图5-28）。受物源和构造背景的控制，三角洲朵叶体向西北推进，在三角洲前缘前方广泛发育深水沉积。

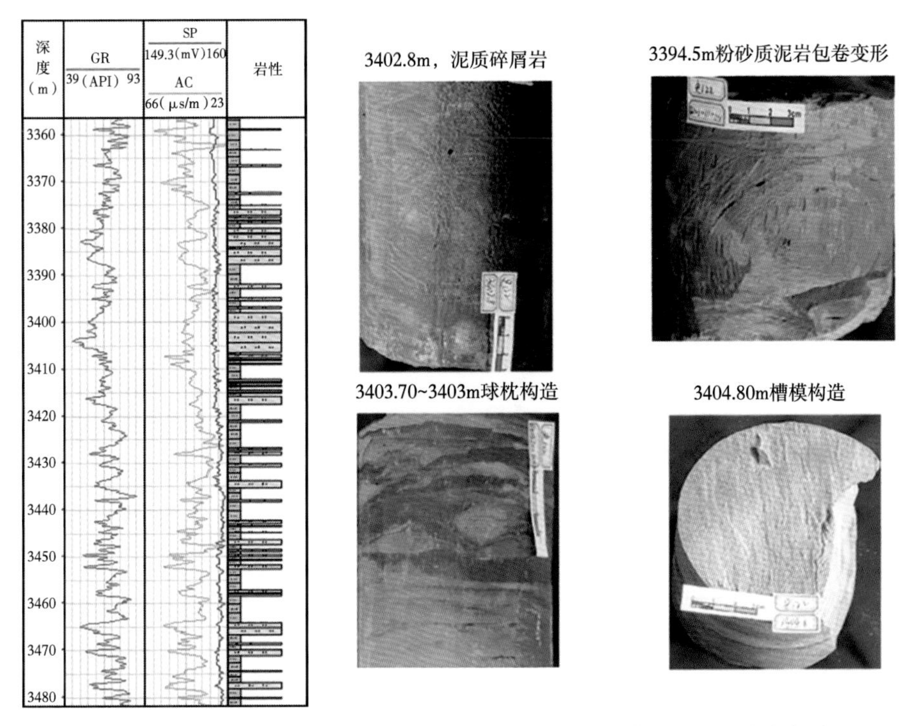

图 5-26 东营凹陷西部地区史 122 井沙三段中 2 小层席状浊积砂微相标志

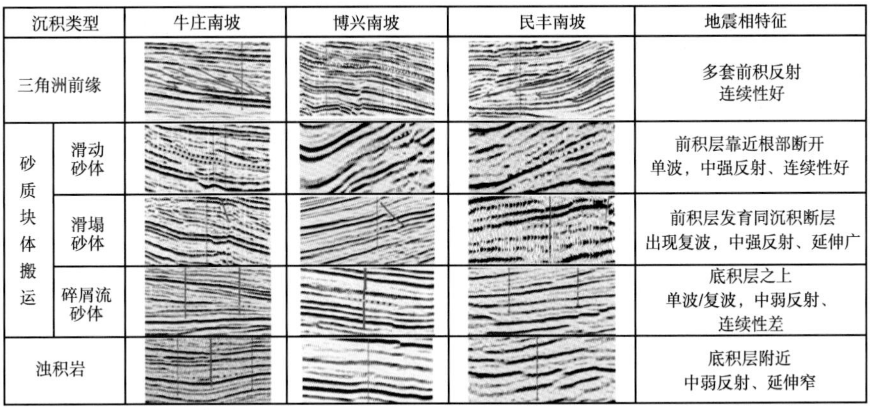

沉积类型		牛庄南坡	博兴南坡	民丰南坡	地震相特征
三角洲前缘					多套前积反射 连续性好
砂质块体搬运	滑动砂体				前积层靠近根部断开 单波，中强反射、连续性好
	滑塌砂体				前积层发育同沉积断层 出现复波，中强反射、延伸广
	碎屑流砂体				底积层之上 单波/复波，中弱反射、 连续性差
浊积岩					底积层附近 中弱反射、延伸窄

图 5-27 东营三角洲前缘、砂质块体搬运和浊积岩地震相特征（据刘鑫金等，2017，有修改）

运用最新的深水重力流相关理论，刘鑫金等（2017）对济阳坳陷东营三角洲前缘斜坡重力流成因砂体特征及形成条件进行了分析，利用岩心相、测井相和地震相等多元对比，以及纵向上砂体组合特征，把研究区重力流砂体划分为滑动砂体、滑塌砂体、碎屑流砂体和浊流四种类型。在此基础上，分析了沉积基准面旋回变化对重力流砂体纵向分布样式的控制作用，认为重力流砂体多在短期基准面下降半旋回到上升半旋回的转化面附近发育（图 5-29）。

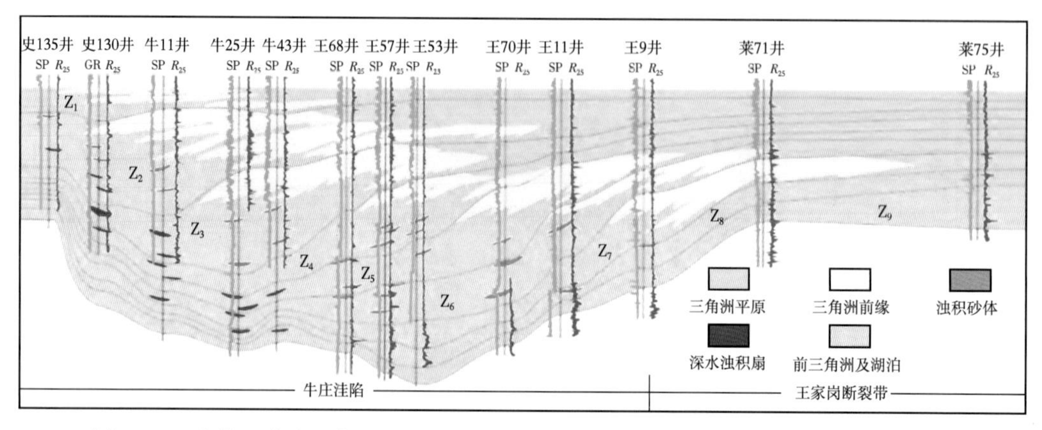

图 5-28 东营凹陷沙三中亚段沉积期东营三角洲进积单元剖面（据刘军锷等，2014）

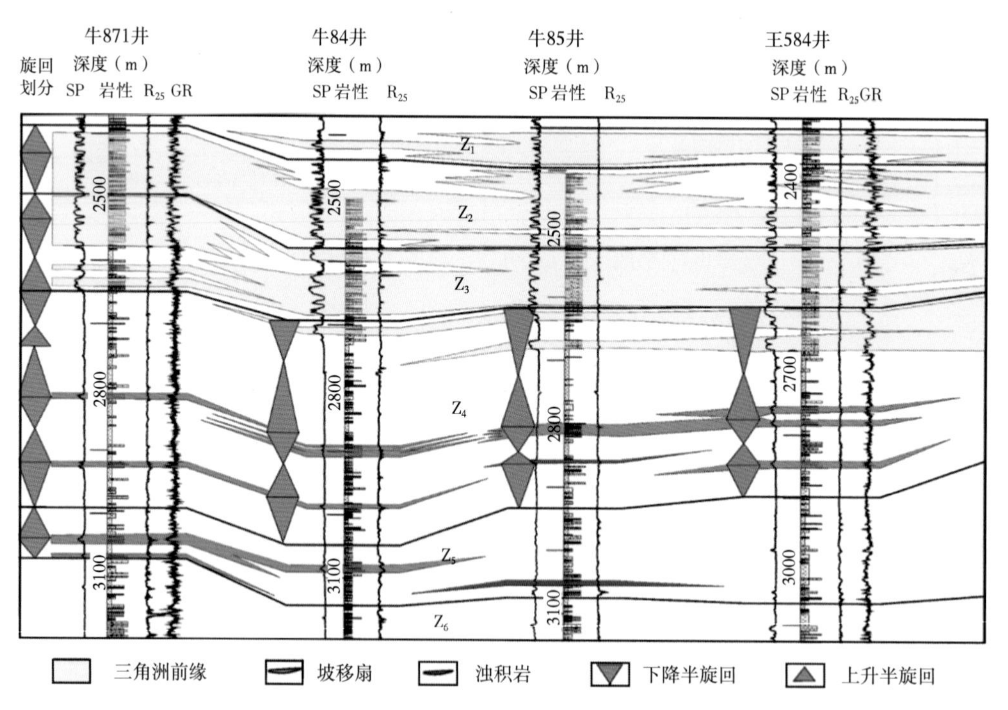

图 5-29 东营凹陷典型重力流砂体分布与短期基准面旋回关系（据刘鑫金等，2017）

3. 重力流沉积主控因素

渤海湾盆地古近纪为主要的断陷湖盆发育期，发育了包括东营凹陷、辽西凹陷和岐口凹陷等在内的多个典型深水断陷凹陷，主要的深水发育期为古近纪沙河街组沉积期。断陷盆地地质结构、构造坡度、古物源、同沉积断层和沉积基准面旋回等是深洼区重力流沉积的几个主要控制因素。其中，充足的物源是重力流砂体发育的物质基础，断陷盆地发育的陡坡带、缓坡带及中央隆起带等是重力流沉积展布的重要影响因素，同沉积断层下降盘往往是重力流砂体发育的有利区，而基准面旋回变化决定了重力流砂体的垂向叠置样式。

五、油气成藏模式

储层是油气成藏过程中关键要素之一，对于重力流砂岩油藏，储层的发育直接控制了油层的展布。渤海湾盆地沙四段—沙三段中亚段储层类型丰富，主要包括砂质碎屑流砂、浊积砂、滑动砂、滑塌砂、水下分流河道砂以及河口坝砂等，其中，重力流砂体储层是一套重要的成藏层系。重力流沉积的滑动砂、碎屑流砂岩和滑塌砂体等储集物性优良，而且与古近系烃源岩通过断层、微裂缝和连通砂体贯通，源—储配置良好，且普遍发育地层异常高压背景，相比相对独立的透镜状浊积砂体，以断裂体系为输导沟通下伏烃源岩的浊积砂体更易成藏，并且断裂体系越发育部位，上部重力流储层砂体越容易成藏。以东营凹陷中央隆起带的营 14 断块为例（牛栓文，2015），油气主要来自利津洼陷的沙三段下亚段，储层主要是三角洲前缘河口坝砂体及滑塌浊积岩，且大部分是滑塌浊积岩，储集条件好，由于缺少大型断层，利津洼陷沙三段下亚段烃源岩生成的油气，通过隐蔽输导体系或砂体向中央隆起带高部位运移，加上明化镇组沉积时期因沙三段下亚段烃源岩生烃形成的超压，促进了微裂缝等隐蔽输导体系的产生，进一步有助于油气运移。

参考文献

陈柄屹，林承焰，马存飞，等，2019. 陆相断陷湖盆陡坡带深水重力流沉积类型、特征及模式——以东营凹陷胜坨地区沙四段上亚段为例［J］. 地质学报，93（11）：2921-2934.

陈洁，温宁，李学杰，2007. 南海油气资源潜力及勘探现状［C］//纪念中国地球物理学会成立 60 周年专辑：10.

陈全红，李文厚，郭艳琴，等，2006. 鄂尔多斯盆地南部延长组浊积岩体系及油气勘探意义［J］. 地质学报，（5）：656-663.

邓秀芹，付金华，姚泾利，等，2011. 鄂尔多斯盆地中及上三叠统延长组沉积相与油气勘探的突破［J］. 古地理学报，13（4）：443-455.

付金华，郭正权，邓秀芹，2005. 鄂尔多斯盆地西南地区上三叠统延长组沉积相及石油地质意义［J］. 古地理学报，（1）：34-44.

付金华，李士祥，牛小兵，等，2020. 鄂尔多斯盆地三叠系长 7 段源内油藏地质特征与勘探实践［J］. 石油勘探与开发，（5）：1-14.

傅强，吕苗苗，刘永斗，2008. 鄂尔多斯盆地晚三叠世湖盆浊积岩发育特征及地质意义［J］. 沉积学报，26（2）：186-192.

李磊，王英民，徐强，等，2012. 南海北部白云凹陷 21Ma 深水重力流沉积体系［J］. 石油学报，33（5）：798-806.

李丕龙，等，2003. 陆相断陷盆地油气地质与勘探（卷一）——陆相断陷盆地构造演化与构造样式［M］. 北京：石油工业出版社.

李涛涛，2018. 鄂尔多斯盆地庆城地区延长组长 7 段致密油成藏特征及成藏条件分析［D］. 中国石油大学（北京）.

李相博，陈启林，刘化清，等，2010. 鄂尔多斯盆地延长组 3 种沉积物重力流及其含油气性［J］. 岩性油气藏，22（3）：16-21.

李相博，刘化清，完颜容，等，2009. 鄂尔多斯盆地三叠系延长组砂质碎屑流储集体的首次发现［J］. 岩性油气藏，21（4）：19-21.

李学杰，王哲，姚永坚，等，2020. 南海成因及其演化模式探讨［J］. 中国地质：1-18.

李友川，邓运华，张功成，2012. 中国近海海域烃源岩和油气的分带性［J］. 中国海上油气，24（1）：6-12.
李友川，米立军，张功成，等，2011. 南海北部深水区烃源岩形成和分布研究［J］. 沉积学报，29（5）：970-979.
林会喜，鄢继华，袁文芳，等，2005. 渤海湾盆地东营凹陷古近系沙河街组三段沉积相类型及平面分布特征［J］. 石油实验地质，（1）：55-61.
刘芬，2016. 鄂尔多斯盆地陇东地区延长组重力流沉积特征及成因机制［D］. 中国石油大学（北京）.
刘芬，朱筱敏，李洋，等，2015. 鄂尔多斯盆地西南部延长组重力流沉积特征及相模式［J］. 石油勘探与开发，42（5）：577-588.
刘芬，朱筱敏，梁建设，等，2020. 鄂尔多斯盆地延长组深水重力流岩相发育特征及其储集性［J］. 海洋地质前沿，36（6）：46-55.
刘军锷，简晓玲，康波，等，2014. 东营凹陷东营三角洲沙三段中亚段古地貌特征及其对沉积的控制［J］. 油气地质与采收率，（1）：20-23.
刘赛君，2017. 滑塌型重力流沉积及储层特征［D］. 中国石油大学（北京）.
刘世翔，赵志刚，谢晓军，等，2018. 文莱—沙巴盆地油气地质特征及勘探前景［J］. 科学技术与工程，18（4）：29-34.
刘鑫金，刘惠民，宋国奇，等，2017. 济阳坳陷东营三角洲前缘斜坡重力流成因砂体特征及形成条件［J］. 中国石油大学学报（自然科学版），41（4）：36-45.
柳保军，庞雄，王家豪，等，2019. 珠江口盆地深水区伸展陆缘地壳减薄背景下的沉积体系响应过程及油气勘探意义［J］. 石油学报，40（S1）：124-138.
孟伟，2018. 东营凹陷古近系油气运移和聚集的流体和岩石的地球化学响应［D］. 中国石油大学(北京).
牛栓文，2015. 滑塌型重力流沉积模式及其油气意义［D］. 中国石油大学（华东）.
庞军刚，李文厚，石硕，等，2009. 鄂尔多斯盆地长 7 段浊积岩沉积演化模式及石油地质意义［J］. 岩性油气藏，21（4）：73-77.
庞雄，柳保军，颜承志，等，2012. 关于南海北部深水重力流沉积问题的讨论［J］. 海洋学报（中文版），34（3）：114-119.
庞雄，任建业，郑金云，等，2018. 陆缘地壳强烈拆离薄化作用下的油气地质特征——以南海北部陆缘深水区白云凹陷为例［J］. 石油勘探与开发，45（1）：27-39.
庞雄，申俊，袁立忠，等，2006. 南海珠江深水扇系统及其油气勘探前景［J］. 石油学报，（3）：11-15.
庞雄，施和生，朱明，等，2014a. 再论白云深水区油气勘探前景［J］. 中国海上油气，26（3）：23-29.
庞雄，朱明，柳保军，等，2014b. 南海北部珠江口盆地白云凹陷深水区重力流沉积机理［J］. 石油学报，35（4）：646-653.
庞雄，陈长民，彭大钧，等，2007. 南海珠江深水扇系统及油气［M］. 北京：科学出版社.
彭大钧，庞雄，陈长民，等，2005. 从浅水陆架走向深水陆坡——南海深水扇系统的研究［J］. 沉积学报，（1）：1-11.
尚婷，陈刚，李文厚，等，2013. 鄂尔多斯盆地富黄探区延长组浊流沉积与油气聚集关系［J］. 西北大学学报（自然科学版），43（1）：81-88.
王德坪，刘守义，1987. 东营盆地渐新世早期前三角洲缓坡区的泥石流砂质碎屑沉积［J］. 沉积学报，（4）：14-24.
王建民，王佳媛，2017. 鄂尔多斯盆地西南部长 7 深水浊积特征与储层发育［J］. 岩性油气藏，29（4）：11-19.
夏青松，田景春，2007. 鄂尔多斯盆地西南部上三叠统长 6 段湖底扇特征［J］. 古地理学报，9（1）：33-43.

杨明慧，张厚和，廖宗宝，等，2015. 南海南沙海域主要盆地含油气系统特征［J］. 地学前缘，22（3）：48-58.
杨仁超，何治亮，邱桂强，等，2014. 鄂尔多斯盆地南部晚三叠世重力流沉积体系［J］. 石油勘探与开发，41（6）：661-670.
张功成，王璞珺，吴景富，等，2015. 边缘海构造旋回：南海演化的新模式［J］. 地学前缘，22（3）：27-37.
张强，吕福亮，贺晓苏，等，2017. 南海成藏组合发育特征及勘探潜力评价［J］. 海洋地质与第四纪地质，37（6）：158-167.
张强，吕福亮，贺晓苏，等，2018. 南海近5年油气勘探进展与启示［J］. 中国石油勘探，23（1）：54-61.
张青青，操应长，刘可禹，等，2017. 东营凹陷滑塌型重力流沉积分布特征及三角洲沉积对其影响［J］. 地球科学，42（11）：2025-2039.
赵俊兴，李凤杰，申晓莉，等，2008. 鄂尔多斯盆地南部长6和长7油层浊流事件的沉积特征及发育模式［J］. 石油学报，29（3）：389-394.
赵贤正，蒲秀刚，周立宏，等，2017. 断陷湖盆深水沉积地质特征与斜坡区勘探发现——以渤海湾盆地歧口凹陷板桥#1#歧北斜坡区沙河街组为例［J］. 石油勘探与开发，44（2）：165-176.
郑荣才，文华国，韩永林，等，2006. 鄂尔多斯盆地白豹地区长6油层组湖底滑塌浊积扇沉积特征及其研究意义［J］. 成都理工大学学报（自然科学版），（6）：566-575.
钟建华，倪良田，邵珠福，等，2017. 渤海湾盆地古近纪超深水与极超深水沉积及油气地质意义［J］. 高校地质学报，23（3）：521-532.
周翔，2016. 鄂尔多斯盆地代家坪地区延长组低孔渗砂岩油藏成藏机理研究［D］. 中国地质大学.
朱伟林，张功成，钟锴，等，2010. 中国南海油气资源前景［J］. 中国工程科学，12（5）：46-50.
朱伟林，2010. 南海北部深水区油气地质特征［J］. 石油学报，31（4）：521-527.
邹才能，赵政璋，杨华，等，2009. 陆相湖盆深水砂质碎屑流成因机制与分布特征——以鄂尔多斯盆地为例［J］. 沉积学报，27（6）：1065-1075.
Hall R，1996. Reconstructing Cenozoic SE Asia［J］// Hall R，Blundell D J. Tectonic Evolution of SE Asia. Geological Society London Special Publication，106（1）：153-184.
Ibrahim N A，2003. Deposition of the Tembungo deep-water sands［J］. 47：105-126.
Mat-Zin I C，1992. Regional seismostratigraphic study of the Tembungo area，offshore West Sabah［J］Bulletin of the Geological Society of Malaysia，32：109-134.
Tapponnier P，Lacassin R，Leloup P H，et al，1990. The Ailao Shan/Red River metamorphic belt：tertiary left-lateral shear between Indochina and South China［J］. Nature，343（6257）：431-437.
Tapponnier P，Peltzer G，Dain A Y L，et al，1982. Propagating extrusion tectonics in Asia：new insights from simple experiments with plasticine［J］. Geology，10（12）：611-616.
Whittle A P，Short G A，1978. The Petroleum Geology of the Tembungo Field，East Malaysia［J］. AAPG，Offshore South East Asia Conference：29-39.

第六章　深水重力流沉积油气勘探面临的问题挑战与未来发展方向

第一节　问题与挑战

一、重力流沉积过程

深水重力流沉积油气勘探的核心任务是明确深水重力流砂体的分布。深水重力流砂体的形成是一个包含重力流“触发—搬运—沉降”的综合作用过程，也称重力流事件，从沉积动力学的角度探究重力流沉积演化过程及其沉积产物分布是重力流沉积研究的核心（Talling 等，2012，2015；Postma 和 Cartigny，2014；Gong 等，2017；Liu 等，2017；Postma 和 Kleverlaan，2018；鲜本忠等，2013；杨仁超等，2014；杨田等，2015a）。深水重力流的沉积动力学特征主要由沉积物浓度、雷诺数（层流和湍流）和弗洛德数（超临界流和亚临界流）三个关键参数表征（Waltham，2004；Postma 和 Cartigny，2014），重力流搬运过程中随着地形坡度逐渐降低，三个沉积动力参数会发生对应变化，从而控制了重力流的流体类型及沉积分布的演化（Fisher，1983；Mutti，1992；Waltham，2004）。传统观点认为重力流搬运过程中随着沉积物浓度的逐渐降低，主要发生从高浓度碎屑流（层流、超临界流）向低浓度浊流的转化（湍流、亚临界流）（Mutti，1992；Waltham，2004；Felix 和 Peakall，2006；李云等，2011；李存磊等，2012；操应长等，2017a）；最新研究表明，超临界流与亚临界流的转化主要是浊流的沉积动力学属性（Postma 和 Cartigny，2014；Postma 和 Kleverlaan，2018），而低浓度浊流同样可以转化为高浓度碎屑流形成混合事件层（Haughton 等，2009；Pierce 等，2018）。因而，水力跳跃作用控制下的超临界浊流向亚临界浊流的转化和湍流抑制作用控制下的浊流向碎屑流的转化成为重力流沉积动力学研究的两个核心热点问题（Talling 等，2015；Henstra 等，2016；Gong 等，2017；操应长等，2017a，b；谈明轩等，2016，2017）。新的沉积动力学过程认识势必会产生新的沉积产物组合规律认识（Postma 和 Cartigny，2014）。因此，如何在传统重力流沉积浓度递减演化模型基础上，重新审视重力流沉积演化过程及其沉积产物分布是深水重力流沉积研究的当务之急（Postma 和 Cartigny，2014；Henstra 等，2016；Malkowski 等，2018）。

现阶段关于重力流混合事件层的成因主要涉及泥质碎屑流滑水作用控制下的碎屑流和浊流差异搬运与沉降过程，以及黏土矿物含量控制下湍流衰减作用造成的浊流向泥质碎屑流转化两种成因认识（Haughton 等，2009；Talling，2013；Southern 等，2017；Pierce 等，2018）（图 6-1），然而，如何通过沉积构造来准确识别其成因还存在诸多不确定性（Southern 等，2017；Pierce 等，2018）。水槽模拟实验结果表明，低强度粘结性泥质碎屑流停止搬运后，在孔隙水释放的过程中会导致不同粒级沉积物颗粒的重新排列，粗粒沉积物会优先在流体的底部沉淀形成泥质杂基含量较少的干净砂岩（Baas 等，2009；Sumner 等，2009），这种颗粒重排形成的底部砂岩与浊流形成的底部砂岩之间的差异和区分方法还不得而知。浊流向泥质碎屑流的转化主要包括浊流对富泥质基底的侵蚀、局部的泥质沉积物垮塌混入、浊流搬运晚期阶段颗粒的沉淀和膨胀导致的流体减速、浮力转化导致低密度碎屑组分上浮等触发机制作用下的湍流衰减成因（Pritchard 和 Gladston，2009；Sumner 等，2009；Haughton 等，2009；Talling，2013），不同触发机制形成的混合事件层之间有何差异性，同一混合事件层能否为不同触发机制作用下的综合响应（Southern 等，2017；Pierce 等，2018）？此外，除了上述成因之外，是否还存在其他的成因机制（Higgs，2010）？受泥质基底控制的不同类型及不同含量的黏土矿物如何影响浊流的流体性质（Kane 等，2017；Pierce 等，2018）？在流体搬运和沉积的不同阶段、不同位置是否对应于不同的成因机制（Felix 等，2009；Pierce 等，2018）？为什么有的地区发育混合事件层沉积，有的地区不发育混合事件层沉积，受什么条件控制，什么条件最容易形成混合事件层沉积（Haughton 等，2009；Fonnesu 等，2016；Southern 等，2017）？断陷湖盆中泥质基底疏松，有机质—黏土矿物复合体发育，有机质—黏土矿物复合体控制下的浊流流体如何演化沉积（Hovikoski 等，2016）？上述关于重力流混合事件层成因的相关问题还有待深入研究。

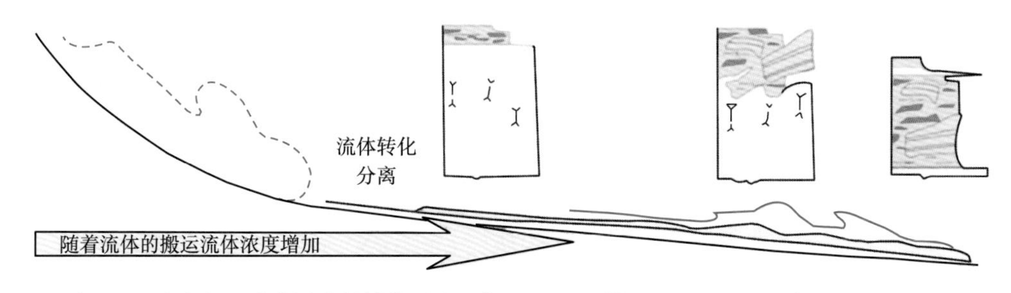

图 6-1　浊流向泥质碎屑流的转化过程（据 Haughton 等，2009；Postma 和 Cartigny，2014）

重力流搬运过程中伴随环境水体的卷入和基底剪切摩擦作用，会发生流体密度、流变学特征和流态的有序转化（Waltham，2004），现阶段对流态转化的认识还知之甚少（Postma 和 Cartigny，2014；Symons 等，2016；Covault 等，2016）。一方面，超临界流的形成条件还存在诸多争议，为什么有的重力流沉积中超临界流发育，而有的不发育（Vellinga 等，2017）；高密度分层流体是否为超临界流形成的必要条件（Postma 和 Cartigny，2014）；超临界流是否为高密度粗粒沉积物特有的沉积动力机制（Massari，2017）？此外，地形坡度对超临界流的形成起着十分明显的控制作用，Hand（1974）指出地形坡度大于 0.5°就具备形成超临界流的条件，但是否地形坡度越大，越有利于超临界流的发育还不得而知（Hamilton 等，2017）；因而，何种条件最有利于超临界流的形成还有待进一步研究。另一方面，超临界流沉积演化过程有待系统深入研究，水力跳跃作用是超临界流向亚临界流转化的主要机制，关于水力跳跃作用是流体转化的自组织行为还是流体受障碍物遮挡后被动改变的行为还存在争议（Talling 等，2015；Hamilton 等，2017）。水力跳跃作用与地形坡度之间同样存在密切联系，何种角度条件下有利于超临界流向亚临界流转化，形成阶梯状沉积底形还有待进一步研究（Kostic，2011；Dietrich 等，2016）。同时，不同弗洛德数超临界流之间同样存在相互转化（Lang 和 Winsemann，2013；Cartigny 等，2014），不同弗洛德数超临界流体在超临界流与亚临界流整体演化框架下的演化规律还不得而知（Zhong 等，2015；Lang 等，2017b）。特别的，断陷湖盆具有多级坡折带发育的典型特征，坡折带是超临界流沉积发育的有利场所（Wynn 等，2002），不同坡折带是否具备超临界流发育条件，不同坡折带之间流体如何转化有待深入研究。

此外，深水环境除了重力流沉积作用之外，底流作用同样活跃。深水重力流与底流交互作用对深水重力流搬运演化过程会产生显著的影响，形成具有复杂成因的底形和构造（吴嘉鹏等，2012）（图 6-2）。深水沉积中的沉积物波除了为超临界流沉积产物之外，底流改造作用也是其可能的成因机制，现阶段如何从沉积物波的形态和沉积特征来区别其成因还存在较大的困难（Symons 等，2016）。同时，在底流作用下，深水重力流的沉积过程会发生定向的迁移，主要表现为重力流水道的单向迁移（Gong 等，2012）（图 6-2c）。除了沉积物波与重力流水道的单向迁移之外，深水重力流与底流交互作用还可能产生哪些地质记录还有待深入的研究（Hernández-Molina，2008）。

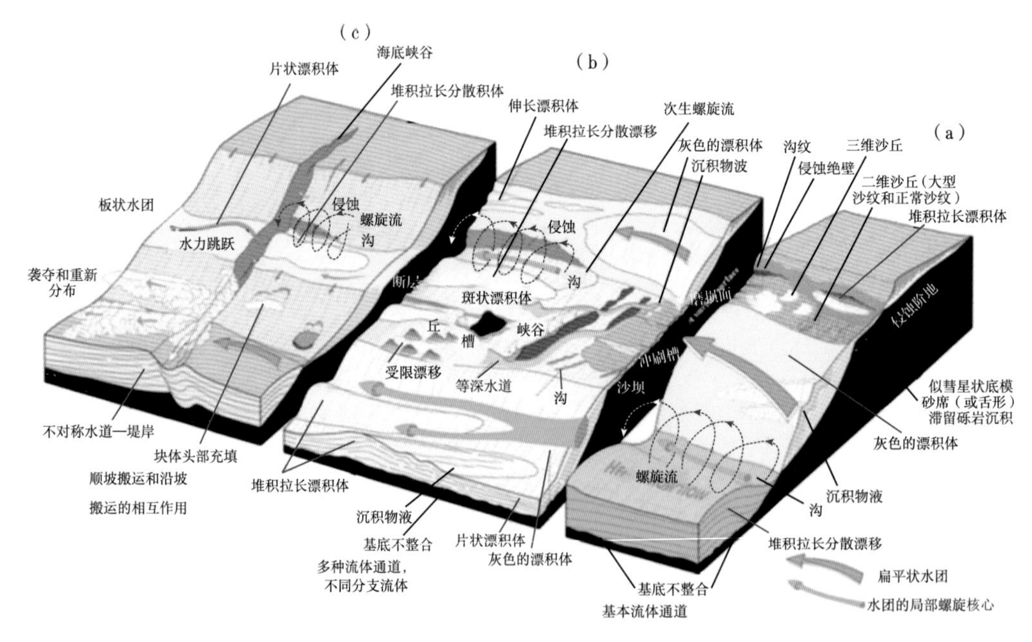

图 6-2 深水重力流与底流交互作用（据 Hernández-Molina 等，2008）

（a）底流单一方向流动；（b）底流多方向流动；（c）底流与重力流交互作用

二、沉积构型要素

关于重力流混合事件层的宏观分布特征现阶段还存在一定争议，大量野外及现代重力流混合事件层分布特征研究指示其多位于朵叶体沉积远端或侧缘，是重力流演化晚期的沉积产物（Haughton 等，2003，2009；Talling 等，2007；Fonnesu 等，2016，2018；Spychala 等，2017；Kane 等，2017）。然而，在部分限制性盆地或非限制性盆地的沉积近端同样发育部分的重力流混合事件层（Patacci 等，2014；Mueller 等，2017），多位于水道—朵叶体转换带。Talling（2013）指出不同成因的重力流混合事件层的分布规律存在较大差异，泥质碎屑流和浊流差异搬运与沉降过程控制形成的重力流混合事件层多从沉积近端延伸到沉积远端以条带状展布为主；浊流向泥质碎屑流转化成因形成的重力流混合事件层多位于重力流沉积远端以环带状分布为主（Talling，2013）。关于重力流混合事件层微观分布特征研究多集中于垂向组合及分布特征，其侧向上的分布和演化研究稍显不足（Fonnesu 等，2016，2018；Mueller 等，2017），重力流混合事件层侧向分布规律复杂，随着流体向下游搬运演化，在整体厚度保持不变的情况下，在较小范围内不同沉积单元的厚度及结构也可能发生显著变化（Talling，2013；Fonnesu 等，2016；Pierce 等，2018），其分布规律研究对单层尺度重力流砂体的沉积非均质性研究意义重大（Spychala 等，2017），但现阶段对内部沉积单元的差异分布特征还知之甚少。重力流混合事件层的分布同时受流体物质组成、浓度及演化过程等内部因素和地形坡度、盆地形态及盆底地貌等外部因素综合控制（Southern 等，2017；Fonnesu 等，2016；Spychala 等，2017），在不同的沉积背景下，哪些因素对其分布起主要控制作用？此外，非常规油气储层中大量发育的层耦型细粒沉积与重力流混合事件层之间存在密切的联系（Hovikoski 等，2016；Yang 等，2017；Kane 等，2017），其分布规律研究对细粒非常规储层预测有重要意义，但相关研究还极度匮乏（Kane 等，2017；Pierce 等，2018）。特别是在湖盆、盆地形态和有机质—黏土矿物复合体控制下重力流混合事件层的分布规律研究还尚未开展（Hovikoski 等，2016）。

早期对超临界流沉积研究表明，限制性重力流水道和限制性重力流水道向非限制性朵叶体转化的水道—朵叶体转换带是超临界流沉积最为发育的沉积场所（Wynn 等，2002；Fildani 等，2006，2013；Covault 等，2014；Postma 等，2015）。超临界流作用控制了侵蚀性旋回坎的形成，尔后演化为重力流水道并进一步分支演化，控制砂体分布（Fildani 等，2006，2013；Lang 等，2017a）；但是，重力流水道的形成过程及其分支改道作用是古地貌的控制抑或是沉积物顶托作用的影响还有待深入研究（Talling 等，2015；Hamilton 等，2017；Postma 和 Kleverlaan，2018）。沿着重力流水道搬运方向由于旋回坎的发育导致砂体内部侵蚀接触界面发育，砂体内部几何形态多变，其内幕结构的精细解析对重力流砂体油气勘探开发意义显著（Lang 等，2017a；Ono 和 Plink-Björklund，2018；操应长等，2017a）。坡折带处限制性重力流水道中的超临界流由于向非限制性环境搬运，发生强烈的水力跳跃作用，形成侵蚀构造发育的水道—朵叶体转换带，与传统的水道与朵叶体直接相连的分布规律差异显著（Wynn 等，2002；Postma 等，2015）（图 6-3）。现阶段水道—朵叶体转换带发育控制下沉积朵叶体的分布规律研究还相对匮乏（Postma 等，2015；Carvajal 等，2017）；Postma 和 Kleverlaan（2018）的最新研究表明超临界流沉积同样可以形成朵叶体沉积，这种超临界流沉积形成的朵叶体沉积与普遍发育的亚临界流形成的朵叶体沉积的分布规律之间存在何种差异还不得而知（Hamilton 等，2017；Postma 和 Kleverlaan，2018）。此外，地形坡度对超临界流形成的砂体内部结构及分布特征有明显的控制作用，不同坡度条件下形成的超临界流沉积砂体分布特征的差异对比分析还有待深入研究（Hamilton 等，2017）。湖盆洼陷带湖底扇砂体具有重力流水道发育的典型特征，其重力流水道是否为超临界流控制形成；超临界流作用控制下重力流水道、水道—朵叶体转换带、朵叶体沉积的分布规律还知之甚少。

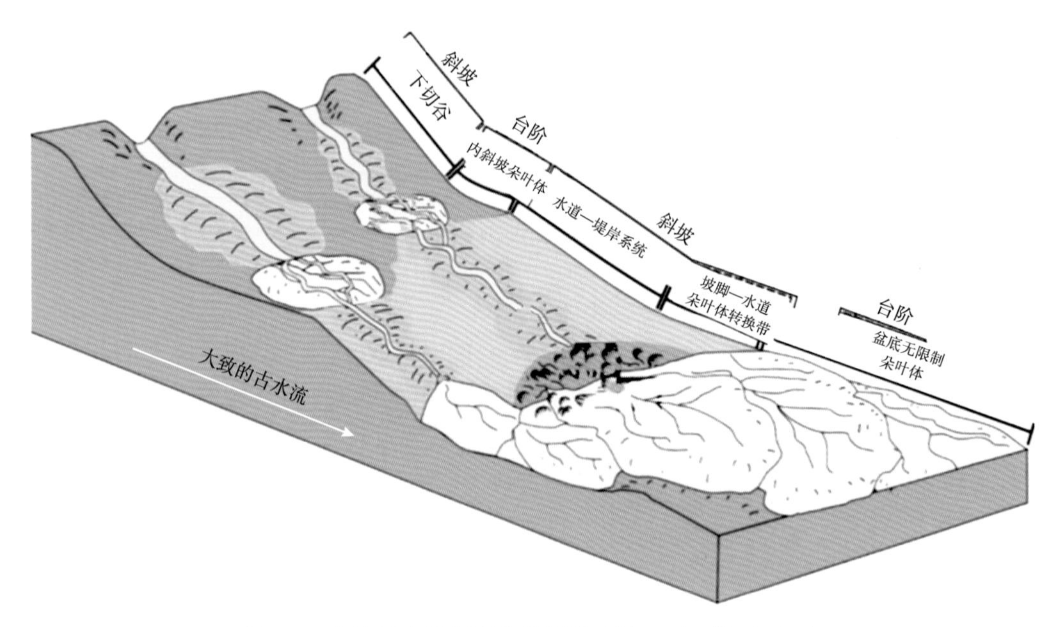

图 6-3 深水重力流沉积构型要素（据 Brooks 等，2018a）

三、重力流水道成因

深水重力流水道一直是深水油气勘探的优质靶区，因而重力流水道的成因一直是石油地质学家关注的核心问题之一（Gales 等，2019）。关于重力流水道的成因主要存在两种核心认识，一种认为先形成边缘的堤岸限制环境，进一步演化形成水道（Zavala 等，2006）；另外一种认识是碎屑流或浊流的侵蚀作用形成重力流水道（Gales 等，2019）。但是，重力流水道的成因及其控制因素还存在较多争议，具体而言为什么有的深水重力流沉积系统水道发育而有的深水重力流水道不发育，深水重力流水道的发育受到什么因素控制，具有怎样的形成演化规律还不得而知（Gales 等，2019）。

超临界浊流强烈的侵蚀作用为合理解释重力流水道的形成和演化提供了理论依据，现代重力流水道地貌学研究和深水重力流监测研究证实，深水超临界浊流向亚临界流转化过程中强烈的水力跳跃作用侵蚀基底沉积，形成不连续的侵蚀凹槽及连续的旋回坎沉积（Fildani 等，2006，2013；Covault 等，2014；Hughes Clarke，2016）；尔后，超临界流向亚临界流转化持续进行，使得侵蚀凹槽不断加深，旋回坎沉积在垂向上不断叠加，形成连续的限制性重力流水道（Lamb 等，2008；Symons 等，2016；Lang 等，2017a；操应长等，2017a）（图 6-4）；重力流水道在内部次生环流的作用下发生沉积物侧向的迁移，使得重力流水道发生弯曲，在曲率较大部位，由于重力流流量的突然增大，超临界流局部溢出，超临界流由限制性环境向非限制性环境搬运转化，强烈的水力跳跃作用导致侵蚀作用的发育，进而形成次一级的分支水道，从而控制了重力流砂体的输运，最终形成整体内部分支水道发育的扇体形态（Covault 等，2014；Lang 等，2017a；操应长等，2017a）。但是，在部分以泥质沉积为主的深水重力流沉积中重力流水道同样发育，这些细粒沉积的深水重力流多为亚临界浊流沉积产物（Schwenk 等，2005），其重力流水道的形成受何种因素控制？是否所有的重力流水道都是超临界浊流的侵蚀作用形成的？是否还存在其他的机制及控制条件影响着重力流水道的发育还不得而知。

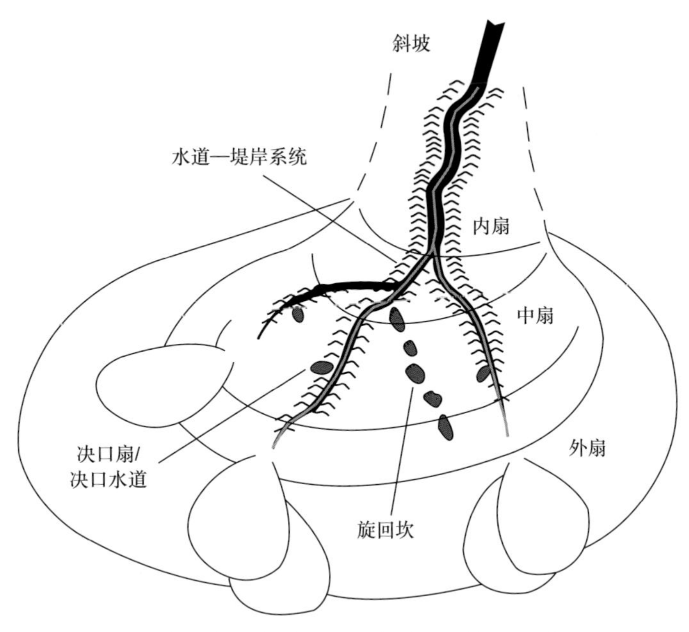

图 6-4　深水重力流水道生长形成过程（据 Lang 等，2017a）

四、优质储层分布

现代和古代重力流沉积系统研究表明，构造活动、沉积物供给和气候与海（湖）平面的相互作用关系是控制重力流形成及分布的主要盆外因素（Nelson 等，2009）。构造活动的强弱决定了物源区与沉积盆地的地形高差，一方面决定了汇水区流体的流量和流速，另一方面可以作为沉积物垮塌的触发机制，进而控制了搬运沉积物的大小和重力流发生的频率（Pattison 等，2007；Mutti 等，2003）。物源区的性质决定了其抗风化剥蚀的能力及其供给沉积物的类型，从而决定了沉积物的搬运形式和沉积体的发育规模（Mutti 等，1996）。气候变化一方面控制了风化剥蚀速率和汇水区流量，另一方面决定了相对海（湖）平面的高低，从而决定了沉积物的搬运形式和沉积体的分布位置（Mulder 等，2003；Petter 和 Steel，2006）。不同的控制因素在不同的深水重力流沉积系统中起着不同的控制作用，如何确定重力流形成及分布的主控因素仍然有待系统的对比分析（Nelson 等，2009）。

沉积盆地水体密度、地形坡度及盆底地貌则是决定重力流形成及分布的主要盆内因素（Piper 和 Normark，2009）。盆地水体密度大小决定其与洪水持续供给流体之间的密度差，从而控制异重流的形成及演化过程，特别是决定了浮力反转机制作用下的漂浮沉积是否发生，例如，当异重流中的水体密度与沉积盆地水体密度相近时，漂浮相一般不发育（Zavala 和 Arcuri，2016）。地形坡度主要控制了重力流搬运演化过程中的流体分异效率，从而决定了重力流砂体的分布特征及岩相分异规律（Mutti，1992；Piper 和 Normark，2009），这也是造成如陆相断陷盆地陡坡带深水重力流沉积以粗碎屑和细碎屑混杂堆积为主，而缓坡带深水重力流沉积中粗碎屑与细碎屑分异显著的原因；盆底地貌则控制了重力流沉积物最终的卸载场所和卸载方式，从而决定了重力流砂体的沉积特征和分布规律（Kneller 和 Buckee，2000；Talling，2013），重力流总是沿着盆底相对低部位优先搬运沉积。

除了砂体的分布控制因素之外，深水重力流砂体埋藏成岩演化过程同样对优质储层的发育起到决定性控制作用（Yang 等，2020）。深水重力流砂体具有砂泥互层发育的典型特征，早期对深水砂岩成岩作用的研究认为与砂岩共生的泥岩是砂岩成岩作用的重要物质来源，对砂岩储层成岩作用类型及物性变化起重要控制作用（Curtis，1978；Boles 和 Franks，1979；Burley 等，1985，1989；Surdam 等，1989；Burley，1993；Morad 等，2010）。随着研究的深入，关于重力流沉积砂岩与泥岩之间物质传递的争论僵持不下（Lynch，1996；Bjørlykke，1997；Land 等，1997；Gluyas 等，2000；Land 和 Milliken，2000；Wilkinson 等，2003；Day-Stirrat 等，2010；Bjørlykke 和 Jahren，2012；Bjørlykke，2014）（图 6-5）。以 Bjørkum 和 Gjelsvik（1988）和 Bjørlykke 等（2014）为代表的等化学变化（isochemical）理论支持者，以北海重力流沉积碎屑岩储层为研究对象，认为中成岩阶段埋深大于 2000m（温度介于 70～100℃）的储层处于相对封闭的成岩环境中，砂岩与泥岩之间不会发生明显的物质传递。而以 Land 等（1997）和 Milliken 等（2003）为代表的异化学变化（allochemical）理论支持者，以墨西哥湾重力流沉积碎屑岩储层为研究对象，认为砂岩与泥岩在深埋藏地质条件下彼此之间能够发生明显的物质传递（$CaCO_3$、SiO_2、K_2O 等），从而控制砂岩储层的成岩作用及物性特征。因而，深水重力流沉积砂岩与泥岩在埋藏成岩过程中的物质传递问题一直是其储层成岩作用研究及优质储层分布研究的重点与难点问题（Worden 和 Burley，2003；Bjørlykke，2014；Gier 等，2015；Geloni 等，2015）。

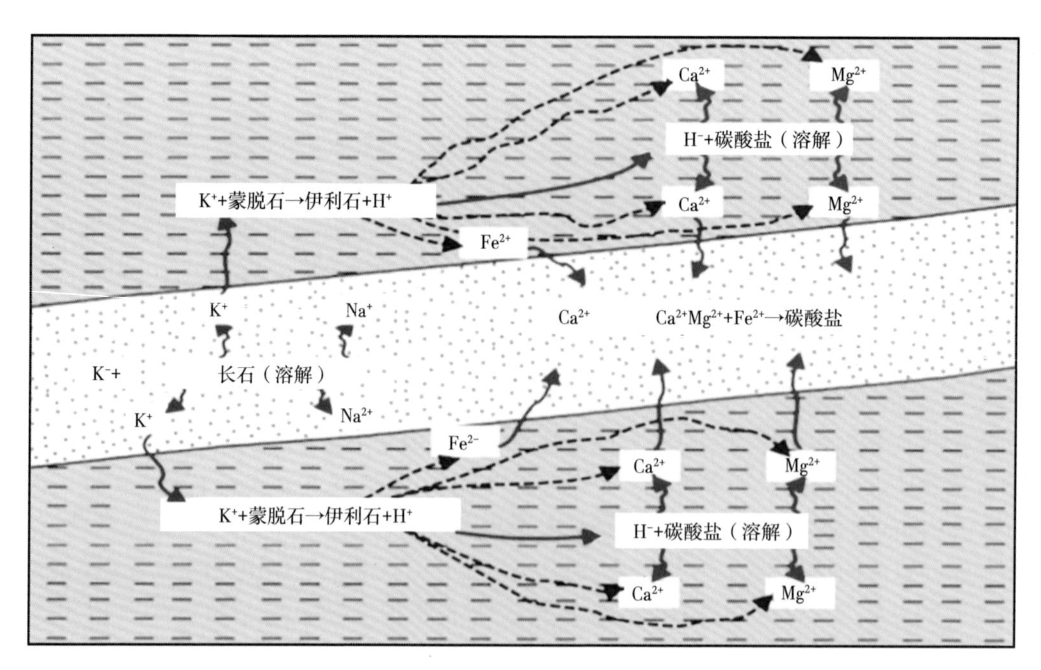

图 6-5　深水重力流沉积砂岩与泥岩埋藏成岩演化物质传输过程（据 Wintsch 和 Kvale，1994）

五、技术难题

深水重力流沉积油气勘探除了面临的理论问题之外，同样存在较多的技术难题。就研究技术而言，虽然深水重力流沉积理论在水槽模拟实验研究、数值模拟实验研究和深水实际监测研究等技术支撑下取得了飞速发展，但是也存在较多问题（杨田等，2021）。如受重力流沉积的突发性和破坏性制约，现阶段对深水重力流的实际监测主要针对其相对低流速、低沉积物浓度的演化晚期阶段进行，而对相关高密度流体的观测还十分困难。研发抗破坏能力强、稳定性高且能够实时监测高密度重力流流体的观测仪器对深水重力流沉积演化过程的研究至关重要（Talling 等，2015）。同时，水槽模拟实验研究主要受限于边界条件与研究尺度同实际沉积的可比性，相对小尺度的水槽模拟实验研究可能缺失了部分实际地质条件下的流体参数及演化过程信息（Talling 等，2012）。数值模拟实验研究受纳维-斯托克斯方程的限制，对浊流的底床载荷搬运及流体侵蚀作用的刻画效果不佳（Meiburg 和 Kneller，2010）；同时，在重力流沉积演化控制因素与边界条件不清的情况下，数值模拟的结果也如同空中楼阁。

除了研究技术的难题，深水重力流沉积油气勘探与开发同样面临较多的工程技术难题。受海洋自然地理环境的影响，包括长缆地震信号测量和分析技术、多波场分析技术、深水大型储集识别技术及隐蔽油气藏识别技术等是深水油气勘探必须面对的技术问题（李清平，2006）。同时，海上钻井工程不仅要考虑风浪、潮汐、海流、海冰、海啸、风暴潮等影响，而且要考虑海洋的水深、海上搬迁拖航等因素的影响，这是陆上钻井无需解决的问题，因而海上钻井工程设备的结构非常复杂（王震等，2010）。海上钻井装备从技术上说与陆上类似，但在系统配制、可靠性、自动化程度等方面都比陆上钻机要求更苛刻。深水地质带来的钻井危害、孔隙压力与破裂压力窗口窄小等世界难题都还有待进一步攻克（白云程等，2008）。

第二节　未来发展方向

一、露头与观测并重的沉积过程研究

深水重力流沉积过程的研究是历代沉积学家不懈的追求，随着科学技术的进一步发展，在深水重力流监测方面取得的长足进步使得通过实际水下监测来获取深水重力流的流速、密度、浓度等相关参数成为可能，从而为揭开深水重力流沉积的神秘面纱提供了有利条件。现阶段大量关于深水重力流沉积的颠覆性认识多得益于深水重力流沉积的实际监测，如深水重力流搬运过程中的流体结构、海底大型波状沉积底形的形成过程、深水重力流底部广泛发育的高浓度层、台风触发的深水重力流活动规律、表层漂浮流的聚集卸载形成深水重力流等。可以预想，针对深水重力流沉积过程的实际监测研究将进一步为揭示深水重力流沉积过程作出突出贡献（Hodgson 等，2018）（图 6-6）。

虽然深水重力流沉积过程的实际监测研究为探究深水重力流沉积过程注入了新的活力，但是摆在沉积学家面前的一个突出问题即深水重力沉积的古代露头研究和现代研究在沉积特征和沉积规模之间都存在较大差异（Pickering 和 Hiscott，2016）。基于现代沉积的海

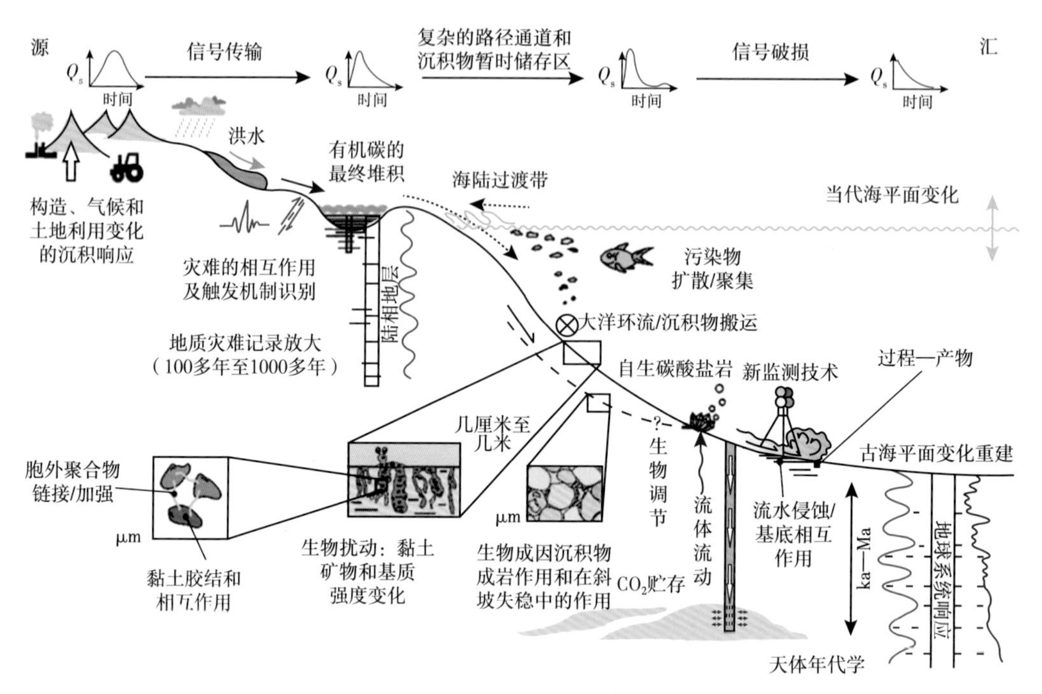

图 6-6　沉积学研究展望（据 Hodgson 等，2018）

底扇及重力流水道的规模要明显大于古代沉积的研究结果（图 6-7）。这使我们不得不去思考现今的重力流沉积是否与古代的重力流沉积完全一致，即“将今论古”需要考虑对比条件的变化。如晚三叠世卡尼期湿润气候事件导致全球数十万年的持续降雨气候（金鑫等，2015），这与现今环境条件之间存在着巨大的差异，其在不同气候环境背景下形成的深水沉积系统之间也可能存在明显的尺度差异，因而，露头与覆盖区的深水重力流沉积研究同等重要，可能是我们揭秘古代重力流形成演化过程乃至地球演化历史的关键钥匙。

二、深水重力流沉积构型要素与内幕结构

随着对深水重力流沉积动力学过程认识程度不断深入，为深水重力流沉积构型要素及其内幕结构的研究也提供了新的知识增长点。就构型要素而言，超临界流与亚临界流转化动力学过程的认识使得沉积学家更加重视水道—朵叶体转换带的发育（Brooks 等，2018a）。强调水道—朵叶体转换带的侵蚀过路现象与大型波状沉积底形的发育（Covault 等，2016；Brooks 等，2018a）。然而，近期有学者指出，除了水力跳跃作用导致超临界浊流与亚临界浊流之间的转化以外，在坡角处流体的侧向限制条件解除、流体的高度降低与底部相互作用更加强烈，也是导致水道—朵叶体转换带侵蚀作用发育的可能原因，称为流体松弛（flow relaxation）导致的侵蚀作用（Pohl 等，2019）（图 6-8）。如果流体松弛导致的侵蚀作用是水道—朵叶体转换带沉积底形形成的主要沉积动力，那么其形成的沉积构型要素可能与超临界态和亚临界态转化形成的沉积构型要素之间存在一定的差异，相关研究还有待继续深入。除了水道—朵叶体转换带之外，是否还存在其他的沉积构型要素有待进一步深入刻画，同时也是值得思考的问题。

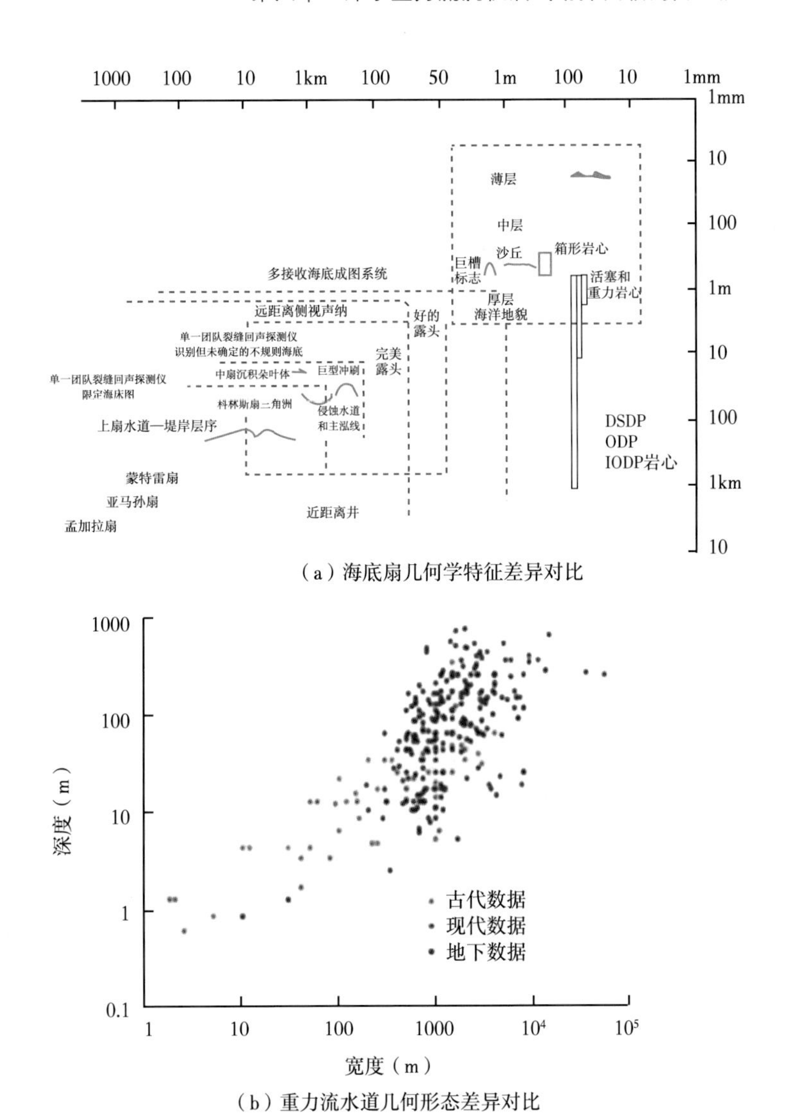

（a）海底扇几何学特征差异对比

（b）重力流水道几何形态差异对比

图 6-7　深水重力流沉积研究尺度对比（据 Pickering 和 Hiscott，2016）

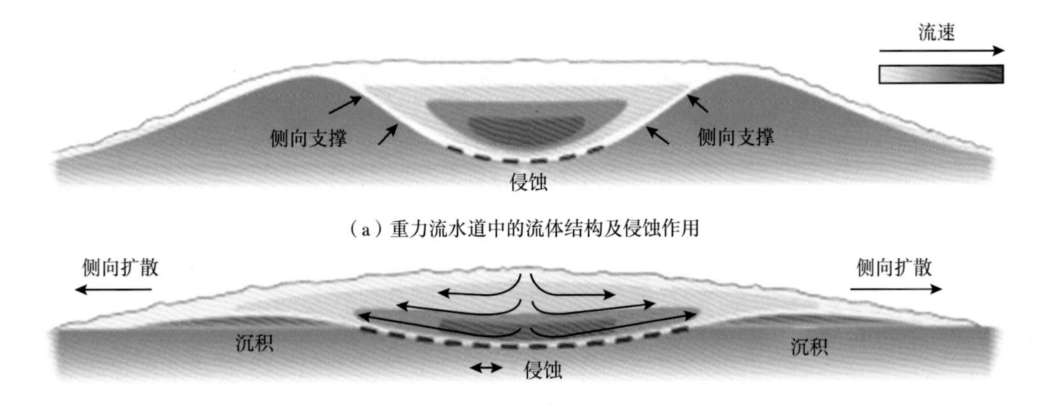

（a）重力流水道中的流体结构及侵蚀作用

（b）水道—朵叶转换带中的流体结构及侵蚀作用

图 6-8　流体松弛导致的侵蚀作用原理（据 Pohl 等，2019）

深水重力流沉积动力学过程同样对深水重力流砂体的内幕结构起到重要的控制作用。如超临界流与亚临界流转化是重力流水道形成演化的重要动力学过程，重力流水道内部沉积结构层次与流体的流态演化之间可能存在密切联系（Lang 等，2017a）。同时，重力流水道中广泛发育的砂岩融合面在相对大尺度上可能与旋回坎类似，呈连续的阶梯状，从而为解析横向与纵向上重力流水道砂体内幕结构提供了新的思路（Pickering 和 Hiscott，2016）（图 6–9）。除了沉积构型要素内部结构单元的精细分析，不同期次深水沉积系统自身的演化及组合规律同样值得深入研究，现有研究表明深水重力沉积系统整体多以退积叠置为主要特征，即早期沉积物搬运距离较远，同时构成晚期沉积物向前搬运的障碍，晚期沉积物以退积充填叠加为典型特征（Pickering 和 Hiscott，2016）（图 6–10a）；而块体搬运沉积系统整体多以进积叠置为主要特征，即早期沉积物搬运距离较近，晚期沉积物多越过早期沉积物进一步前积充填（Liu 等，2017）（图 6–10b）。不同沉积系统其内部组合规律的差异是受沉积动力过程差异控制的普遍规律还是受外部控制条件的特有规律有待进一步深入研究。

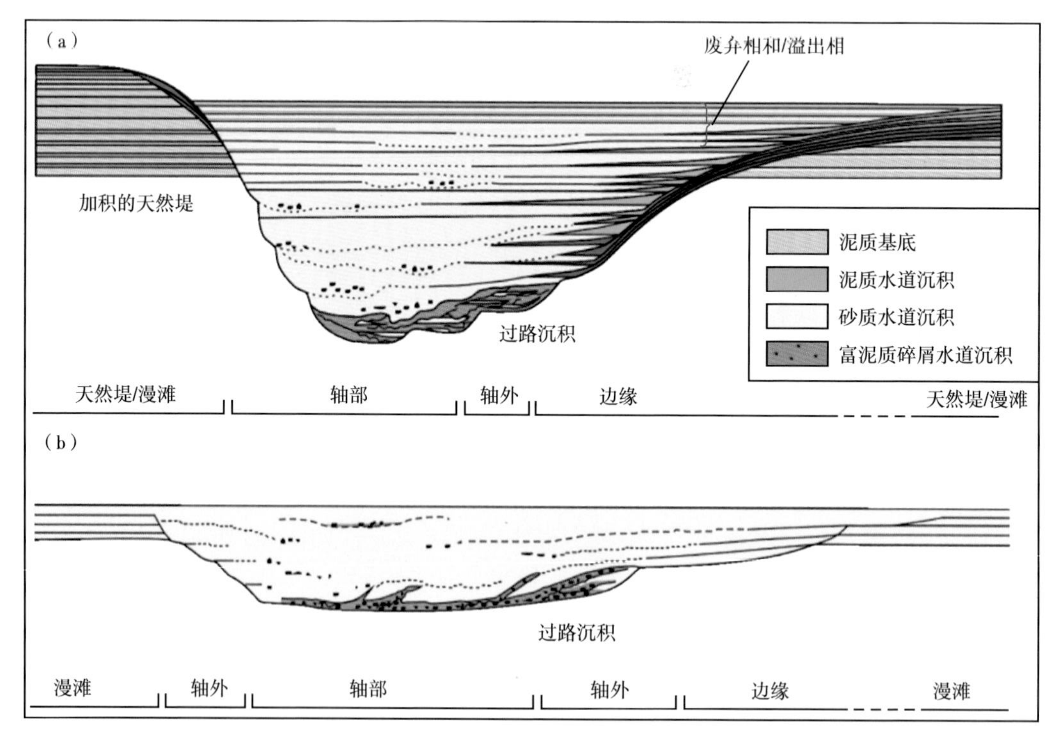

图 6–9　重力流水道砂体沉积内部结构层次（据 Pickering 和 Hiscott，2016）

（a）欠充填水道单元，发育加积天然堤；（b）充填水道单元，发育欠加积天然堤/漫滩沉积

随着大数据分析、机器学习等研究技术方法在信息化时代背景下的发展，为深水重力流沉积构型要素的定量分析提供了新的思路（Cullis 等，2019）。通过全球范围内已发表的深水重力流沉积构型要素量化参数的统计，结合大数据分析，有望为深水重力流沉积构型要素几何形态、层次结构、定量预测等提供新的知识增长点（Cullis 等，2019）。

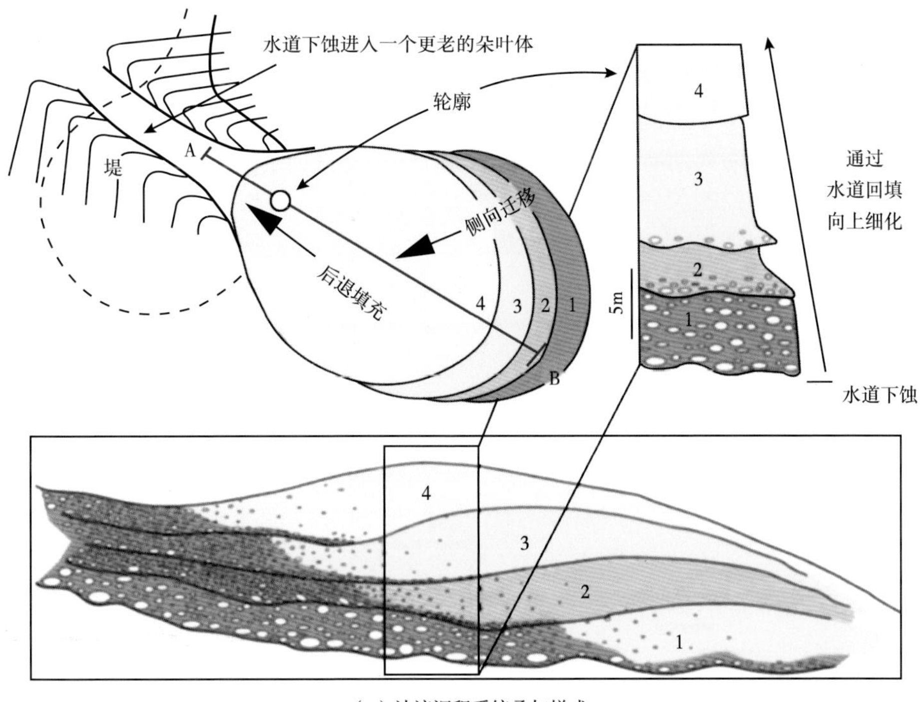

（a）浊流沉积系统叠加样式

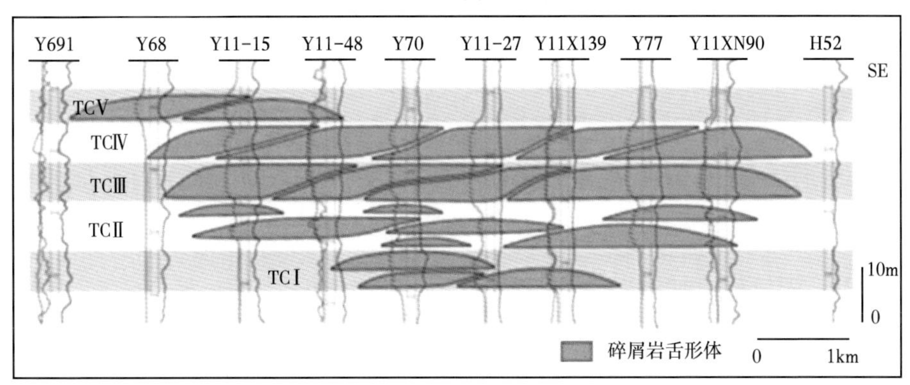

（b）块体搬运沉积系统叠加样式

图 6-10 深水重力流砂体叠加样式（据 Pickering 和 Hiscott，2016；Liu 等，2017）

三、深水重力流沉积及其构造气候响应

深水重力流沉积过程受构造活动和气候变化等因素的综合控制，反过来，深水重力流沉积物则可作为构造活动或气候变化的忠实记录，揭示一些隐藏在其中的构造与气候演化信息（Zhang 等，2014；Clare 等，2015；Ratzov 等，2015）。

块体搬运沉积系统的形成一般需要有对应的触发机制，而构造活动和地震作为一种有效的触发机制，是块体搬运沉积形成的重要控制因素（Atwater 等，2014）。古地震形成周期研究对地震活动预测、防灾减灾意义重大，也一直是地质学研究的世界难题，地震触发形成的块体搬运沉积系统为研究古地震活动周期提供了新的途径（Goldfinger 等，2014；Ratzov 等，2015）。虽然部分学者指出块体搬运沉积系统的形成并不完全受古地震控制

(Sumner 等，2013)，但是在外界条件进一步限定的情况下，建立块体搬运沉积系统发育与古地震活动之间的相关关系是可能的（Goldfinger 等，2014；Ratzov 等，2015）。Ratzov 等(2015) 通过对非洲—欧亚板块边界过去 8 千年全新世发育的深水重力流沉积系统研究，建立了地震活动与深水重力流沉积发育的相关关系，从而恢复了过去 8 千年古地震活动旋回规律，为古地震活动周期研究开启了新的思路（图 6-11)。此外，块体搬运沉积还与构造活动、盆地演化等控制因素息息相关，是良好的构造活动与盆地演化指示标志（Mutti 等，2009)。加强深水重力流沉积与古地震、构造活动关系的研究，可为构造沉积学研究提供新的知识增长点。

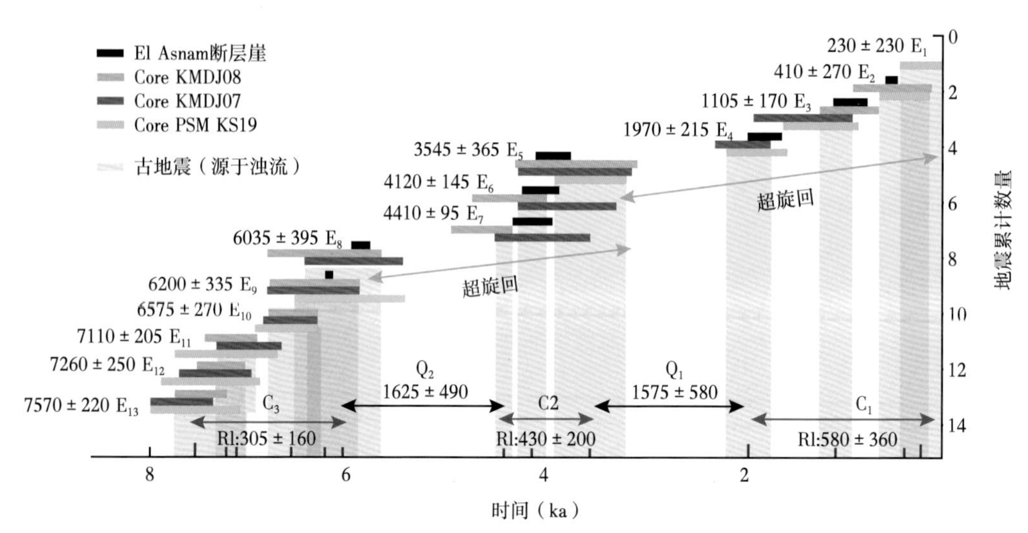

图 6-11 非洲—欧亚板块边界重力流形成与地震活动关系（据 Ratzov 等，2015)

E_n—地震事件；RI—重复周期；C*n*—地震时间跨度；Q*n*—静止期

浊流沉积系统的形成受气候影响更加显著，特别是洪水异重流成因的浊流沉积系统为揭秘古气候、古环境演化提供了新的钥匙（Zhang 等，2014；Clare 等，2015)。洪水异重流的形成主要受沉积物供给及洪水能量强弱的控制，因为可以通过地质历史时期洪水异重流发育程度的定量统计研究，建立异重流沉积与地质历史时期气候事件的相关关系，进而恢复地质历史时期的气候演化过程，进一步揭示地质历史时期一些尚未发现的气候事件(Zhang 等，2014；Clare 等，2015)。如基伍湖沉积物中记录的东非湿润期气候，其对应的异重流沉积厚度和频率明显增加，从而证实了湿润气候对异重流沉积发育的控制作用，揭示了通过异重流沉积来研究古气候演化的可行性（Zhang 等，2014）（图 6-12)。始新世的极热事件同样对深水重力流沉积的形成和发育起到明显控制作用，极热事件气候干燥炎热，雨水较少，不利于异重流沉积的形成，同时，干旱气候风化剥蚀速率较低，不利于浅水沉积物的积累，因而在极热事件发育期，深水重力流沉积的频率明显降低，厚度明显减薄（Clare 等，2015）（图 6-13)。综上，深水重力流沉积可作为古气候研究的良好载体，进一步揭示其中蕴含的古气候、古环境信息（杨田等，2021)。

地质历史时期的气候事件繁多（胡修棉等，2020)，包含有极热事件、极冷事件、缺氧事件、湿润气候等，这些不同的气候事件会在深水重力流沉积中产生怎样的沉积响应还有待深入研究。如三叠纪的湿润气候是否是造成全球深水重力流沉积广泛发育的可能原

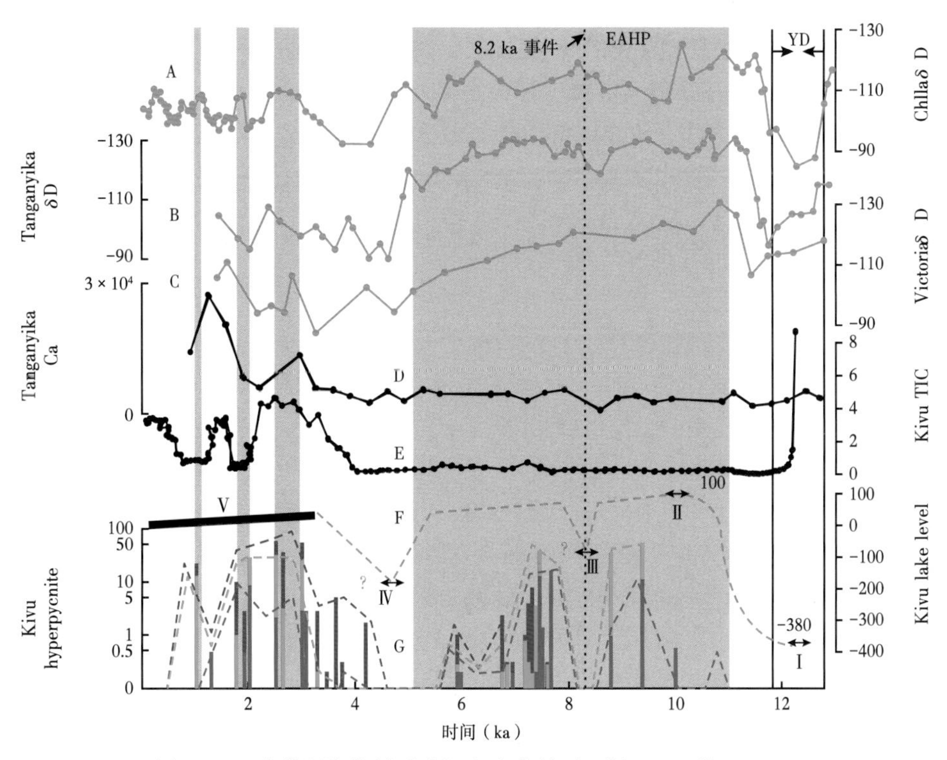

图 6-12　东非湿润期异重流沉积发育关系（据 Zhang 等，2014）

Ⅰ—湖平面低位期；Ⅱ—基伍湖打开；Ⅲ、Ⅳ—东非润湿期的假湖平面低位期；Ⅴ—基伍湖和坦噶尼喀湖连通
红色—12-19A 岩心；绿色—12-16B 岩心；蓝色—12-15A 岩心；竖条—单层厚度 cm；虚线—0. 5ka 的累计厚度；
阴影—东非润湿事件前后浊积岩的厚度

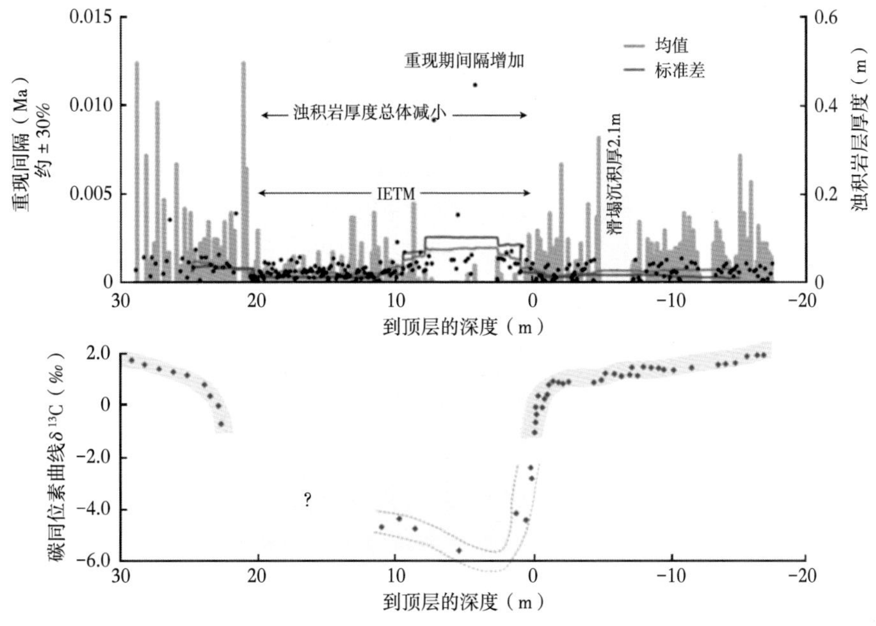

图 6-13　始新世极热事件与重力流沉积发育关系（据 Clare 等，2015）

因，藏南地区三叠系朗杰学群（李祥辉等，2000，2009）、松潘甘孜地块三叠系（孟庆任等，2007）、西秦岭三叠系（孟庆任等，2007）、南盘江盆地三叠系（Duan 等，2020）、鄂尔多斯盆地三叠系（李相博等，2009）等均发育大量的深水重力流沉积，不同地区三叠系深水重力流沉积的广泛发育受什么因素控制，蕴含了怎样的构造与气候演化信息有待于进一步深入挖掘。

四、深水重力流成因细粒沉积与非常规油气

深水细粒沉积广泛发育，蕴藏了丰富的页岩油气。传统观点认为细粒沉积物主要通过悬浮沉降形式沉积于安静水体环境，对沉积动力及沉积环境研究意义甚微，因而忽略了对其沉积特征及成因的精细研究（Stow 和 Shanmugam，1980；Stow 和 Piper，1984a，b；Mutti，2019）。然而，近期研究表明细粒沉积物同样可以在较强的水动力条件下沉积（Schieber 等，2007，2010；Schieber 和 Bennett，2013），特别是通过生物—化学作用形成的絮凝颗粒可以以底床载荷的搬运形式向深水盆地搬运数千千米而沉积（Talling 等，2012；Schieber，2016）。因而，深水重力流作为沿斜坡向深水盆地输运沉积物的重要动力机制之一，成为目前深水细粒沉积物重要的沉积动力机制新认识（宋明水等，2017；杨仁超等，2017；Talling 等，2012；Schieber，2016）。细粒重力流，由于其流体物质组成富含黏土矿物和有机质，其沉积物特征、搬运演化过程及分布规律都与传统粗粒重力流之间存在明显差异（Baas 等，2009，2016a，b；Craig 等，2020）。受控于细粒重力流沉积物强烈的非均质性和复杂的沉积动力机制，现阶段关于细粒重力流沉积物沉积动力机制的研究还存在诸多不确定性（Schieber 和 Bennett，2013；Plint 和 Macquaker，2013；Schieber，2015；Plint 和 Cheadle，2015）。大量研究表明，低密度泥质异重流（low-density muddy hyperpycnal flow）（Wilson 和 Schieber，2014；杨田等，2015a）、漂浮羽流（hypopycnal plume）（Hizzett 等，2018；Mutti，2019）、波浪增强沉积物重力流（wave-enhanzed sediment-gravity flows）（Macquaker 等，2010）、泥质碎屑流（muddy debris flow）、泥浆流（slurry flow）（Lowe 和 Guy，2000；Talling 等，2012；Ichaso 和 Dalrympe，2009）、混合重力流（hybrid gravity flow）与过渡型重力流（transitional gravity-flow）（Baas 等，2009，2011，2016a，b；Hovikoski 等，2016；Shan 等，2019；操应长等，2017a）等流体类型均可形成广泛分布的细粒重力流沉积物。深水细粒重力流沉积机制的研究需要深刻理解其搬运演化过程，即不同成因的细粒重力流在搬运演化过程中不同类型的流体之间的转化关系（Hovikoski 等，2016；Baas 等，2016b；Baker 等，2017；Boulesteix 等，2019；Baker 和 Bass，2020；Craig 等，2020）。早期基于流体稀释控制的转化过程认为深水细粒重力流搬运演化过程中，主要发生高浓度碎屑流向低浓度浊流的转化（Fisher，1983；Mutti，1992；Shanmugam，2013）；恰恰相反，近期研究揭示了细粒重力流搬运演化过程中由于流体湍动发生抑制，低浓度浊流向高浓度泥质碎屑流转化广泛发育的现象（Haughton 等，2003，2009；Talling 等，2004，Talling，2013）。因而在细粒沉积中，除了熟知的细粒碎屑流沉积（图 6-14a）与细粒浊流沉积以外（图 6-14b、f），在黏土矿物和有机质综合作用下，细粒重力流在搬运过程中更易发生湍流抑制作用导致浊流向泥质碎屑流转化（Baas 等，2009，2016a，b；Craig 等，2020），形成重力流混合事件层（图 6-14c、d）或砂泥条带状频繁互层的碎屑流与浊流过渡流体沉积（图6-14e、g）。流体转化成因的细粒沉积具有易于油气生成和富集，且易于压裂的先天优势

（Hovikoski 等，2016；Yang 等，2019），可能是页岩油气中“甜点”区发育的优势沉积岩相组合类型。现阶段关于重力流混合事件层与过渡流体沉积同页岩油气富集之间的关系还尚不明确，相关研究可能会为细粒非常规油气勘探开发提供新的思路（Yang 等，2019）。

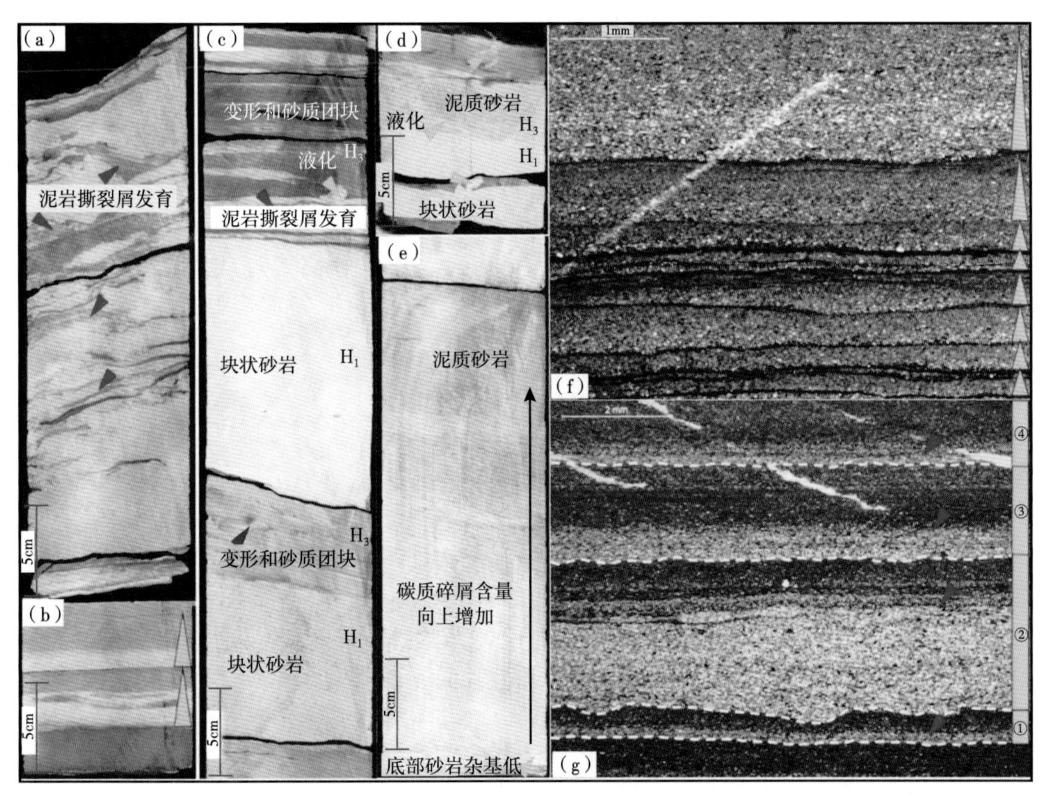

图 6-14　鄂尔多斯盆地长 7 段深水细粒重力流沉积（据杨田等，2021）

（a）城 96 井，长 7 段，砂质碎屑流沉积物；（b）城 96 井，长 7 段，低密度浊流沉积物；（c）城 96 井，长 7 段，混合事件层叠置；（d）城 96 井，长 7 段，混合事件层；（e）城 96 井，长 7 段，上部过渡层塞流沉积物；（f）城 96 井，长 7 段，薄片尺度低密度浊流沉积物正粒序垂向叠置；（g）城 96 井，长 7 段，薄片尺度过渡流体沉积物垂向叠置

五、深水重力流沉积砂体成岩作用研究

认识到深水重力流砂体沉积组构及成岩环境的复杂性，单纯的砂岩成岩作用研究并不能合理解释储层成岩演化过程及优质储层成因，部分学者提出将砂岩与邻近泥岩作为一个整体系统来探究砂岩与泥岩协同成岩演化过程，以解释砂岩中复杂的成岩改造过程及其成岩响应（Curtis，1978；Boles 和 Franks，1979；Thyne 等，2001；Gier 等，2015；Geloni 等，2015）；也有学者将砂岩与烃源岩进行整体协同成岩作用研究，强调成岩与成藏作用的整体研究（Surdam 等，1989；张雪芬等，2013；杨田，2017），实际上都是对砂岩与泥岩协同成岩演化的研究，只是研究的尺度和范围存在差异（李忠等，2006）。目前，针对深水重力流砂岩与泥岩协同成岩演化作用机制及其成岩响应仍然知之甚少，完整的砂岩与泥岩协同成岩演化应该包含物质基础、作用过程和成岩响应三个主体部分。物质基础包含成岩作用母质、成岩流体来源、成岩流体性质等；作用过程包括流体演化、物质迁移、成岩演

化和油气充注等；成岩响应包含物性大小、孔隙类型、含油气性和成岩产物等（杨田等，2015）。在物质基础的研究中泥岩成岩作用和成岩流体来源是研究难点（Macquaker 等，2014）；作用过程研究中物质迁移和成岩流体演化是研究难点（Ungerer 等，1993）；成岩响应研究中成岩物性变化及油气分布规律是研究难点（Girard 等，2002）。因而，深水重力流砂泥协同成岩演化过程中的物质传输机理是什么？主要包括深水重力流砂岩与泥岩物质迁移规律和协同成岩演化过程等还有待深入研究。深水重力流砂岩与泥岩综合成岩响应如何？主要包括深水重力流砂岩与泥岩综合成岩响应及优质储层成因等还有待深入研究。

特别是近年来，形成了成岩作用过程原位分析的一系列新技术，如原位微量元素分析、原位同位素分析、碳酸盐胶结物激光原位 U-Pb 定年测试分析等（图 6-15）。激光剥蚀电感耦合等离子体质谱分析（LA-ICP-MS）和微区原位离子探针（SIMS）分析是目前通过原位微区测试，示踪自生成岩矿物流体来源的最佳方法（Lehmann 等，2011；Pollington 等，2011；Hyodo 等，2014；Götte，2016；Zhou 等，2017），能否在碎屑岩储层自生成岩矿物精细的岩相学分析的基础上，通过对不同类型、不同世代自生成岩矿物开展激光剥蚀电感耦合等离子体质谱分析（LA-ICP-MS）和微区原位离子探针（SIMS）分析，以精细示踪深水重力流沉积储层中胶结物形成的流体来源值得深入研究。碳酸盐胶结物激光原位 U-Pb 定年测试方法具有空间分辨率高、测试效率高、测试用量少、对样品 U 含量要求低、测试结果可靠的典型特征，是在显微尺度上实现不同类型、不同世代碳酸盐胶结物形成时间精确限制最可靠的方法（Li 等，2014；Lawson 等，2018；Godeau 等，2018；Drost 等，2018；刘恩涛等，2019）；能否在碎屑岩储层碳酸盐胶结物精细的岩相学分析和流体来源分析的约束下，通过开展不同类型、不同世代碳酸盐胶结物激光原位 U-Pb 定年测试分析，进而准确地限定深水重力流沉积储层中对应不同类型、不同世代碳酸盐胶结物形成的流体活动时间，明确盆地流体的演化过程也是一个值得深入研究的科学难题。

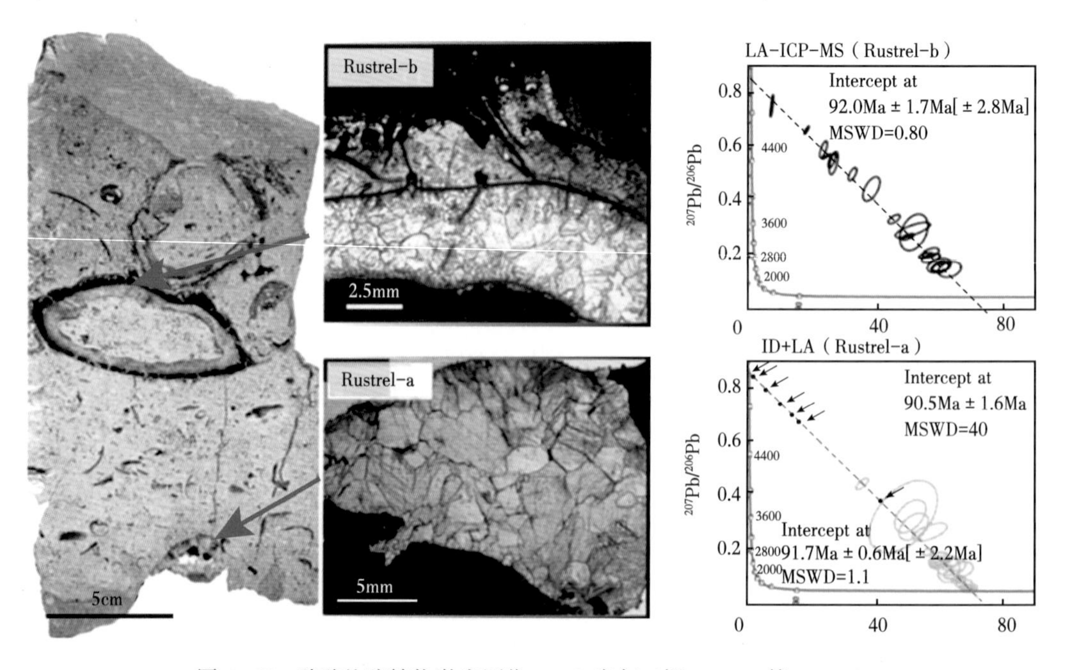

图 6-15　酸酸盐胶结物激光原位 U-Pb 定年（据 Godeau 等，2018）

参考文献

白云程，周晓惠，万群，等，2008. 世界深水油气勘探现状及面临的挑战［J］. 特种油气藏，15（2）：7-12.

操应长，杨田，王艳忠，等，2017a. 超临界沉积物重力流形成演化及特征［J］. 石油学报，38（6）：607-621.

操应长，杨田，王艳忠，等，2017b. 深水碎屑流与浊流混合事件层类型及成因机制［J］. 地学前缘，24（3）：234-248.

胡修棉，李娟，韩中，等，2020. 中新生代两类极热事件的环境变化、生态效应与驱动机制［J］. 中国科学：地球科学，50，doi：10.1360/SSTe-2019-0186.

金鑫，时志强，王艳艳，等，2015. 晚三叠世中卡尼期极端气候事件研究进展及存在问题［J］. 沉积学报，33（1）：106-115.

李存磊，任伟伟，唐明明，2012. 流体性质转换机制在重力流沉积体系分析中应用初探［J］. 地质论评，58（2）：285-296.

李清平，2006. 我国海洋深水油气开发面临的挑战［J］. 中国海上油气，18（2）：130-133.

李相博，刘化清，完颜容，等，2009. 鄂尔多斯盆地三叠系延长组砂质碎屑流储集体的首次发现［J］. 岩性油气藏，21（4）：19-21.

李祥辉，王成善，胡修棉，2000. 深海相中的砂质碎屑流沉积—以西藏特提斯喜马拉雅侏罗—白垩系为例［J］. 矿物岩石，20（1）：45-51.

李祥辉，王成善，金玮，等，2009. 深海沉积理论发展及其在油气勘探中的意义［J］. 沉积学报，27（1）：77-86.

李云，郑荣才，朱国金，等，2011. 沉积物重力流研究进展综述［J］. 地球科学进展，26（2）：157-165.

李忠，韩登林，寿建峰，2006. 沉积盆地成岩作用系统及其时空属性［J］. 岩石学报，22（8）：2151-2164.

刘恩涛，Zhao Jian-xin，潘松圻，等，2019. 盆地流体年代学研究新技术：方解石激光原位 U-Pb 定年法［J］. 地球科学，44（3）：698-712.

孟庆任，渠洪杰，胡健民，2007. 西秦岭和松潘地体三叠系深水沉积［J］. 中国科学 D 辑：地球科学，37（增刊Ⅰ）：209-223.

宋明水，向奎，张宇，等，2017. 泥质重力流沉积研究进展及其页岩油气地质意义——以东营凹陷古近系沙河街组三段为例［J］. 沉积学报，35（4）：740-751.

谈明轩，朱筱敏，耿名扬，等，2016. 沉积物重力流流体转化沉积——混合事件层［J］. 沉积学报，34（6）：1108-1119.

谈明轩，朱筱敏，刘伟，等，2017. 旋回阶梯底形的动力地貌及其相关沉积物发育特征［J］. 地质论评，63（6）：1512-1522.

王震，陈船英，赵林，2010. 全球深水油气资源勘探开发现状及面临的挑战［J］. 中外能源，15（1）：46-49.

吴嘉鹏，王英民，王海荣，等，2012. 深水重力流与底流交互作用研究进展［J］. 地质论评，58（6）：1110-1120.

鲜本忠，万锦峰，董艳蕾，等，2013. 湖相深水块状砂岩特征、成因及发育模式——以南堡凹陷东营组为例［J］. 岩石学报，29（9）：3287-3299.

杨仁超，何治亮，邱桂强，等，2014. 鄂尔多斯盆地南部晚三叠世重力流沉积体系［J］. 石油勘探与开发，41（6）：661-670.

杨仁超，尹伟，樊爱萍，等，2017. 鄂尔多斯盆地南部三叠系延长组湖相重力流沉积细粒岩及其油气地质意义［J］. 古地理学报，19（5）：791-806.

杨田，2017. 东营凹陷沙三段深水重力流砂岩与泥岩协同成岩演化及优质储层成因［D］. 中国石油大学（华东），山东青岛.

杨田，操应长，王艳忠，等，2015a. 异重流沉积动力学过程及沉积特征［J］. 地质论评，61（1）：23-33.

杨田，操应长，田景春，2021. 浅谈陆相湖盆深水重力流沉积研究中的几点认识［J］. 沉积学报，39（1）：88-111.

杨田，操应长，王艳忠，等，2015b. 深水重力流类型、沉积特征及成因机制——以济阳坳陷沙河街组三段中亚段为例［J］. 石油学报，36（9）：1048-1059.

杨田，操应长，王艳忠，等，2015. 渤南洼陷沙四下亚段扇三角洲前缘优质储层成因［J］. 地球科学（中国地质大学学报），40（12）：2067-2080.

张雪芬，陆现彩，张林晔，等，2013. 胜利油区牛庄洼陷沙河街组烃源岩和砂岩的协同成岩作用及其石油地质意义［J］. 地质论评，59（2）：287-299.

Atwater B F, Carson B, Griggs G B, et al, 2014. Rethinking turbidite paleoseismology along the Cascadia subduction zone［J］. Geology, 42（9）：827-830.

Baas J H, Best J L, Peakall J, 2016a. Predicting bedforms and primary current stratification in cohesive mixtures of mud and sand［J］. Journal of the Geological Society, 173（1）：12-45.

Baas J H, Best J L, Peakall J, 2016b. Comparing the transitional behaviour of kaolinite and bentonite suspension flows［J］. Earth surface processes and landforms, 41（13）：1911-1921.

Baas J H, Best J L, Peakall J, 2011. Depositional Processes, Bedform Development and Hybrid Bed Formation in Rapidly Decelerated Cohesive (Mud-Sand). Sediment Flows. Sedimentology, 58：1953-1987.

Baas J H, Best J L, Peakall J, et al, 2009. A phase diagram for turbulent, transitional, and laminar clay suspension flows［J］. Journal of Sedimentary Research, 79（4）：162-183.

Baker M L, Baas J H, 2020. Mixed sand-mud bedforms produced by transient turbulent flows in the fringe of submarine fans：Indicators of flow transformation［J］. Sedimentology, 67（5）.

Baker M L, baas J H, Malarkey J, et al, 2017. The effect of clay type on the properties of cohesive sediment gravity flows and their deposits［J］. Journal of Sedimentary Research, 87（11）：1176-1195.

Bjørkum P A, Gjelsvik N, 1988. An isochemical model for the formation of authigenic kaolinite, Kfeldspar and illite in sandstones［J］. Journal of Sedimentary Petrology, 58：506-511.

Bjørlykke K, Jahren J, 2012. Open or closed geochemical systems during diagenesis in sedimentary basins：Constraints on mass transfer during diagenesis and the prediction of porosity in sandstone and carbonate reservoirs［J］. AAPG Bulletin, 96（12）：2193-2214.

Bjørlykke K, 1997. Mineral/Water Interaction, Fluid flow, and Frio sandstone diagenesis：Evidence from the rocks：Discussion［J］. AAPG Bulletin, 81（9）：1534-1535.

Bjørlykke K, 2014. Relationships between depositional environments, burial history and rock properties. Some principal aspects of diagenetic process in sedimentary basins［J］. Sedimentary Geology, 301：1-14.

Boles J R, Franks S G, 1979. Clay diagenesis in Wilcox Sandstones of SW Texas：implications of smectite diagenesis on sandstone cementation［J］. Journal of Sedimentary Petrology, 49（1）：55-70.

Boulesteix K, Poyatos-Moré M, Flint S S, et al, 2019. Transport and deposition of mud in deep-water environments：Processes and stratigraphic implications［J］. Sedimentology, 66（7）：2894-2925.

Brooks H L, Hodgson D M, Brunt R L, et al, 2018a. Deep-water channel-lobe transition zone dynamics：Processes and depositional architecture, an example from the Karoo Basin, South Africa［J］. GSA Bulletin, 130（9-10）：1723-1746.

Burley S D, Kantorowicz J D, Waugh B, 1985. Clastic diagenesis [J]. Geological Society London Special Publications, 18 (1): 189-226.

Burley S D, Mullis J, Matter A, 1989. Timing diagenesis in the Tartan Reservoir (UK North Sea): constraints from combined cathodoluminescence microscopy and fluid inclusion studies [J]. Marine and Petroleum Geology, 6 (2): 98-104.

Burley S D, 1993. Models of burial diagenesis for deep exploration plays in Jurassic fault traps of the Central and Northern North Sea [J]. Geological society, 4 (1): 1353-1375.

Cartigny M J B, Ventra D, Postma G, et al, 2014. Morphodynamics and sedimentary structures of bedforms under supercritical-flow conditions: New insights from flume experiments [J]. Sedimentology, 61 (3): 712-748.

Carvajal C, Paull C K, Caress D W, et al, 2017. Unraveling the channel-lobe transition zone with high-resolution auv bathymetry: Navy Fan, offshore Baja California, Mexico. Journal of Sedimentary Research, 87: 1049-1059.

Clare M A, Talling P J, Hunt J E, 2015. Implications of reduced turbidity current and landslide activity for the Initial Eocene Thermal Maximum-evidence from two distal, deep-water sites [J]. Earth and Planetary Science Letters, 420: 102-115.

Covault J A, Kostic S, Paull C K, et al, 2014. Submarine channel initiation, filling and maintenance from sea-floor geomorphology and morphodynamic modelling of cyclic steps [J]. Sedimentology, 61 (4): 1031-1054.

Covault J A, Kostic S, Paull C K, et al, 2016. Cyclic steps and related supercritical bedforms: building blocks of deep-water depositional systems, western North America [J]. Marine Geology, 393: 4-20.

Craig M J, Baas J H, Amos K J, et al, 2020. Biomediation of submarine sediment gravity flow dynamics [J]. Geology, 48 (1): 72-76.

Cullis S, Patacci M, Colombera L, et al, 2019. A database solution for the quantitative characterisation and comparison of deep-marine siliciclastic depositional systems [J]. Marine and Petroleum Geology 102: 321-339.

Curtis C D, 1978. Possible links between sandstone diagenesis and depth-related geochemical reactions occurring in enclosing mudstones [J]. Journal of the Geological Society, 135 (1): 107-117.

Day-Stirrat R J, Milliken K L, Dutton S P, et al, 2010. Open-system chemical behavior in deep Wilcox Group mudstones, Texas Gulf Coast, USA [J]. Marine and Petroleum Geology, 27 (9): 1804-1818.

Dietrich P, Ghienne J F, Normandeau A, et al, 2016. Upslope-Migrating Bedforms In A Proglacial Sandur Delta: Cyclic Steps From River-Derived Underflows? [J]. Journal of Sedimentary Research, 86 (12): 113-129.

Drost K, Chew D, Petrus J A, et al, 2018. An image mapping approach to U-Pb LA-ICP-MS carbonate dating and applications to direct dating of carbonate sedimentation [J]. Geochemistry, Geophysics, Geosystems, 19 (12): 4631-4648.

Duan L, Meng Q R, Wu G L, et al, 2020. Nanpanjiang basin: A window on the tectonic development of south China during Triassic assembly of the southeastern and eastern Asia [J]. Gondwana Research 78: 189-209.

Felix M, Leszczyn Ski S, Slaczka A, et al, 2009. Field Expressions of the Transformation of Debris Flows into Turbidity Currents, with Examples from the Polish Carpathians and the French Maritime Alps [J]. Marine and Petroleum Geology, 26 (10): 2011-2020.

Felix M, Peakall J, 2006. Transformation of Debris Flows into Turbidity Currents: Mechanisms Inferred from Laboratory Experiments [J]. Sedimentology, 53 (1): 107-123.

Fildani A, Hubbard S M, Covault J A, et al, 2013. Erosion at inception of deep-sea channels [J]. Marine and Petroleum Geology, 41 (1): 48-61.

Fildani A, Normark W R, Kostic S, et al, 2006. Channel formation by flow stripping: large-scale scour features along the Monterey East Channel and their relation to sediment waves [J]. Sedimentology, 53 (6): 1265-1287.

Fisher R, 1983. Flow transformations in sediment gravity flows [J]. Geology, 11 (5): 273-274.

Fonnesu M, Felletti F, Haughton P D W, et al, 2018. Hybrid event bed character and distribution linked to turbidite system subenvironments: The North Apennine Gottero Sandstone (north-west Italy) [J]. Sedimentology, 65 (1): 151-190.

Fonnesu M, Patacci M, Haughton P D W, et al, 2016. Hybrid Event Beds Generated By Local Substrate Delamination on a Confined-Basin Floor [J]. Journal of Sedimentary Research, 86 (8): 929-943.

Gales J, Talling P J, Cartigny M J B, et al, 2019. What controls submarine channel development and the morphology of deltas entering deep-water fjords? [J]. Earth Surface Processes and Landforms, 44 (2): 535-551.

Geloni C, Ortenzi A, Consonni A, 2015. Reactive transport modelling of compacting siliciclastic sediment diagenesis [J]. Geological Society, London, Special Publications.

Gier S, Worden R H, Krois P, 2015. Comparing clay mineral diagenesis in interbedded sandstones and mudstones, Vienna Basin, Austria [J]. Geological Society, London, Special Publications.

Girard J P, Munz I A, Johansen H, et al, 2002. Diagenesis of the Hild Brent sandstones, Northern North Sea: Isotopic evidence for the prevailing influence of deep basinal water [J]. Journal of Sedimentary Research, 72 (6): 746-759.

Gluyas J, Garland C, Oxtoby N H, et al, 2000. Quartz cement: The Miller´s tale [J]. Special Publications of the International Association of Sedimentologists, 29: 199-218.

Godeau N, Deschamps P, Guihou A, et al, 2018. U-Pb Dating of Calcite Cement and Diagenetic History in Microporous Carbonate Reservoirs: Case of the Urgon-ian Limestone, France [J]. Geology, 46 (3): 247-250.

Goldfinger C, Patton J R, Daele M V, et al, 2014. Can turbidites be used to reconstruct a paleoearthquake record for the central Sumatran margin : COMMENT [J]. Geology 42 (9): 344.

Gong C L, Wang Y M, Peng X C, et al, 2012. Sediment waves on the South China Sea Slope off southwestern Taiwan: Implications for the intrusion of the Northern Pacific Deep Water into the South China Sea [J]. Marine and Petroleum Geology 32 (1): 95-109.

Gong C, Chen l, West L, 2017. Asymmetrical, inversely graded, upstream-migrating cyclic steps in marine settings: Late Miocene-early Pliocene Fish Creek-Vallecito Basin, southern California [J]. Sedimentary Geology, 360: 35-46.

Götte T, 2016. Trace element composition of authigenic quartz in sandstones and its correlation with fluid-rock interaction during diagenesis. [J] Geological Society, London, Special Publications.

Hamilton P, Gaillot G, Strom K, et al, 2017. Linking Hydraulic Properties In Supercritical Submarine Distributary Channels To Depositional-Lobe Geometry [J]. Journal of Sedimentary Research, 87 (9): 935-950.

Hand B M, 1974. Supercritical flow in density currents [J]. Journal of Sedimentary Petrology, 44 (3): 637-648.

Haughton P D W, Barker S M, Mccaffrey W D, 2003. 'Linked' Debrites in Sand-Rich Turbidite Systems-Origin and Significanc [J]. Sedimentology, 50 (3): 459-482.

Haughton P, Davis C, Mccaffrey W, et al, 2009. Hybrid Sediment Gravity Flow Deposits - Classification, Origin and Significance. Marine and Petroleum Geology, 26 (10): 1900-1918.

Henstra G A, Grundvåg S, Johannessen E P, et al, 2016. Depositional processes and stratigraphic architecture within a coarsegrained rift-margin turbidite system: The Wollaston Forland Group, east Greenland [J]. Marine and Petroleum Geology, 76: 187-209.

Hernández-Molina F J, Maldonado A, Stow D A V, 2008a. Abyssal Plain Contourites, in: Rebesco, M., Camerlenghi, A. (Eds.), Contourites. Elsevier, Amsterdam, Developments in Sedimentology 60, pp. 345-378.

Higgs R, 2010. Comments on 'Hybrid sediment gravity flows-classification, originand significance' from Haughton, Davis, McCaffrey and Barker (Marine and Petroleum Geology, 2009, 26, 1900-1918) [J]. Marine and Petroleum Geology, 27 (9): 2062-2065.

Hizzett J L, Hughes Clarke J E, Sumner E J, et al, 2018. Which triggers produce the most erosive, frequent, and longest runout turbidity currents on deltas? [J]. Geophysical Research Letters, 45 (2): 855-863.

Hodgson D M, Bernhardt A, Clare M A, et al, 2018. Grand Challenges (and Great Opportunities) in Sedimentology, Stratigraphy, and Diagenesis Research [J]. Frontiers in Earth Science, 6: 173.

Hovikoski J, Therkelsen J, Nielsen L H, et al, 2016. Density-flow deposition in a fresh-water lacustrine rift basin, Paleogene Bach Long Vi Graben, Vietnam [J]. Journal of Sedimentary Research, 86 (9): 982-1007.

Hughes Clarke J E, 2016. First wide-angle view of channelized turbidity currents links migrating cyclic steps to flow characteristics [J]. Nature Communication, 7: 11896.

Hyodo A, Kozdon R, Pollington A D, et al, 2014. Evolution of quartz cementation and burial history of the Eau Claire Formation based on in situ oxygen isotope analysis of quartz overgrowths [J]. Chemical Geology, 384: 168-180.

Ichaso A A, Dalrymple R W, 2009. Tide - and wave - generated fluid mud deposits in the Tilje Formation (Jurassic), offshore Norway [J]. Geology, 37 (6): 539-542.

Kane I A, Pontén A S M, Vangdal B, et al, 2017. The stratigraphic record and processes of turbidity current transformation across deep-marine lobes [J]. Sedimentology, 64 (5): 1236-1273.

Kneller B, Buckee C, 2000. The structure and fluid mechanics of turbidity currents: a review of some recent studies and their geological implications [J]. Sedimentology, 47 (Suppl. 1): 62-94.

Kostic S, 2011. Modeling of submarine cyclic steps: Controls on their formation, migration, and architecture. Geosphere, 7 (12): 294-304.

Lamb M P, Parsons J D, Mullenbach B L, et al, 2008. Evidence for superelevation, channel incision, and formation of cyclic steps by turbidity currents in Eel Canyon, California [J]. Geological Society of America Bulletin, 120 (3-4): 463-475.

Land L S, Milliken K L, 2000. Regional Loss of SiO_2 and $CaCO_3$, and Gain of K_2O during Burial Diagenesis of Gulf Coast Mudrocks, USA [J]. Special Publications of the International Association of Sedimentologists, 29: 183-197.

Land L S, Mack L E, Milliken K L, et al, 1997. Burial diagenesis of argillaceous sediment, south Texas Gulf of Mexico sedimentary basin: A reexamination [J]. Geological Society of America Bulletin, 109 (1): 2-15.

Lang J, Brandes C, Winsemann J, 2017a. Erosion and deposition by supercritical density flows during channel avulsion and backfilling: Field examples from coarse-grained deepwater channel-levée complexes (Sandino Forearc Basin, southern Central America) [J]. Sedimentary Geology, 349 (15): 79-102.

Lang J, Sievers J, Loewer M, et al, 2017b. 3D architecture of cyclic-step and antidune deposits in glacigenic subaqueous fan and delta settings: Integrating outcrop and ground-penetrating radar data [J]. Sedimentary Geology, 362: 83-100.

Lang J, Winsemann J, 2013. Lateral and vertical facies relationships of bedforms deposited by aggrading supercritical flows: From cyclic steps to humpback dunes [J]. Sedimentary Geology, 296 (15): 36-54.

Lawson M, Shenton B J, Stolper D A, et al, 2018. Deciphering the diagenetic history of the El Abra Formation of eastern Mexico using reordered clumped isotope temperatures and U-Pb dating [J]. GSA Bull 130 (3-4): 617-629.

Lehmann K, Pettke T, Ramseyer K, 2011. Significance of trace elements in syntaxial quartz cement, Haushi Group sandstones, Sultanate of Oman [J]. Chemical Geology, 280 (1-2): 47-57.

Li Q, Parrish R R, Horstwood M S A, et al, 2014. U-Pb Dating of Cements in Mesozoic Ammonites [J]. Chemical Geology, 376: 76-83.

Liu J, Xing B, Wang J, et al, 2017. Sedimentary architecture of a sub-lacustrine debris fan: Eocene Dongying Depression, Bohai Bay Basin, east China. Sedimentary geology, 362: 66-82.

Lowe D R, Guy M, 2000. Slurry-flow deposits in the Britannia Formation (Lower Cretaceous), North Sea: a new perspective on the turbidity current and debris flow problem [J]. Sedimentology, 47 (1): 31-70.

Lynch F L, 1996. Mineral/water interaction, fluid flow, and Frio sandstone diagenesis: Evidence from the rocks [J]. AAPG Bulletin, 80 (4): 486-504.

Macquaker J H S, Bentley S J, Bohacs K M, 2010. Wave-enhanced sediment-gravity flows and mud dispersal across continental shelves: Reappraising sediment transport processes operating in ancient mudstone successions [J]. Geology, 38 (10): 947-950.

Macquaker J H S, Taylor K G, Keller M, et al, 2014. Compositional controls on early diagenetic pathways in fine-grained sedimentary rocks: Implications for predicting unconventional reservoir attributes of mudstones [J]. AAPG Bulletin, 98 (3): 587-603.

Malkowski M A, Jobe Z R, Sharman G R, et al, 2018. Down-slope facies variability within deep-water channel systems: Insights from the Upper Cretaceous Cerro Toro Formation, southern Patagonia [J]. Sedimentology, 65: 1918-1946.

Massari F, 2017. Supercritical-flow structures (backset-bedded sets and sediment waves) on high-gradient clinoform systems influenced by shallow-marine hydrodynamics [J]. Sedimentary Geology, 360: 73-95.

Meiburg E, Kneller B, 2010. Turbidity currents and their deposits [J]. Annual Review of Fluid Mechanics, 42: 135-156.

Milliken K L, 2003. Late Diagenesis and mass transfer in sandstone-shale sequences [J]. Treatise on Geochemistry, 7: 1-33.

Morad S, Al-Ramadan K, Ketzer J M, et al, 2010. The impact of diagenesis on the heterogeneity of sandstone reservoirs: A review of the role of depositional facies and sequence stratigraphy [J]. AAPG Bulletin, 94 (8): 1267-1309.

Mueller P, Patacci M, Di Giulio A, 2017. Hybrid event beds in the proximal to distal extensive lobe domain of the coarsegrained and sand-rich Bordighera turbidite system (NW Italy) [J]. Marine and Petroleum Geology, 86: 908-931.

Mulder T, Syvitski J P M, Migeon S, et al, 2003. Marine hyperpycnal flows: initiation, behavior and related deposits. A review [J]. Marine and Petroleum Geology, 20 (6-8): 861-882.

Mutti E, 2019. Thin-bedded plumites: an overlooked deep-water deposit. Journal of Mediterranean Earth Sciences 11: 1-20.

Mutti E, 1992. Turbidite Sandstones. Agip Spec. Publ., Istituto de geologia, Universita di Parma, Agip S. p. A.

Mutti E, Bernoulli D, Lucchi F R, et al, 2009. Turbidites and turbidity currents from Alpine 'flysch' to the exploration of continental margins [J]. Sedimentology, 56 (1): 267-318.

Mutti E, Davoli, G, Tinterri R, et al, 1996. The importance of ancient fluvio-deltaic systems dominated by catastrophic flooding in tectonically active basins. Memorie di Scienze Geologiche, Universita di Padova, 48: 233-291.

Mutti E, Tinterri R, Benevelli G, et al, 2003. Deltaic, mixed and turbidite sedimentation of ancient foreland basins [J]. Marine and Petroleum Geology, 20 (16): 733-755.

Nelson C H, Escutia C, Goldfinger C, et al, 2009. External controls on modern clastic turbidite systems: three case studies [M]. SEPM Special Publication, 92: 57-76.

Ono K, Plink-björklund P, 2018. Froude supercritical flow bedforms in deepwater slope channels? Field examples in conglomerates, sandstones and fine-grained deposits [J]. Sedimentology. 65 (3): 639-669.

Patacci M, Haughton P D W, Mccaffrey W D, 2014. Rheological complexity in sediment gravity flows forced to decelerate against a confining slope, Braux, SE France [J]. Journal of Sedimentary Research, 84 (4): 270-277.

Pattison S J, Ainsworth R B, Hoffman T A, 2007. Evidence of across-shelf transport of fine-grained sediments: turbidite-filled shelf channels in the Campanian Aberdeen Member, Book Cliffs, Utah, USA. Sedimentology, 54 (5): 1033-1063.

Petter A L, Steel R J, 2006. Hyperpycnal flow variability and slope organization on an Eocene shelf margin, Central Basin, Spitsbergen [J]. AAPG Bulletin, 90 (10): 1451-1472.

Pickering K T, Hiscott R N, 2016. Deep Marine Systems: Processes, Deposits, Environments, Tectonics and Sedimentation [M]. American Geophysical Union and Wiley.

Pierce C S, Haughton P D W, Shannon P M, 2018. Variable character and diverse origin of hybrid event beds in a sandy submarine fan system, Pennsylvanian Ross Sandstone Formation, western Ireland [J]. Sedimentology. 65 (3): 952-992.

Piper D J W, Normark W R, 2009. Processes That Initiate Turbidity Currents and Their Influence on Turbidites: A Marine Geology Perspective [J]. Journal of Sedimentary Research, 79 (6): 347-362.

Plint A G, Cheadle B A, 2015. Reply to the Discussion by Schieber on "Mud dispersal across a Cretaceous prodelta: Storm-generated, wave-enhanced sediment gravity flows inferred from mudstone microtexture and microfacies" by Plint (2014), Sedimentology 61, 609-647 [J]. Sedimentology, 62 (1): 394-400.

Plint A G, Macquaker J H S, 2013. Bedload transport of mud across a wide, storm-influenced ramp: cenomanian-turonian kaskapau formation, western canada foreland basin—reply [J]. Journal of Sedimentary Research, 83 (12): 1200-1201.

Pohl F, Eggenhuisen J T, Tilston M, et al, 2019. New flow relaxation mechanism explains scour fields at the end of submarine channels [J]. Nature Communications, 10: 4425.

Pollington A D, Kozdon R, Valley J W, 2011. Evolution of quartz cementation during burial of the Cambrian Mount Simon Sandstone, Illinois Basin: In situ microanalysis of 18O [J]. Geology, 39 (12): 1119-1122.

Postma G, Cartigny M J B, 2014. Supercritical and subcritical turbidity currents and their deposits-A synthesis [J]. Geology, 42 (11): 987-990.

Postma G, Hoyal D C, Abreu V, et al, 2015. Morphodynamics of supercritical turbidity currents in the channel-lobe transition zone [C]//Submarine Mass Movements and their Consequences. Springer: 469-478.

Postma G, Kleverlaan K, 2018. Supercritical flows and their control on the architecture and facies of small-radius sand-rich fan lobes [J]. Sedimentary Geology, 364: 53-70.

Pritchard D, Gladstone C, 2009. Reversing buoyancy in turbidity currents: Developing a hypothesis for flow transformation and for deposit facies and architecture [J]. Marine and Petroleum Geology, 26 (10): 1997-2010.

Ratzov G, Cattaneo A, Babonneau N, et al, 2015. Holocene turbidites record earthquake supercycles at a slow-rate plate boundary [J]. Geology, 43 (4): 331-334.

Schieber J, 2015. Discussion: "Mud dispersal across a Cretaceous prodelta: Storm-generated, wave-enhanced sediment gravity flows inferred from mudstone microtexture and microfacies" by Plint (2014), Sedimentology 61, 609-647 [J]. Sedimentology, 62 (1): 389-393.

Schieber J, Bennett R, 2013. Bedload Transport of Mud Across A Wide, Storm-Influenced Ramp: Cenomanian-Turonian Kaskapau Formation, Western Canada Foreland Basin——Discussion [J]. Journal of Sedimentary Research, 83 (12): 1198-1199.

Schieber J, Southard J, Thaisen K, 2007. Accretion of Mudstone Beds from Migrating Floccule Ripples [J]. Science, 318 (5857): 1760-1763.

Schieber J, Southard JB, Schimmelmann A, 2010. Lenticular Shale Fabrics Resulting from Intermittent Erosion of Water-Rich Muds——Interpreting the Rock Record in the Light of Recent Flume Experiments. Journal of Sedimentary Research, 80 (1): 119-128.

Schieber J, 2016. Mud re-distribution in epicontinental basins - Exploring likely processes [J]. Marine and Petroleum Geology, 71: 119-133.

Schwenk T, Spiess, V, Breitzke M, et al, 2005. The architecture and evolution of the Middle Bengal Fan in vicinity of the active channel-levee system imaged by high-resolution seismic data [J]. Marine and Petroleum Geology, 22: 637-656.

Shan X, Shi X F, Qiao S Q, et al, 2019. Mud caps of Holocene hybrid event beds from the widest and gentlest shelf: Implication for genesis [J]. Marine Geology.

Shanmugam G, 2013, New perspectives on deep-water sandstones: Implications [J]. Petroleum Exploration & Development, 40 (3): 316-324.

Southern S J, Kane I A, Warchol M J, et al, 2017. Hybrid event beds dominated by transitional-flow facies: character, distribution and significance in the Maastrichtian Springar Formation, north-west Vøring Basin, Norwegian Sea [J]. Sedimentology, 64 (3): 747-776.

Spychala Y T, Hodgson D M, PréLat A, et al, 2017. Frontal and Lateral Submarine Lobe Fringes: Comparing Sedimentary Facies, Architecture and Flow Processes [J]. Journal of Sedimentary Research, 87 (1): 75-96.

Stow D A V, Shanmugam G, 1980. Sequence of structures in fine-grained turbidites: Comparison of recent deep-sea and ancient flysch sediments. Sedimentary Geology, 25 (1): 23-42.

Stow D A V, Piper D J W, 1984a. Deep-water fine-grained sediments; history, methodology and terminology [M]. Geological Society London Special Publications, 15: 3-14.

Stow D A V, Piper D J W, 1984b. Deep-water fine-grained sediments: facies models [J]. Geological Society London Special Publications, 15: 611-646.

Sumner E J, Siti M I, McNeill L C, et al, 2013. Can turbidites be used to reconstruct a paleoearthquake record for the central Sumatran margin? [J]. Geology, 41 (7): 763-766.

Sumner E J, Talling P J, Amy L A, 2009. Deposits of Flows Transitional between Turbidity Current and Debris Flow [J]. Geology, 37 (11): 991-994.

Surdam R C, Crossey L J, Hagen E S, et al, 1989. Organic-inorganic interactions and sandstone diagenesis [J]. AAPG Bulletin, 73 (1): 1-23.

Symons W O, Sumner E J, Talling P J, et al, 2016. Large-scale sediment waves and scours on the modern seafloor and their implications for the prevalence of supercritical flows [J]. Marine Geology, 371: 130-148.

Talling P J, Wynn R B, Masson D G, et al, 2007. Onset of submarine debris flow deposition far from original giant landslide [J]. Nature, v. 450 (7169): 541-544.

Talling P J, 2013. Hybrid Submarine Flows Comprising Turbidity Current and Cohesive Debris Flow: Deposits, Theoretical and Experimental Analyses, and Generalized Models [J]. Geosphere, 9 (13): 460-488.

Talling P J, Allin J, Armitage D A, et al, 2015. Key Future Directions for Research on Turbidity Currents and Their Deposits [J]. Journal of Sedimentary Research, 85 (2): 153-169.

Talling P J, Amy L A, Wynn R B, et al, 2004. Beds Comprising Debrite Sandwiched within Co-Genetic Turbidite: Origin and Widespread Occurrence in Distal Depositional Environments [J]. Sedimentology, 51 (1): 163-194.

Talling P J, Masson D G, Sumner E J, et al, 2012. Subaqueous Sediment Density Flows: Depositional Processes and Deposit Types [J]. Sedimentology, 59 (7): 1937-2003.

Thyne G, Boudreau B P, Ramm M, et al, 2001. Simulation of potassium feldspar dissolution and illitization in the Statfjord Formation, North Sea [J]. AAPG Bulletin, 85 (4): 621-635.

Ungerer P, Burrus J, Doligze B, et al, 1993. Basin Evaluation by Integrated Two-Dimensional modeling of Heat Transfer, Fluid Flow, Hydrocarbon Generation, and Migration [J]. The American of Petroleum Geologists Bulletin, 74 (3): 309-335.

Vellinga A, Cartigny M, Clare M, 2017. Why do some turbidity currents create upstream migrating bedforms while others do not? EGU: 6909.

Waltham D, 2004. Flow transformations in particulate gravity currents [J]. Journal of Sedimentary Research, 74: 129-134.

Wilkinson M, Haszeldine R S, Milliken K L, 2003. Cross-formational flux of aluminium and potassium in Gulf Coast (USA) Sediments [M]. Blackwell Publishing Ltd. 34: 147-160.

Wilson R D, Schieber J, 2014. Muddy Prodeltaic Hyperpycnites In the Lower Genesee Group of Central New York, USA: Implications For Mud Transport In Epicontinental Seas [J]. Journal of Sedimentary Research, 84 (10): 866-874.

Wintsch R P, Kvale C M, 1994. Differential mobility of elements in burial diagenesis of siliciclastic rocks [J]. Journal of Sedimentary Research. 64: 349-36.

Worden R H, Burley S D, 2003. Sandstone Diagenesis: The evolution of sand to stone [J]. International Association of Sedimentologists: 1-44.

Wynn R B, Kenyon N H, Masson D G, et al, 2002. Characterization and recognition of deep-water channel-lobe transition zone [J]. AAPG Bulletin, 86 (8): 1441-1462.

Yang T, Cao Y, Liu K, et al, 2019. Genesis and depositional model of subaqueous sediment gravity-flow deposits in a lacustrine rift basin as exemplified by the Eocene Shahejie Formation in the Jiyang Depression, Eastern China [J]. Marine and Petroleum Geology.

Yang T, Cao Y, Liu K, et al, 2020. Gravity flow deposits caused by different initiation processes in a deep-lake system [J]. AAPG, 104 (7): 1643-1499.

Yang R C, Jin Z J, Van Loon A J, et al, 2017. Climatic and tectonic controls of lacustrine hyperpycnite origination in the Late Triassic Ordos Basin, central China: implications for unconventional petroleum development [J]. AAPG Bulletin 101 (1): 95-117.

Zavala C, Arcuri M, 2016. Intrabasinal and extrabasinal turbidites: Origin and distinctive characteristics [J]. Sedimentary Geology, 337: 36-54.

Zavala C, Ponce J J, Arcuri M, et al, 2006. Ancient Lacustrine Hyperpycnites: A Depositional Model from a Case Study in the Rayoso Formation (Cretaceous) Of West-Central Argentina [J]. Journal of Sedimentary Research, 76 (1): 41-59.

Zhang X W, Scholz C A, Hecky R E, et al, 2014. Climatic control of the late Quaternary turbidite sedimentology of Lake Kivu, East Africa: Implications for deep mixing and geologic hazards [J]. Geology, 42 (9): 811-814.

Zhong G, Cartigny M J B, Kuang Z, et al, 2015. Cyclic steps along the South Taiwan Shoal and West Penghu submarine canyons on the northeastern continental slope of the South China Sea [J]. Geological Society of America Bulletin, 127 (5-6): 804-824.

Zhou L L, McKenna C A, Long D G, et al, 2017. LA-ICP-MS elemental mapping of pyrite: An application to the Palaeoproterozoic atmosphere [J]. Precambrian Research, 297: 33-55.